W0258599

Heidelberger Taschenbücher Band 33

K. H. Hellwege

Einführung in die Festkörperphysik I

Mit 98 Abbildungen

Springer-Verlag Berlin Heidelberg New York 1968

ISBN-13: 978-3-540-04179-5   e-ISBN-13: 978-3-642-95055-1
DOI: 10.1007/ 978-3-642-95055-1

Alle Rechte vorbehalten. Kein Teil dieses Buches darf ohne schriftliche Genehmigung des Springer-Verlages übersetzt oder in irgendeiner Form vervielfältigt werden. © by Springer-Verlag Berlin · Heidelberg 1968.

Vorwort

Das Buch ist entstanden aus einer Vorlesung „Einführung in die Festkörperphysik", die den letzten Teil eines dreisemestrigen, für alle Physik-Studenten verbindlichen Kurses über „Struktur der Materie" an der Technischen Hochschule Darmstadt darstellt, und aus einigen Vorlesungen für speziell an Festkörper-Physik interessierte Studenten. In den geplanten 3 Bänden wird die Kurs-Vorlesung vollständig enthalten sein, mit Ergänzungen und Erweiterungen aus den übrigen genannten Vorlesungen. Das Buch ist für mittlere Semester gedacht. Sein Ziel ist zweifach: Einführung in die spezifischen Methoden der Festkörperphysik und gleichzeitig Darstellung und Veranschaulichung von wesentlichem Tatsachenmaterial. Dem Ausbildungsstand des Hörerkreises entsprechend werden nur die Grundlagen der klassischen theoretischen Physik und der Quantenmechanik vorausgesetzt.

Die nötige Auswahl aus dem in einer Vorlesung nicht zu bewältigenden Gesamtgebiet „Festkörperphysik" ist naturgemäß abhängig von den sonst in Darmstadt gehaltenen Vorlesungen und sicher nicht unabhängig von persönlichen Interessen des Verfassers.

Der vorliegende Band gibt den ersten Teil der Kurs-Vorlesung wieder. Die anderen Bände sollen baldmöglichst folgen. Im ganzen soll auch diese Einführung nicht mehr als ein nützliches Hilfsmittel für Studenten und Lehrer sein.

Danken möchte ich meinen Mitarbeitern, insbesondere Herrn Dr. G. Schaack, für ihre freundliche Hilfe bei der Fertigstellung des Manuskripts, sowie Herrn Privatdozent Dr. Göttlicher vom Lehrstuhl für Strukturforschung für die Originale zu Abb. 4.8.

Darmstadt, April 1968   K. H. H.

Inhaltsverzeichnis

A. Einleitung

1. Übersicht

Die Physik der festen Körper hat eine Reihe von Entwicklungsphasen durchlaufen.

Die erste beschäftigte sich allein mit den *makroskopischen* Phänomenen, insbesondere mit der *Symmetrie* der an Kristallen beobachteten Effekte. Dabei kommt es nicht nur auf die Symmetrie des Kristalls, sondern auch auf die der „Ursache" oder „Einwirkung" an. Z. B. definiert die Temperatur ein skalares Feld, eine elektrische Feldstärke ein Vektorfeld, eine mechanische Spannung ein Tensorfeld, und schon allein hieraus lassen sich Schlüsse auf die Symmetrie der thermischen Ausdehnung, des elektrischen Stromes und der elastischen Verformung ziehen. Ohne die Kenntnis dieser Zusammenhänge ist es nicht möglich, in der Kristallphysik eine theoretische Frage zu formulieren oder ein Experiment richtig zu planen. In seinem berühmten Lehrbuch der Kristallphysik (1910) hat W. VOIGT die vorkommenden Fälle diskutiert und formal als Wechselwirkung von Tensoren verschiedener Stufe beschrieben. Wir werden in dieser Vorlesung einige wichtige Beispiele behandeln (Ziffer 7, Kapitel D).

Die zweite Entwicklungsphase hat mit dem Aufkommen der *Strukturanalyse* durch Röntgen- und Elektronen-Interferenzen begonnen. Sie ist gekennzeichnet durch die Namen v. LAUE, EWALD, BRAGG u. a. und hat ihren äußeren Niederschlag in dem fortlaufend erschienenen „Strukturbericht" der Zeitschrift für Kristallographie gefunden, in dem alle neu bestimmten Kristallstrukturen systematisch zusammengestellt wurden. In erster Linie handelt es sich hier um die *statischen* Eigenschaften von Raumgittern einschließlich der sogenannten Kristallchemie, d. h. der Fragen, die mit der Gitterkoordination und dem Bindungstyp zusammenhängen. Die *dynamischen* Eigenschaften eines Kristallgitters, wie Gitterenergie, Elastizität, Gitterschwingungen sind von MAX BORN theoretisch behandelt worden. Seitdem genügend starke Neutronenflüsse bei den Kernreaktoren zur Verfügung stehen, ist auch die Neutronen-Interferenz für die Strukturbestimmung sehr wichtig geworden, insbesondere, da sie wegen der Spin-Abhängigkeit der Neutronenstreuung auch die Bestimmung von magnetischen Strukturen gestattet. In dieser Vorlesung werden Gitterstrukturen und Gitterdynamik in den Kapiteln B und C, magnetische Strukturen in Kapitel F behandelt.

In der Entwicklungsphase, in der wir uns jetzt befinden, sind die Eigenschaften der *Elektronen*, d. h. ihre Eigenwerte und Eigenfunktionen einschließlich der ihrer Drehimpulse und magnetischen Momente, sowie die *Fehlstellen* des Gitters in den Mittelpunkt des Interesses gerückt. Dem entsprechen Forschungsgebiete wie die Spektroskopie, der Magnetismus, die elektrische Leitung, die Lumineszenz und die Fehlordnung der Kristalle.

Unter dem Namen *Festkörperphysik* werden heute so gut wie alle atomistisch erklärbaren Phänomene an Kristallen zusammengefaßt. Es ist unmöglich, diesen ungeheuren Stoff in einer einführenden Vorlesung vollständig darzustellen. Wir müssen uns deshalb darauf beschränken, nur die großen Züge des Gesamtbildes zu zeichnen und wegen der Einzelheiten auf Spezialvorlesungen und weiterführende Literatur zu verweisen. Doch werden ausgewählte Gebiete, die aus methodischen oder sachlichen Gründen besonders wichtig sind, etwas ausführlicher behandelt.

2. Grundbegriffe und -tatsachen

Im festen Aggregatzustand der Materie unterscheidet man ziemlich roh amorphe Körper und Kristalle. Der Unterschied zwischen beiden liegt in der atomistischen Struktur.

Zu den *amorphen* Körpern gehören Gläser, ferner Harze und manche Kunststoffe. Ihr Feinbau ist *statistisch isotrop*, d. h. sie enthalten regellos Haufenwerke von Atomen, Molekeln und Ionen, die zwar in der nächsten Umgebung eines betrachteten Punktes nicht nach allen Richtungen gleichartig angeordnet sind (das läßt schon die endliche Größe der Bausteine nicht zu), wohl aber im Mittel über Entfernungen, die groß gegen die Abstände einzelner Bausteine sind (Abb. 2.1).

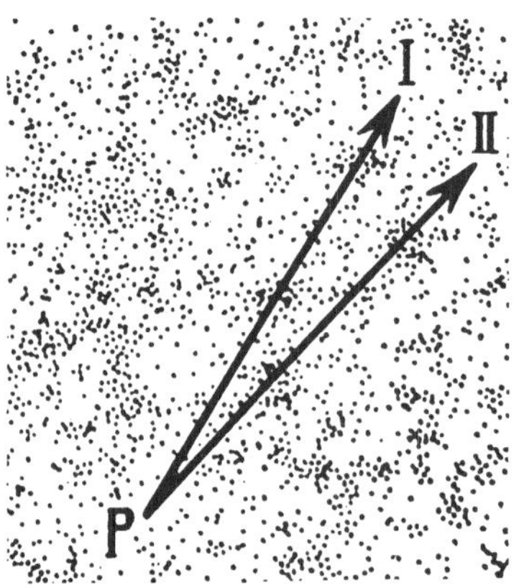

Abb. 2.1. Statistisch isotroper Körper (nach NIGGLI).
Die Richtungen I und II sind statistisch gleichwertig

Es sei ausdrücklich betont, daß der Begriff des amorphen Körpers mit fortschreitender Verfeinerung unserer Strukturanalysen (z. B. auf Bereiche von sogenannter Nahordnung) an Bedeutung verloren hat, so daß man ihn nur mit Vorsicht verwenden sollte.

Der atomistische Aufbau der *Kristalle* ist *anisotrop*. Die Anordnung seiner Bausteine ist nach verschiedenen Richtungen verschieden und von strenger Ordnung. Der inneren Anisotropie folgen die äußeren Eigenschaften. Auch sie sind anisotrop. Doch hängt, wie schon oben bemerkt, die Anisotropie der an Kristallen beobachteten Erscheinungen auch von der „Eigensymmetrie" des durchgeführten Versuchs ab. So ist z. B. die Temperatur in jedem Kristall isotrop, da eine Anisotropie nur mit gerichteten Sonden studiert werden kann, und ein optisch isotroper Steinsalzkristall ist mechanisch keineswegs isotrop. Beim Gebrauch des Wortes isotrop oder anisotrop ist also Vorsicht anzuwenden: Man muß die Untersuchungsmethode angeben. In bezug auf die atomistische *Struktur* sind *alle* Kristalle *anisotrop*.

Viele feste Körper, vor allem Metalle, liegen in *polykristallinem* Zustand vor, d.h. sie bestehen aus vielen Kristalliten, die regellos verteilt nebeneinander liegen. Die makroskopischen Eigenschaften solcher Körper sind Mittelwerte über alle Kristallrichtungen, also isotrop, sofern nicht eine künstliche Orientierung vorliegt, wie sie z. B. beim Walzen von Metallen erzeugt werden kann (Walztextur). Die einzelnen Kristallite lassen sich sichtbar machen, z. B. in Schliffen oder an Ätzfiguren. Die Grenzflächen (Korngrenzen) zwischen ihnen führen zu besonders komplizierten Erscheinungen. Die Wissenschaften, die sich mit polykristallinem Material beschäftigen, wie z. B. die Metallographie, haben eine sehr große Bedeutung für die Technik und ihre Werkstoffkunde. Die reinen Eigenschaften des festen Körpers lassen sich dagegen nur an *Einkristallen* studieren.

Die Erfahrung hat gezeigt, daß es in der Natur keinen idealen Einkristall gibt. Alle Kristalle haben *Baufehler* verschiedener Art. Zum Beispiel kann ein Gitterplatz leer oder mit einem Fremdatom besetzt sein, oder es kann ein Atom auf einem Zwischengitterplatz sitzen. Bei der Behandlung vieler Kristalleigenschaften sind die Baufehler zu vernachlässigen, für andere sind sie überhaupt erst die Ursache. Deshalb unterscheidet man die von der Natur gelieferten *Realkristalle* von den hypothetischen *Idealkristallen*. Der fehlerfreie Einkristall ist das Idealbild des festen Körpers, mit ihm beschäftigen wir uns zunächst allein.

B. Statik der Kristallgitter

3. Symmetrie

Jede Theorie des festen Körpers macht von der Ordnung des Kristallbaus Gebrauch, insbesondere von seiner *Symmetrie*. Diese behandeln wir deshalb zuerst.

3.1. Anisotropie

Die äußere Begrenzung und die Eigenschaften eines Kristalls sind anisotrop, d.h. in verschiedenen Richtungen verschieden. Jedoch ist nur bei ganz unsymmetrischen Kristallen die Anisotropie vollständig, d.h. *jede* Richtungsänderung bedeutet auch eine Änderung des physikalischen Verhaltens. In symmetrischen Kristallen dagegen existieren zu jeder vorgegebenen Richtung andere Richtungen, in denen sich der Kristall gleich verhält. Die Bewegungen (Drehungen, Spiegelungen, Inversion), durch die solche Richtungen (Vektoren) ineinander überführt werden können, durch die also ein Kristall in physikalisch gleichwertige Lagen übergeht, heißen *Symmetrieoperationen*. Alle Bewegungen, die durch Wiederholung derselben Operation entstehen, definieren ein *Symmetrieelement*. Die Symmetrieelemente sind geometrische Gebilde wie Deckachsen, Spiegelebenen und andere, die bei den Symmetrieoperationen *nicht mitbewegt* werden, deren Punkte also fest bleiben, und die man an gut gewachsenen Kristallen leicht erkennt.

Selbstverständlich können Symmetrieoperationen und -elemente statt durch Bewegungen des Kristalls gegenüber einem festen Koordinatensystem auch durch Transformationen des Koordinatensystems bei festem Kristall beschrieben werden. Wir werden beide Darstellungen nebeneinander benutzen.

3.2. Punktsymmetriegruppen und Raumgruppen

Alle die Anisotropie eines Kristalls beschreibenden Symmetrieoperationen sind nach Definition Punktsymmetrieoperationen.

Unter *Punktsymmetrie-Operationen* verstehen wir solche, bei deren Durchführung mindestens ein Punkt des Raumes fest bleibt. Im Gegensatz dazu wird bei den *Translationssymmetrie-Operationen* der ganze Raum verschoben, so daß kein Punkt fest an seinem Ort bleibt. Ein sehr anschauliches eindimensionales Beispiel für das simultane Vorkommen von Punktsymmetrie und Translationssymmetrie ist eine ∞ lange Perlenkette, die durch Translation um jedes Vielfache des Perlenabstandes a in eine gleichwertige Lage übergeht. Durch jede Perle und durch die Mitte zwischen zwei Perlen geht je eine Spiegelebene SE und SE' als Punktsymmetrieelement. Diese Punktsymmetrieelemente werden durch die Translation ebenfalls beliebig oft wiederholt (Abb. 3.1).

Daß beide Symmetriearten auch bei Kristallen simultan vorkommen, erkennt man z.B. aus folgenden Tatsachen:

a) Die charakteristische äußere Form, also auch der innere atomistische Aufbau eines Kristalls, hat Punktsymmetrie.

b) Das Wachstum von Kristallen, z.B. aus übersättigten Lösungen, kann nur durch periodische Anlagerung gleicher *Elementar-*

Zellen verstanden werden, führt also auf die Translationssymmetrie. Zu beachten ist dabei der Unterschied zwischen der zufälligen Wachstumsform (*Tracht*), z.B. am Boden eines Gefäßes oder im Inneren

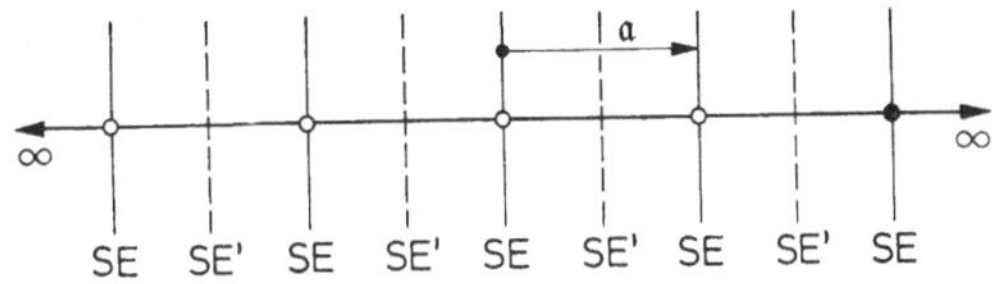

Abb. 3.1. Eindimensionale Kette. Translationssymmetrieelement: Zellenvektor a, Punktsymmetrieelemente: Spiegelebenen SE und SE' (gibt es noch weitere?)

von Gesteinen, und der idealen Punktsymmetrieform, die sich nur bei Wachstum ohne störende Randbedingungen ausbilden kann. Ein Beispiel gibt Abb. 3.2.

c) Jede Elementarzelle hat wieder Punktsymmetrie.

Wir besprechen zunächst die in der Natur vorkommenden *Punktsymmetrieelemente* sowie ihre möglichen *Kombinationen*. Dabei unterscheiden wir niedrige und hohe Symmetrien, je nachdem, ob wenige oder viele Symmetrieelemente gleichzeitig vorhanden sind, genauer, wie hoch die *Ordnung* Ω, das ist die Anzahl von *homologen*, d.h. durch die Symmetrieoperationen aus einem vorgegebenen Punkt (Vektor) erzeugten und also physikalisch gleichwertigen Punkten (Vektoren) ist.

1. *Dreh- oder Deckachsen* A_p^z (A_p^x, A_p^y) der *Zähligkeit* p führen den Kristall bei Drehungen durch $2\pi/p$ um die z-Achse (x-Achse, y-Achse), und natürlich bei Vielfachen dieser Drehung, in eine physikalisch gleichwertige Lage über. Es kommen dabei also gleichwertige Atome wieder auf die vorher von gleichwertigen (homologen) eingenommenen Plätze und nach p solcher Drehungen wieder in die Ausgangslagen zurück. In Kristallen sind die Zähligkeiten $p = 1$, 2, 3, 4, 6 realisiert. Sie sind die einzigen, deren Existenz mit der Translationssymmetrie bei lückenloser Erfüllung des Raumes mit Materie vereinbar ist[1]. Alle genannten Drehungen führen, wenn man nicht den Kristall, sondern das Koordinatensystem dreht, ein Rechtskoordinatensystem in ein Rechtssystem über. Alle Achsenpunkte bleiben fest. Ist eine A_p^z das *einzige* Symmetrieelement eines Körpers,

---

[1] Man überzeuge sich, daß es nicht möglich ist, einen Fußboden lückenlos oder ohne Überlappung mit regelmäßigen Fünf- oder Siebenecken zu belegen. In Molekeln, bei denen diese Bedingung nicht gestellt werden muß, kommen auch andere Zähligkeiten vor, z. B. $p = 5$, $p = \infty$. „Künstliche Kristalle" mit statistischer Rotationssymmetrie $p = \infty$ kann man z. B. durch Recken eines Kunststoffstabes erzeugen, wobei die Kettenmolekeln parallel zur Achse teilweise ausgerichtet werden.

so gehört er in die *zyklische* Punktsymmetrieklasse C_p in der Bezeichnung nach SCHOENFLIES[2]. Die vorkommenden Fälle siehe in Abb. 3.4 auf den Umschlagseiten und in Tabelle 3.1.

Abb. 3.2. Schneeflocken. Verschiedene Tracht bei gleicher hexagonaler Symmetrie, die in diesem Beispiel bei jeder Tracht deutlich zu erkennen ist. (Aus Zeiß-Informationen 1963)

2. *Das Symmetrie- oder Inversionszentrum i (oder Z)* führt jeden Punkt des Raumes in den zum Inversionszentrum spiegelbildlich gelegenen, d.h. jeden Ortsvektor in den negativen über. Transformiert

---

[2] Die auch oft gebrauchten Bezeichnungen nach HERMANN-MAUGUIN siehe in Abb. 3.4 und in Tabelle 3.1.

man die Koordinaten, so wird ein Rechtskoordinatensystem in ein Linkssystem überführt. Nur das Zentrum selbst bleibt fest. Ist das Zentrum *einziges* Symmetrieelement eines Körpers, so gehört er in die Klasse C_i (Abb. 3.4).

3. *Drehinversionsachsen* I_p^z der Zähligkeit p verlangen, daß nacheinander eine Drehung durch $2\pi/p$ um die z-Achse und die Inversion an einem Punkt auf der Achse durchgeführt werden (analog I_p^x, I_p^y). Diese beiden Operationen sind also gekoppelt und nicht getrennte Symmetrieelemente, d.h., eine Drehinversionsachse liefert nicht die Symmetrie, die sowohl Drehachse als auch Inversionszentrum enthält. Bei Transformation der Koordinaten wird ein Rechtssystem in ein Linkssystem überführt. Es kommen die Zähligkeiten $p = 1, 2, 3, 4, 6$ vor. Der Fall $p = 1$ ist identisch mit dem schon eingeführten Inversionszentrum, der Fall $p = 2$ mit einer auf der Achse senkrechten Spiegelebene. Diese wird ihrer Anschaulichkeit halber häufig lieber benutzt als die 2-zählige Inversionsachse, jedoch erscheint es vom Standpunkt der Systematik zweckmäßiger, *nur eine* Linksoperation, die Inversion, einzuführen und Spiegelebenen als kombiniertes Element I_2 zu behandeln. Die Klassen mit einer I_p^z als *einzigem* Symmetrieelement werden wir mit S_p bezeichnen[3] (s. Abb. 3.4).

Die Kombination irgendwelcher der genannten Elemente kann wieder eine Punktsymmetrie ergeben[4]. Eine mögliche derartige Kombination muß mindestens einen Punkt fest lassen und außerdem die Bedingung erfüllen, daß eine geeignete Wiederholung der in der Kombination enthaltenen Operationen den Raum in die Ausgangslage zurückführt (Eindeutigkeitsforderung)[5]. Die erste Bedingung verlangt, daß mindestens ein Punkt auf allen Symmetrieelementen liegt, d.h., daß diese sich in (mindestens) einem Punkte schneiden. Aus der zweiten Bedingung folgt, daß nur ganz bestimmte Winkel zwischen den Symmetrieelementen vorkommen können. Zum Beispiel können eine 4-zählige und eine 2-zählige Drehachse nur kombiniert werden, wenn sie senkrecht aufeinander ste-

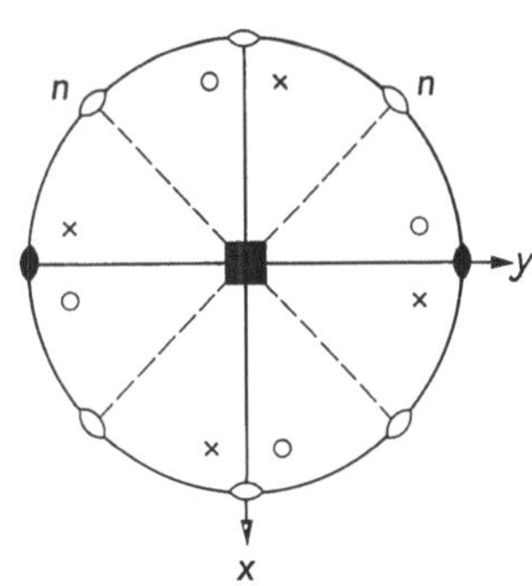

Abb. 3.3. Die Punktsymmetrieklasse $D_4 = 422$, erzeugt durch $A_4^z + A_2^y$

---

[3] Diese Bezeichnung ist nicht allgemein üblich, da das Symbol S gelegentlich auch für die Kombination A_p^z plus Spiegelung an der xy-Ebene gebraucht wird. Vgl. die Bezeichnungen in Tab. 3.1.

[4] Nicht jede tut es!

[5] Diese Bedingungen bedeuten mathematisch, daß die zu einer Symmetrie gehörenden Operationen eine *Gruppe* bilden müssen.

hen, wie in Abb. 3.3 als A_4^z und A_2^y. Diese beiden *unabhängigen* oder *erzeugenden* Symmetrieelemente sind durch ausgefüllte, die sekundär von ihnen erzeugten Drehachsen A_2^x und n durch offene Achsensymbole gekennzeichnet. Es kommen aber auch schief zueinander stehende Achsen vor. In den *kubischen* Symmetrieklassen z. B. stehen drei 4-zählige oder drei 2-zählige Achsen parallel zu den Kanten eines Würfels, und eine 3-zählige, für die kubische Symmetrie charakteristische Achse A_3^{kub} liegt in der Raumdiagonalen, d.h. unter gleichem spitzem Winkel zu den drei anderen Achsen, die durch die A_3^{kub} ineinander überführt werden.

Insgesamt ist auf Grund der beiden oben genannten Bedingungen nur eine beschränkte Anzahl von Kombinationen von Symmetrieelementen denkbar. Es handelt sich um die *32 Punktsymmetriegruppen* oder *-klassen*. Sie sind in der folgenden Tab. 3.1 und in Abb. 3.4 (auf den Umschlagseiten!) zusammengestellt und mit den Symbolen sowohl nach SCHOENFLIES wie nach HERMANN-MAUGUIN bezeichnet.

Abb. 3.4. Die 32 Punktsymmetrieklassen in stereographischer Projektion; die Abb. ist auf dem vorderen und hinteren Umschlagdeckel wiedergegeben

In Tabelle 3.1 sind nur die erzeugenden Symmetrieelemente angegeben. Man sieht, daß es in manchen Fällen möglich ist, von verschiedenen Kombinationen von erzeugenden Elementen auszugehen. In Abb. 3.4 sind deshalb keine erzeugenden Symmetrieelemente graphisch hervorgehoben.

Für jede Punktsymmetrieklasse gibt es in der Natur Beispiele. Insbesondere hat die Elementar- oder Gitterzelle eines jeden Kristalls eine der 32 Punktsymmetrien.

Bei der Darstellung in Abb. 3.4 ist die *stereographische Projektion* benutzt worden. Sie entsteht auf folgende Weise: Man setzt den Kristall in den Mittelpunkt einer Kugel und zeichnet von diesem die Normalen der Begrenzungsflächen bis zur Kugeloberfläche. Die Durchstoßpunkte auf der Nord- (Süd-) Halbkugel verbindet man mit dem Süd-(Nord-)Pol. Diese Strahlen erzeugen in der Äquatorebene die winkeltreue stereographische Projektion der (idealen) Kristallform, bei der jede Flächennormalenrichtung durch einen Punkt repräsentiert wird. In der Kristallphysik ist es oft zweckmäßiger, statt von den Flächen von einem in allgemeinster Lage, d. h. nicht auf einem Symmetrieelement sitzenden Atom (*Lagesymmetrie* C_1) auszugehen und die homologen Atome ebenfalls einzuzeichnen. Hierfür kann die stereographische Projektion durch die einfachere, allerdings nicht mehr winkeltreue, Parallelprojektion längs der Nord-Südachse ersetzt werden. Man erhält so ein anschauliches Bild der Symmetrie. Dabei werden Punkte oberhalb der Zeichenebene durch Kreuze, unterhalb durch Kreise dargestellt. Auch die Schnittpunkte oder Schnittlinien der Symmetrieelemente mit der Kugeloberfläche sind eingezeichnet.

Aufgabe 3.1. Zeichne die folgenden Punktsymmetrien in stereographischer Projektion:

a) $D_{3h} \triangleq I_6^z + A_2^y$ b) $D_6 \triangleq A_6^z + A_2^y$ c) $D_{6h} \triangleq A_6^z + A_2^y + Z$

d) $D_{3d} \triangleq I_3^z + A_2^y = A_3^z + A_2^y + Z$ e) $C_{4h} \triangleq A_4^z + Z$

f) $S_3 \triangleq A_3^z + Z$ g) $S_4 \triangleq I_4^z$.

Die erzeugenden Symmetrie-Elemente sind angegeben. Welche weiteren Symmetrie-Elemente treten noch auf?

Tabelle 3.1. *Die 32 Punktsymmetrieklassen, geordnet nach den erzeugenden Symmetrieelementen*

Nr.	Symbol nach SCHOENFLIES	Symbol nach HERMANN-MAUGUIN	Erzeugende Symmetrieelemente unter Verwendung von Inversionsachsen	Spiegelebenen	Ω	Kristallsystem (Ziffer 3.3)
1	C_1	1	A_1^z		1	triklin
2	C_2	2	A_2^z		2	monoklin
3	C_3	3	A_3^z		3	trigonal
4	C_4	4	A_4^z		4	tetragonal
5	C_6	6	A_6^z		6	hexagonal
6	$S_1 \equiv C_i$	$\bar{1}$	$I_1^z \equiv Z$		2	triklin
7	$S_2 \equiv C_s$	m	I_2^z	σ_z	2	monoklin
8	$S_3 \equiv C_{3i}$	$\bar{3}$	$I_3^z \equiv A_3^z + Z$		6	trigonal
9	S_4	$\bar{4}$	I_4^z		4	tetragonal
10	$S_6 \equiv C_{3h}$	$\bar{6}$	I_6^z	$A_3^z + \sigma^z$	6	hexagonal
11	$D_2 \equiv V$	222	$A_2^z + A_2^y$		4	orthorhomb.
12	D_3	32	$A_3^z + A_2^y$		6	trigonal
13	D_4	42	$A_4^z + A_2^y$		8	tetragonal
14	D_6	622	$A_6^z + A_2^y$		12	hexagonal
15	C_{2v}	$m\,m\,2$	$A_2^z + I_2^y$	$A_2^z + \sigma_v$	4	orthorhomb.
16	C_{3v}	$3\,m$	$A_3^z + I_2^y$	$A_z^z + \sigma_v$	6	trigonal
17	C_{4v}	$4\,m\,m$	$A_4^z + I_2^y$	$A_4^3 + \sigma_v$	8	tetragonal
18	C_{6v}	$6\,m\,m$	$A_6^z + I_2^y$	$A_6^z + \sigma_v$	12	hexagonal
19	D_{3d}	$\bar{3}\,m$	$I_3^z + A_2^y \equiv A_3^z + A_2^y + Z$		12	trigonal
20	$D_{2d} \equiv V_d$	$\bar{4}\,2\,m$	$I_4^z + A_2^y$		8	tetragonal
21	D_{3h}	$\bar{6}\,2\,m$	$I_6^z + A_2^y$		12	hexagonal
22	C_{2h}	$2/m$	$A_2^z + Z$	$A_2^z + \sigma_z$	4	monoklin
23	C_{4h}	$4/m$	$A_4^z + Z$	$A_4^z + \sigma_z$	8	tetragonal
24	C_{6h}	$6/m$	$A_6^z + Z$	$A_6^z + \sigma_z$	12	hexagonal
25	$D_{2h} \equiv V_h$	$m\,m\,m$	$A_2^z + A_2^y + Z$		8	orthorhomb.
26	D_{4h}	$4\,m\,m\,m$	$A_4^z + A_2^y + Z$		16	tetragonal
27	D_{6h}	$6/m\,m\,m$	$A_6^z + A_2^y + Z$		24	hexagonal
28	T	23	$A_3^{\mathrm{kub}} + A_2^z$		12	kubisch
29	O	432	$A_3^{\mathrm{kub}} + A_4^z$		24	kubisch
30	T_d	$\bar{4}\,3\,m$	$A_3^{\mathrm{kub}} + I_4^z$		24	kubisch
31	T_h	$m\,3$	$A_3^{\mathrm{kub}} + A_2^z + Z$		24	kubisch
32	O_h	$m\,3\,m$	$A_3^{\mathrm{kub}} + A_4^z + Z$		48	kubisch

Symbole: A_p^z, A_p^x A_p^y: p-zählige Deckachsen in z, x, y-Richtung
I_p^z, I_p^x, I_p^y: p-zählige Inversionsachsen in z, x, y-Richtung
A_3^{kub}: dreizählige Deckachse in Richtung der Raumdiagonalen
$Z = i$: Inversionszentrum
σ_z: Spiegelebene $\perp z$
σ_v: (vertikale) Spiegelebene durch z
$1, 2, 3, \cdots p$: p-zählige Deckachse
$\bar{1}, \bar{2}, \cdots \bar{p}$: p-zählige Inversionsachse
m: Spiegelebene
p/m: p-zählige Deckachse und Spiegelebene $\perp$ dazu

Aufgabe 3.2. Zeichne die kubischen Symmetrieklassen

$$T \triangleq A_2^z + A_3^{\text{kub}} \quad \text{und} \quad O_h \triangleq A_4^z + A_3^{\text{kub}} + Z$$

in stereographischer Projektion. A_3^{kub} ist eine dreizählige Deckachse in der Würfel-Raumdiagonale. Welche Winkel schließt sie mit der x-, y- und z-Achse ein?

Beim Kristallwachstum wird aus der *Elementar-* oder *Gitterzelle* durch wiederholten Anbau, d.h. durch Translation nach drei verschiedenen Raumrichtungen, der Kristall lückenlos räumlich aufgebaut, wie eine Mauer aus gleichartigen Steinen. Das so entstehende Kristallgitter oder *Raumgitter* enthält also eine dreifache räumliche Periodizität. Sie wird durch 3 Translationsvektoren, die *Basisvektoren* $\mathfrak{a}$, $\mathfrak{b}$, $\mathfrak{c}$ beschrieben, deren Längen a, b, c als *Perioden* oder *Gitterkonstanten* bezeichnet werden (s. z.B. Abb. 3.5). Sind t_1, t_2, t_3 be-

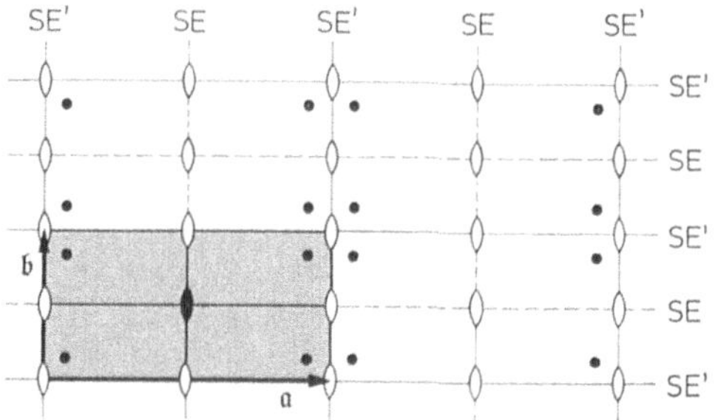

Abb. 3.5. Zweidimensionale Schicht eines orthorhombischen Raumgitters

liebige ganze Zahlen, so läßt sich von einem beliebig herausgegriffenen Punkt in einer Elementarzelle der gleichwertige (homologe) Punkt in jeder beliebigen anderen Zelle des Gitters durch den *Translationsvektor*

$$\mathfrak{t} = t_1 \mathfrak{a} + t_2 \mathfrak{b} + t_3 \mathfrak{c} \tag{3.1}$$

erreichen. Man sieht sofort (s. z.B. Abb. 3.5), daß durch die Translation die Punktsymmetrieelemente der Zelle (eine A_2^z und zwei Spiegelebenen) in einer unendlichen Mannigfaltigkeit von parallelorientierten[6] Elementen wiederholt, aber auch neue Symmetrieelemente erzeugt werden (Spiegelebene und A_2^z auf den Grenzen der Zellen). Dabei können als typische Symmetrieelemente der Raumgitter nicht nur reine Translationen und reine Punktsymmetrieelemente auftreten, sondern auch *Gleitspiegelebenen* und *Schrau-*

---

[6] Das ist das Kennzeichen der Translationssymmetrie.

bungsachsen, s. Abb. 3.6 und Abb. 3.7. Beides sind kombinierte Elemente: Spiegelung plus Translation um einen Teil der Periode, und Drehung plus Translation um einen Teil der Periode. Ein weiteres Beispiel gibt Abb. 3.8.

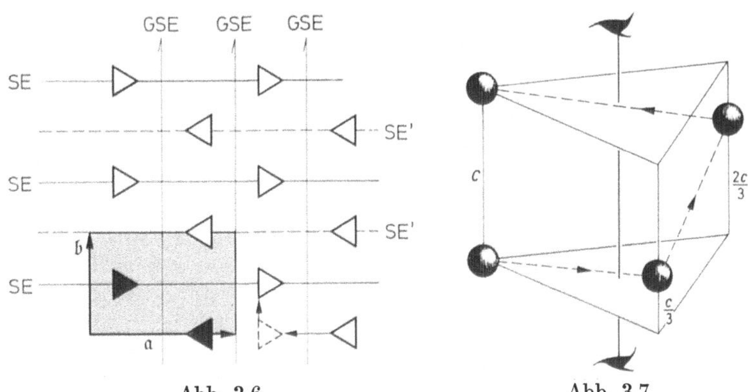

Abb. 3.6   Abb. 3.7

Abb. 3.6. Flächengitter mit: von links nach rechts Spiegelebenen, von oben nach unten Gleitspiegelebenen. Die Zelle enthält 2 gleiche Molekeln und besitzt eine Spiegelebene als erzeugendes Symmetrieelement. Gleitung $= b/2$

Abb. 3.7. Dreizählige Schraubungsachse. $c =$ Translationsperiode, $c/3 =$ Schraubung. In der Natur kommen Rechts- und Links-Schraubungsachsen vor, auch bei derselben Substanz (Quarz)

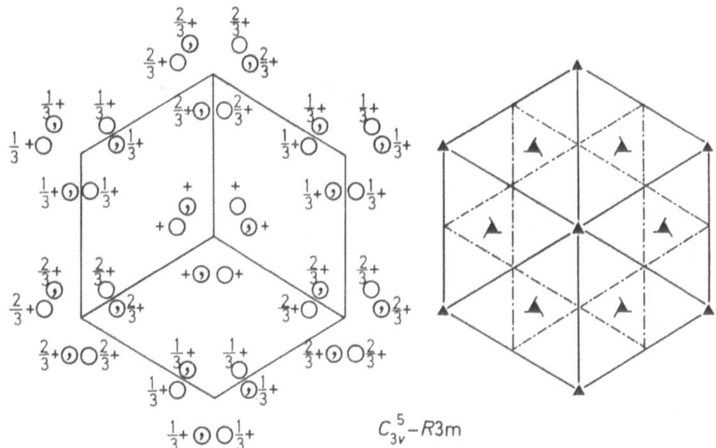

Abb. 3.8. Fünfte Raumgruppe $C_{3v}^5 = R\,3\,m$ zur Punktsymmetrieklasse C_{3v}. Rechts die Symmetrieelemente (dreizählige Deckachsen, dreizählige Rechts- und Links-Schraubungsachsen, Spiegelebenen, Gleitspiegelebenen). Links die homologen Punktlagen mit z-Koordinaten ($z \perp$ Papierebene), gemessen in der Einheit c. Die Atome $\bigcirc$ und $\odot$ sind bezüglich der Achsen jeweils untereinander, bezüglich der Spiegelebenen wechselseitig homolog

Makroskopisch ist die Translation nicht zu erkennen, d. h. die Gleitspiegelebenen wirken wie Spiegelebenen, die Schraubungsachsen wie Deckachsen, und es wird eine höhere Punktsymmetrie vorgetäuscht als vorhanden. Nach dieser scheinbaren Punktsymmetrie (mathematisch: der Faktorgruppe nach Abspalten der Translation, statt der Punktsymmetriegruppe) werden aber die Raumgruppen nach SCHOENFLIES bezeichnet. Z. B. enthält D_{2h}^{15} — $Pbca$ überhaupt kein Punktsymmetrieelement, sondern nur Gleitspiegelebenen, zeigt aber makroskopisch orthorhombische Punktsymmetrie D_{2h}.

Insgesamt sind nur endlich viele räumlich periodische Anordnungen von miteinander verträglichen Symmetrieelementen möglich. Es sind dies die *230 Raumgruppen*, die mathematisch hergeleitet worden sind. Verschiedene in der gleichen Raumgruppe kristallisierende Substanzen unterscheiden sich nur durch die verschiedene Anordnung verschiedener Atome und Molekeln relativ zu denselben Symmetrieelementen (s. Abb. 3.8). Ein herausgegriffenes Atom (Molekül) kann dabei auf einem Platz sitzen, durch den kein oder ein Punktsymmetrieelement des Raumgitters hindurchgeht, oder in dem sich mehrere, höchstens alle Punktsymmetrieleemente der Gitterzelle kreuzen. Die so definierte *Symmetrie der Lage* oder des *Gitterplatzes* kann also nur kleiner oder höchstens gleich der Punktsymmetrie der Zelle, niemals größer als diese sein.

Die Wahl der Gitterzelle ist übrigens ziemlich willkürlich und richtet sich nach der Zweckmäßigkeit für das gerade behandelte Problem. Sie muß in jedem Fall angegeben werden. Zum Beispiel kann man das von den drei Basisvektoren des Translationsgitters selbst aufgespannte Parallelepiped benutzen; diese Zelle nennen wir die *Einheitszelle*. Andere Möglichkeiten werden später besprochen. Enthält die Zelle nur *ein* Atom, so wird durch die Translationsvektoren ein sogenanntes *Primitiv-Gitter*[7] aufgebaut. Demzufolge kann ein Gitter, dessen Zelle $s > 1$ Atome enthält, als ein System von s ineinandergestellten Primitivgittern der gleichen durch t gegebenen Struktur aufgefaßt werden. Die s Atome der Zelle, einschließlich ihrer relativen Anordnung, werden auch als die *Basis* des Raumgitters bezeichnet. Die Basis ist durch die Wahl der Zelle festgelegt. Kommen chemisch verschiedene Atome im Kristall vor, so muß die Basis (die Zelle) die Bruttoeinheit der Substanz mindestens einmal, kann sie aber auch mehrmals enthalten. Aber auch, wenn nur eine Atomsorte vorkommt, können Zelle und Basis verschieden groß gewählt werden: Zum Beispiel kann das *kubisch-flächenzentrierte A-Git-*

---

[7] Gelegentlich auch *Bravais*-Gitter genannt, siehe z. B. [A 2]. Im allgemeinen werden unter Bravais-Gittern die 14 durch ihre Symmetrie unterschiedenen Grundtypen von Translationsgittern verstanden, von denen 7 Primitivgitter sind, siehe z. B. Seite 19. Da wir sie im folgenden nicht gebrauchen, verzichten wir auf ihre nähere Darstellung.

ter (je 1 Atom A auf den Ecken und den Flächenmitten eines Würfels) mit rechtwinkligen und gleich langen Vektoren $\mathfrak{a}$, $\mathfrak{b}$, $\mathfrak{c}$ nach Abb. 3.9 a durch vier ineinandergestellte kubisch-primitive (je 1 Atom auf den Ecken eines Würfels) Gitter dargestellt werden, d.h. die ku-

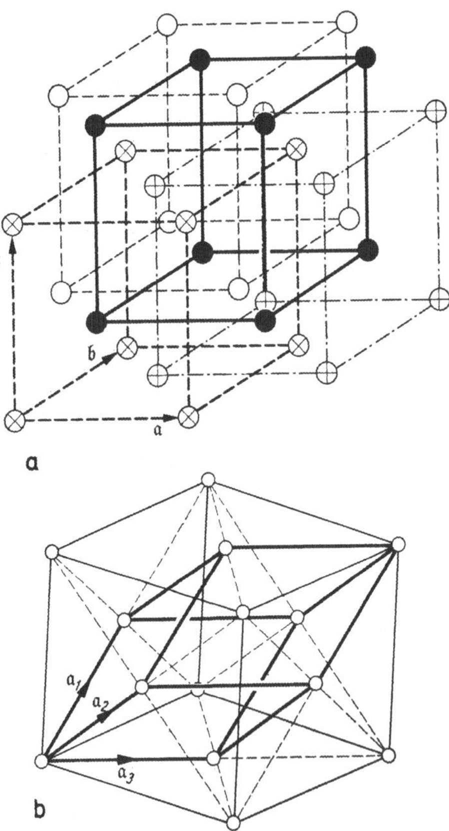

Abb. 3.9. Einatomiges kubisch-flächenzentriertes Gitter. a) mit kubischer Einheitszelle aus 4 ineinander gestellten kubisch-primitiven Bravaisgittern ($s = 4$). b) als kubisch-flächenzentriertes Primitivgitter ($s = 1$) mit rhomboedrischer Einheitszelle

bische Zelle enthält eine Basis von $s = 4$ gleichen Atomen. Man kann jedoch unter Verzicht auf orthogonale Vektoren nach Abb. 3.9 b zu Vektoren $\mathfrak{a}_1$, $\mathfrak{a}_2$, $\mathfrak{a}_3$ übergehen, mit denen man alle Punkte des Gitters von *einem* Atom aus durch reine Translation erreichen kann, d.h. man hat ein (allerdings nicht mehr kubisches) Primitivgitter mit nur $s = 1$ Atom in der dargestellten rhomboedrischen Einheitszelle. Da viele später behandelte Fragen auf die Einheitszelle zurückgeführt werden, zeigt sich hier deutlich die Bedeutung der Entscheidung für ein spezielles System von Basisvektoren.

Aufgabe 3.3. In dem Flächengitter von Abb. 3.5 ist die Elementarzelle willkürlich gewählt. Zeichne weitere mögliche Elementarzellen ein.

Aufgabe 3.4. Drücke für das kubisch flächenzentrierte A-Gitter die Vektoren $\mathfrak{a}_1$, $\mathfrak{a}_2$, $\mathfrak{a}_3$ durch $\mathfrak{a}$, $\mathfrak{b}$, $\mathfrak{c}$ aus. Zeige, daß jeder Punkt des Gitters durch Vektoren $\mathfrak{t} = t_1\mathfrak{a}_1 + t_2\mathfrak{a}_2 + t_3\mathfrak{a}_3$ aus einem einzigen Punkt erzeugt werden kann. Zeige, daß die kubische ($s = 4$) und die rhomboedrische ($s = 1$) Einheitszelle dasselbe Volum pro Atom haben.

Aufgabe 3.5. Stelle das kubisch raumzentrierte A-Gitter (je ein A-Atom an den Ecken und im Zentrum eines Würfels; siehe Abb. 4.7, aber mit nur einer Atomart A) einmal durch eine kubische Zelle $\mathfrak{a}$, $\mathfrak{b}$, $\mathfrak{c}$ mit $s = $? und dann als Primitivgitter ($s = 1$) mit den Basisvektoren $\mathfrak{a}_1$, $\mathfrak{a}_2$, $\mathfrak{a}_3$ dar. Berechne $\mathfrak{a}_1$, $\mathfrak{a}_2$, $\mathfrak{a}_3$ aus den $\mathfrak{a}$, $\mathfrak{b}$, $\mathfrak{c}$. Zeichne die Primitivzelle.

Aufgabe 3.6. Das kubisch flächenzentrierte NaCl-Gitter entsteht durch Ineinanderstellen eines flächenzentrierten Cl^-- in ein flächenzentriertes Na^+-Gitter (vgl. Abb. 6.7). Wie groß ist die Basis der kubischen und wie groß die der kleinstmöglichen Zelle? Wie sehen die Zellen aus?

Die durch drei Basisvektoren $\mathfrak{a}$, $\mathfrak{b}$, $\mathfrak{c}$ aufgespannte *Einheitszelle* (EZ) hat den Vorteil, unmittelbar die Translationssymmetrie zu veranschaulichen. Sie hat aber den Nachteil, nicht die nächste Umgebung eines vielleicht besonders wichtigen Punktes der Zelle zu enthalten. Abb. 3.10 zeigt dies für ein schiefwinkliges Gitter

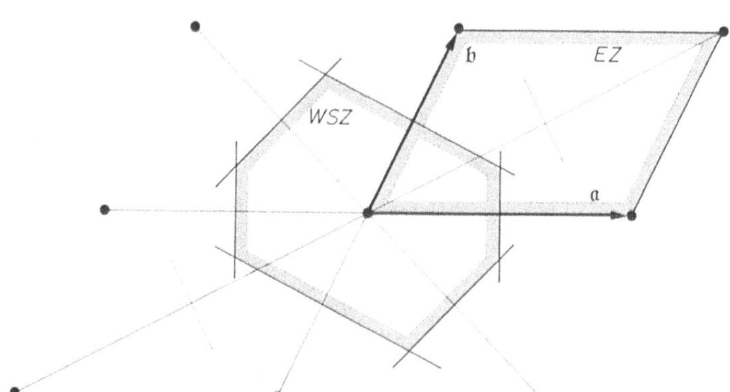

Abb. 3.10. Einheitszelle EZ und Wigner-Seitz-Zelle WSZ um die linke untere Ecke der EZ in einem schiefwinkligen zweidimensionalen Gitter mit den Translationsvektoren $\mathfrak{a}$, $\mathfrak{b}$

in der Ebene. Man konstruiert deshalb für spezielle Zwecke auch die sogenannte *Wigner-Seitz-Zelle* (WSZ), die den interessierenden Gitterpunkt umschließt. Hierzu zeichnen wir von diesem Punkt zu einer genügend großen Anzahl von homologen Punkten in benachbarten

Einheitszellen Verbindungslinien und errichten senkrecht auf diesen die Ebenen durch ihre Mittelpunkte. Das kleinste von diesen Ebenen eingeschlossene Volum ist die Wigner-Seitz-Zelle. Selbstverständlich wird auch bei Translation der Wigner-Seitz-Zelle durch die Translationsvektoren t das Raumgitter lückenlos aufgebaut. Auch hängt ihre Form und Größe von der Wahl der Basisvektoren a, b, c des Translationsgitters ab.

Aufgabe 3.7. Konstruiere die WS-Zelle für das einatomige kubisch-flächenzentrierte Gitter
a) für die kubische Einheitszelle mit $s = 4$,
b) für die rhomboedrische Einheitszelle mit $s = 1$.

Aufgabe 3.8. Sinngemäß dasselbe für das einatomige kubisch-raumzentrierte Gitter.

Aufgabe 3.9. Zeige, daß die WS-Zelle dasselbe Volum hat wie die zugrunde gelegte Einheitszelle.

3.3. Begrenzungs- und Netzebenen

Äußeres Kennzeichen der Kristalle ist das Auftreten von makroskopisch ebenen Begrenzungsflächen. Aus der Grundkonzeption des Kristallgitters ergeben sie sich zwanglos als *Netzebenen*, s. Abb. 3.11. Da Verschiebungen um die Größenordnung einer Zelle makroskopisch nicht sichtbar sind, ist die Raumgruppe an der äußeren Form eines Kristalls nicht erkennbar. In der äußeren Form reproduzieren sich nur die Punktsymmetrieelemente. Sie gehört also jeweils einer der 32 Punktsymmetriegruppen an[8]. Dieser Sachverhalt ist in Abb. 3.11 für ein zweidimensionales Modellgitter dargestellt, dessen makroskopisch sichtbare Begrenzung die Richtung einer vorübergehend mit G bezeichneten Netzgeradenschar hat. Diese Richtung ist festgelegt durch die von den Geraden auf dem in O beginnenden Koordinatenkreuz abgetrennten ganzzahligen Achsenabschnitten

$$p_1 a = 2a, \qquad p_2 b = 3b$$

und der Vielfachen davon.

Analog wird im Raumgitter die Richtung einer Netzebenenschar durch ganzzahlige Achsenabschnitte $p_1 a$, $p_2 b$, $p_3 c$ festgelegt, wobei wir die $p_i \neq 0$ und teilerfremd voraussetzen können, so daß die Achsenabschnitte die kleinsten möglichen Vielfachen der Gitterkonstanten a, b, c bei festgehaltener Richtung der Ebenenschar sind. Liegen die Ebenen parallel zu der i-ten Achse, so ist $p_i = \infty$, ein Spezialfall, auf den der Begriff der Teilerfremdheit nicht angewendet werden kann und der deshalb getrennt zu behandeln ist (s. u.). Um

---

[8] Man sagt umgekehrt auch (etwas unklar): zu jeder Punktsymmetriegruppe gibt es mehrere Raumgruppen.

∞ große Zahlen zu vermeiden, benutzt man statt der p_i lieber die *Millerschen Indizes* (hkl). Man erhält sie durch Multiplikation der Reziproken $1/p_i$ mit dem kleinsten gemeinsamen Vielfachen der p_i,

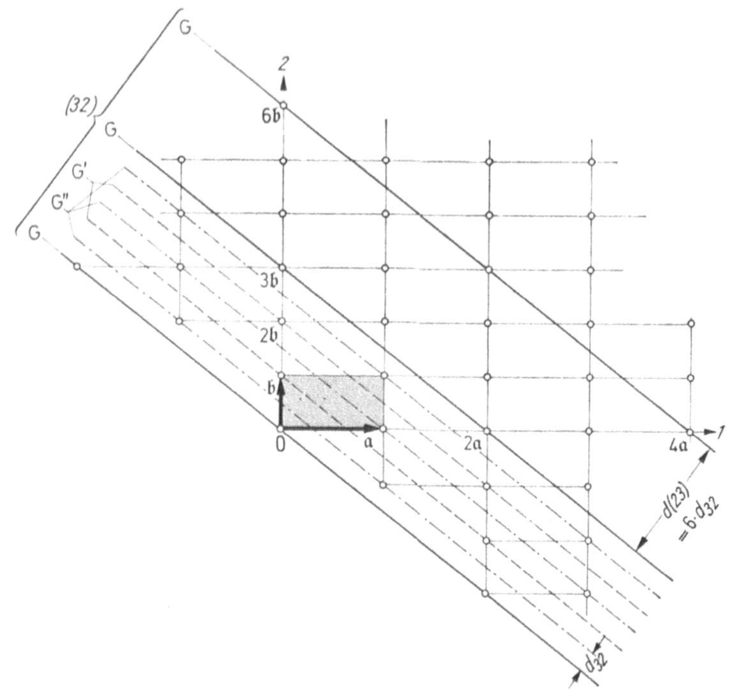

Abb. 3.11. Zur Definition einer Netzebenenschar. Orthorhombisches zweidimensionales Gitter. Die äußere Begrenzung ist eine Netzgerade (32). Ganzzahlige Achsenabschnitte: $p_1 a = 2a$, $p_2 b = 3b$. Gebrochene Achsenabschnitte zwischen zwei Netzgeraden: $p_1 a/p_1 p_2 = a/3 = a/h$, $p_2 b/p_1 p_2 = b/2 = b/k$. Also Millersche Indizes der Schar $(hk) = (32)$

was wegen der vorausgesetzten Teilerfremdheit das Produkt $p_1 p_2 p_3$ selbst ist. Also ist

$$(hkl) = \left(\frac{1}{p_1}, \frac{1}{p_2}, \frac{1}{p_3}\right) p_1 p_2 p_3 = (p_2 p_3, p_3 p_1, p_1 p_2) \qquad (3.2)$$

außer wenn ein (oder zwei) $p_i = \infty$; in diesem Fall ist einfach die Multiplikation mit p_i wegzulassen. Der senkrechte Abstand zwischen den so durch ganzzahlige Achsabschnitte p_1, p_2, p_3 festgelegten Ebenen werde $d(p_1 p_2 p_3)$ genannt. Physikalisch sind die Ebenen der Schar durch *gleiche Besetzung* mit Atomen ausgezeichnet. Das gilt wegen der Translationssymmetrie aber auch noch für alle parallelen

Zwischenebenen, deren Abstand nur der Bruchteil $1/p_1 p_2 p_3$ von $d(p_1 p_2 p_3)$ ist. Aus diesem Grunde rechnet man diese Zwischenebenen noch mit zur Netzebenenschar $(h\,k\,l)$ hinzu.

Daß dies sinnvoll ist, sieht man sofort an Abb. 3.11, wo die die 2-Achse in den Punkten $1 \cdot b$ und $2 \cdot b$ schneidenden Geraden G' und die die 1-Achse in $1 \cdot a$ schneidende (und die dagegen um $\pm b$ in 2-Richtung verschobenen) Gerade(n) G'' dieselbe Atombesetzung haben wie G. Die parallelen Geraden G, G', G'' bilden zusammen die Netzgeradenschar $(h\,k) = (32)$.

Zusammenfassend gilt also für die Netzebenenschar $(h\,k\,l)$: Ihre Richtung relativ zu einem beliebig schiefwinkligen und in die Basisvektoren $\mathfrak{a}$, $\mathfrak{b}$, $\mathfrak{c}$ gelegten Koordinatensystem ist festgelegt durch das Verhältnis der Achsenabschnitte $p_1 a : p_2 b : p_3 c$, wobei p_1, p_2, p_3 teilerfremde ganze Zahlen sind [9]. Diese ganzzahligen Achsenabschnitte werden durch die Netzebenen im Verhältnis $1/p_1 p_2 p_3$ unterteilt [9], so daß die Achsenabschnitte zwischen Nachbarebenen nur

$$\frac{p_1\, a}{p_1 p_2 p_3} = \frac{a}{h} \; ; \qquad \frac{p_2\, b}{p_1 p_2 p_3} = \frac{b}{k} \; ; \qquad \frac{p_3\, c}{p_1 p_2 p_3} = \frac{c}{l} \qquad (3.3)$$

betragen. Auch der senkrechte Abstand zwischen Nachbarebenen beträgt demnach nur

$$d_{hkl} = \frac{d(p_1 p_2 p_3)}{p_1 p_2 p_3} . \qquad (3.4)$$

In zueinander senkrechten Koordinaten ($\mathfrak{a} \perp \mathfrak{b} \perp \mathfrak{c} \perp \mathfrak{a}$), d.h. im kubischen, tetragonalen und orthorhombischen System ist er die in Gl. (3.11) angegebene einfache Funktion der Achsenabschnitte, die in schiefwinkligen Koordinaten durch kompliziertere Ausdrücke zu ersetzen ist, s. z.B. [B6], [B13].

Einige Beispiele für die Lage von Netzebenen gibt Abb. 3.12.

Treten negative Achsenabschnitte auf, so wird das Minuszeichen aus Gründen der Platzersparnis nicht vor, sondern über den Millerschen Index gesetzt. Physikalisch unterscheiden sich verschiedene Netzebenen durch eine verschiedene Besetzung mit Atomen (oder Ionen).

Die auf einer Netzebenenschar $(h\,k\,l)$ senkrechte Richtung wird als $[h\,k\,l]$-Richtung bezeichnet.

Da die Netzebenen relativ zu den Basisvektoren definiert werden, hängen ihre Richtungen und ihre Abstände von der speziellen Wahl der Basisvektoren ab. Die zugrunde gelegte Einheitszelle muß also angegeben werden. Für die Indizierung der Netzebenen sollte die kleinstmögliche Zelle höchster Symmetrie gewählt werden. Alle phy-

---

[9] Der Spezialfall $p_i = \infty$ ist getrennt zu diskutieren, siehe oben.

sikalischen Eigenschaften eines Gitters ergeben sich natürlich unabhängig von der speziellen Wahl der Basisvektoren.

Selbstverständlich wird das Achsen- oder Koordinatensystem, in dem man die Netzebenen durch Millersche Indizes, d.h. durch die

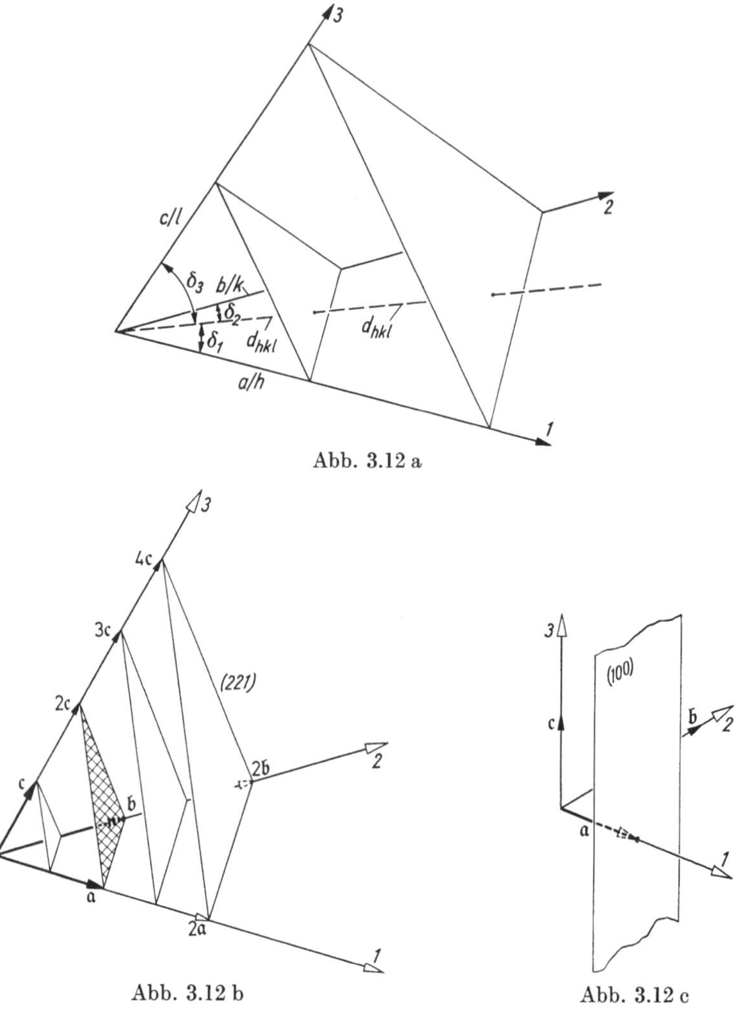

Abb. 3.12 a

Abb. 3.12 b   Abb. 3.12 c

Abb. 3.12. Netzebenen in verschiedenen Koordinatensystemen. a) allgemeinster Fall: triklin (hkl), b) triklin (221), c) orthorhombisch (100)

3 zu den Achsen parallelen Basisvektoren a, b, c festlegt, besonders symmetrisch zu den Netzebenen gelegt. Man kommt mit 7 verschie-

denen typischen Systemen von Basisvektoren aus, durch die die 7 *Kristallsysteme* definiert werden[10]. Diese Systeme sind

1. *Triklines System:* Drei ungleich lange Vektoren unter schiefen Winkeln.

2. *Monoklines System:* Zwei ungleich lange Vektoren unter schiefem Winkel, der dritte ungleich lange Vektor senkrecht auf der durch die ersten beiden Vektoren aufgespannten monoklinen Ebene.

3. *Rhombisches (orthorhombisches) System:* Drei ungleich lange aufeinander senkrechte Vektoren.

4. *Tetragonales System:* Zwei gleich lange Vektoren unter $90°$, der dritte ungleich lange Vektor senkrecht darauf.

5. *Kubisches System:* Drei gleich lange aufeinander senkrechte Vektoren.

6. *Trigonales oder rhomboedrisches System:* Trigonale Aufstellung: Ein Vektor senkrecht auf der Ebene der beiden anderen, diese gleich lang unter $120°$. Rhomboedrische Aufstellung: Drei gleich lange Vektoren unter beliebig großen, aber gleichen Winkeln gegeneinander.

7. *Hexagonales System:* Zwei oder drei[11] gleich lange Vektoren unter $60°$, der dritte ungleich lange senkrecht auf diesen.

Zu jedem System gehören mehrere Punktsymmetrieklassen, zu jeder davon mehrere Raumgruppen.

Aufgabe 3.10. Welche Lage und welchen Abstand haben die (100)-, (110)- und (111)-Ebenen des einatomigen kubisch-flächenzentrierten Gitters

a) bei Zugrundelegung der kubischen Zelle mit $s = 4$,

b) bei Zugrundelegung der Primitivzelle mit $s = 1$? Gehören in beiden Fällen alle parallelen und mit Atomen gleich besetzten Ebenen zur gleichen Netzebenenschar?

c) Begründe die Auswahl der kleinstmöglichen Einheitszelle aus der Antwort auf Frage b).

Aufgabe 3.11. Berechne den Anteil eines gegebenen Volums, der sich mit harten Kugeln vom Radius r bei den folgenden Kristallstrukturen füllen läßt:

a) Kubisch primitiv, b) kubisch raumzentriert, c) kubisch flächenzentriert.

Aufgabe 3.12. Berechne den Radius R der größten Kugel, die sich zwischen den Kugeln vom Radius r der Aufgabe 3.11 in den 3 dort angegebenen kubischen Strukturen unterbringen läßt.

3.4. Das reziproke Gitter

Es ist zweckmäßig, zu dem von den Vektoren $\mathfrak{a}$, $\mathfrak{b}$, $\mathfrak{c}$ aufgespannten Raumgitter das sogenannte reziproke Gitter, das im reziproken Raum von den Vektoren $\mathfrak{a}^*$, $\mathfrak{b}^*$, $\mathfrak{c}^*$ aufgespannt wird, zu definieren.

---

[10] Ihnen entsprechen auch die 7 primitiven Bravaisgitter, die man erhält, wenn man ein Atom als Basis in den Koordinatenanfang setzt. Zu den übrigen 7 Bravaisgittern vgl. z. B. [A 1], [B 3].

[11] In diesem Koordinatensystem enthalten die Flächensymbole 4 Indizes, z. B. (0001).

Wir betrachten (Abb. 3.13) die Einheitszelle des Raumgitters. Sie wird begrenzt von je zwei Netzebenen

$$(100) \text{ parallel zur } \mathfrak{b}, \mathfrak{c}\text{-Ebene},$$
$$(010) \text{ parallel zur } \mathfrak{c}, \mathfrak{a}\text{-Ebene}, \qquad (3.5)$$
$$(001) \text{ parallel zur } \mathfrak{a}, \mathfrak{b}\text{-Ebene},$$

deren Abstände jeweils gleich d_{100}, d_{010}, d_{001} sind.

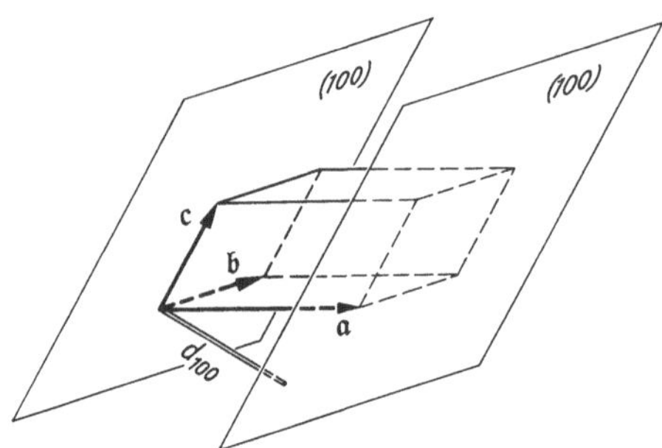

Abb. 3.13. Zur Definition des reziproken Gitters

Der Basisvektor $\mathfrak{a}*$ des reziproken Gitters soll dann die Länge

$$a* = |\mathfrak{a}*| = \frac{1}{d_{100}} \qquad (3.6)$$

haben und senkrecht auf den (100)-Ebenen, d.h. der $\mathfrak{b}$, $\mathfrak{c}$-Ebene stehen. Beide Eigenschaften sind in der Definitionsgleichung

$$\mathfrak{a}* = \frac{\mathfrak{b} \times \mathfrak{c}}{V_Z} = \frac{\mathfrak{b} \times \mathfrak{c}}{\mathfrak{a} \cdot (\mathfrak{b} \times \mathfrak{c})} \qquad (3.7)$$

enthalten, wobei $V_Z = \mathfrak{a} \cdot (\mathfrak{b} \times \mathfrak{c})$ das Volum der Einheitszelle ist. $\mathfrak{b}*$ und $\mathfrak{c}*$ ergeben sich durch zyklische Vertauschung.

Aus diesen Gleichungen folgen sofort die Beziehungen

$$\mathfrak{a}*\mathfrak{a} = \mathfrak{b}*\mathfrak{b} = \mathfrak{c}*\mathfrak{c} = 1,$$
$$\mathfrak{a}*\mathfrak{b} = \mathfrak{b}*\mathfrak{c} = \mathfrak{c}*\mathfrak{a} = 0, \qquad (3.8)$$
$$\mathfrak{a}*\mathfrak{c} = \mathfrak{b}*\mathfrak{a} = \mathfrak{c}*\mathfrak{b} = 0.$$

Die Vektoren $\mathfrak{a}*$, $\mathfrak{b}*$, $\mathfrak{c}*$ spannen die Einheitszelle im reziproken Gitter auf. Aus ihr baut sich das ganze reziproke Gitter durch den Translationsvektor

$$\mathfrak{t}* = m\,\mathfrak{t}' = m\,h\,\mathfrak{a}* + m\,k\,\mathfrak{b}* + m\,l\,\mathfrak{c}* \qquad (3.9)$$

auf, wobei die mh, mk, ml ganze Zahlen sind, aus denen wir einen gemeinsamen ganzzahligen Faktor m gleich herausziehen, so daß die

h, k, l teilerfremde und sonst beliebige ganze Zahlen sind, deren Bezeichnung bereits späteren Anwendungen auf Netzebenen angepaßt ist. Wir behaupten, daß der Vektor $\mathfrak{t}^*$ senkrecht auf der Netzebenenschar $(h\,k\,l)$ des Raumgitters steht und daß seine Länge

$$t^* = |\mathfrak{t}^*| = m\,|\mathfrak{t}'| = m\,\frac{1}{d_{hkl}} \tag{3.10}$$

der m-fache Kehrwert des Netzebenenabstandes ist. Die Punkte des reziproken Gitters sind also durch die Netzebenen des Raumgitters definiert[12]. Dies gilt für beliebige schiefwinklige Gittervektoren, den Beweis führen wir jedoch nur für den Spezialfall einer rechtwinkligen Gitterzelle, wo $\mathfrak{a} \perp \mathfrak{b} \perp \mathfrak{c} \perp \mathfrak{a}$ und $V_Z = abc$ ist.

Hier ist, wie anhand von Abb. 3.12a leicht bewiesen wird[13]

$$d_{hkl} = \frac{1}{\sqrt{\left(\dfrac{h}{a}\right)^2 + \left(\dfrac{k}{b}\right)^2 + \left(\dfrac{l}{c}\right)^2}} \tag{3.11}$$

also

$$a^* = |\mathfrak{a}^*| = \frac{1}{d_{100}} = \frac{1}{a}, \quad \text{(zyklisch)} \tag{3.12}$$

und $\mathfrak{a}^*$ ist parallel zu $\mathfrak{a}$. Analoges gilt für $\mathfrak{b}$ und $\mathfrak{c}$.

In dem so festgelegten Koordinatensystem hat aber $\mathfrak{t}^*$ nach (3.10) die Komponenten

$$\begin{aligned}
m\,h\,a^* &= m\,(h/a) \\
m\,k\,b^* &= m\,(k/b) \\
m\,l\,c^* &= m\,(l/c),
\end{aligned} \tag{3.13}$$

d. h. die Länge

$$t^* = m\,\sqrt{\left(\frac{h}{a}\right)^2 + \left(\frac{k}{b}\right)^2 + \left(\frac{l}{c}\right)^2} = m \cdot \frac{1}{d_{hkl}}, \tag{3.14}$$

wie behauptet.

Nach (3.11) sind $d_{100}, d_{010}, d_{001}$ größer als alle anderen d_{hkl}, nach (3.12) und (3.7) sind also tatsächlich die Basisvektoren $\mathfrak{a}^*, \mathfrak{b}^*, \mathfrak{c}^*$ die kleinsten Vektoren im reziproken Gitter.

Aufgabe 3.13. Führe den Beweis auch für beliebige schiefwinklige Gitter.

Die Bedeutung des reziproken Gitters für die Festkörperphysik wird sich an mehreren Stellen erweisen. Dabei ist es oft zweckmäßig, noch einen Faktor 2π einzuführen, d.h. die Vektoren

$$\begin{aligned}
\mathfrak{g}_{hkl} = 2\pi\,\mathfrak{t}' &= 2\pi(h\,\mathfrak{a}^* + k\,\mathfrak{b}^* + l\,\mathfrak{c}^*) \\
&= h\,\mathfrak{g}_{100} + k\,\mathfrak{g}_{010} + l\,\mathfrak{g}_{001}
\end{aligned} \tag{3.15}$$

---

[12] Und umgekehrt: Die beiden Gitter sind reziprok zueinander.

[13] Man bilde die Summe der Quadrate des Richtungscosinus $\cos^2 \delta_i$, die in orthogonalen Koordinaten den Wert 1 hat.

mit den Längen

$$|\mathfrak{g}_{hkl}| = \frac{2\,\pi}{d_{hkl}} \tag{3.16}$$

zu benützen. Die Einheitszelle im sogenannten *Fourier-Raum* wird dann von den Vektoren

$$\mathfrak{g}_{100} = 2\,\pi\,\mathfrak{a}^*, \qquad \mathfrak{g}_{010} = 2\,\pi\,\mathfrak{b}^*, \qquad \mathfrak{g}_{001} = 2\,\pi\,\mathfrak{c}^* \tag{3.17}$$

aufgespannt.

Allerdings wird (wie auch im reziproken Gitter) im Fourier-Raum im allgemeinen weniger die Einheitszelle als vielmehr die aus ihr konstruierte Wigner-Seitz-Zelle benutzt. Man nennt sie hier die *1. Brillouinzone*. Aus seiner Einheitszelle oder der 1. Brillouinzone geht das ganze reziproke Gitter[14] durch Translation mit den allgemeinsten Vektoren $\mathfrak{g} = 2\pi\mathfrak{t}^*$ nach Gl. (3.9) hervor:

$$\mathfrak{g} = 2\,\pi\,\mathfrak{t}^* = m\,(h\,\mathfrak{g}_{100} + k\,\mathfrak{g}_{010} + l\,\mathfrak{g}_{001}) = m\,\mathfrak{g}_{hkl}\,. \tag{3.18}$$

Mit Hilfe von (3.8) überzeugen wir uns zum Schluß noch, daß

$$\mathfrak{t}\,\mathfrak{t}' = t_1 h + t_2 k + t_3 l = z \tag{3.19}$$

eine ganze Zahl, d.h.

$$\mathfrak{t}\,\mathfrak{g}_{hkl} = z\,2\,\pi\,, \qquad \mathfrak{t}\,\mathfrak{g} = m\,z\,2\,\pi \tag{3.20}$$

ist, was später gebraucht wird.

Aufgabe 3.14. Zeige, daß das kubisch-raumzentrierte und das kubisch flächenzentrierte einatomige Gitter reziprok zueinander sind.

4. Strukturbestimmung mit Interferenzen

4.1. Röntgeninterferenzen [15]

Die wichtigste Methode der Strukturforschung ist die Untersuchung der *Röntgeninterferenzen* in Kristallen.

WALTER und POHL hatten bereits 1908/9 Beugungserscheinungen von Röntgenstrahlen an keilförmigen Spalten erhalten und daraus die Röntgenwellenlänge abgeschätzt. Andererseits konnte man die Gitterkonstante z. B. des NaCl aus Dichte, Molekulargewicht und Loschmidtscher Konstante angeben. Die Wellenlänge ($\lambda \sim 0{,}4$ ÅE) war mit dem Atomabstand ($\sim 2{,}5$ ÅE) kommensurabel. Das führte v. LAUE auf den Gedanken, ein Kristallgitter als Beugungsgitter für Röntgenstrahlen zu benutzen (1912).

---

[14] Zwischen reziprokem Raum und Fourier-Raum oder reziprokem Gitter und Fourier-Gitter wird sprachlich meistens nicht scharf unterschieden.

[15] Ebenso gebräuchlich ist die Bezeichnung *Röntgenbeugung* und analog *Elektronen- und Neutronenbeugung*.

Ein Röntgenstrahlenbündel, das durch mehrere feine Blenden begrenzt wurde, falle auf einen Kristall. Es überdeckt bei einer Breite von 10^{-2} mm immer noch 10^5 Atomabstände. Die Elektronenhüllen der getroffenen Atome (oder Ionen) werden zu erzwungenen Schwingungen erregt und strahlen Sekundärwellen aus, die miteinander interferieren. In voller Analogie zum eindimensional periodischen optischen Beugungsgitter ergibt sich maximale resultierende Strahlungsleistung in solchen Richtungen, in die alle Elementarzellen des dreidimensionalen periodischen Raumgitters mit gleicher Phase strahlen. Diese Richtungen sind unabhängig davon, wie die einzelne Zelle in sich gebaut ist, und allein durch die Größe der Gitterperiode ($=$ Zelle) bestimmt. Die innere Struktur der einzelnen Zelle bestimmt die Intensitäten (siehe Ziffer 4.3). Da die Anzahl der interferierenden Wellen so groß ist, sind die Maxima ($=$ *„Röntgenreflexe"*) sehr scharf (Airysche Schärfe bei Vielfachinterferenzen), und die Intensität verschwindet praktisch ganz in allen Zwischenrichtungen[16, 17]. Wir berechnen jetzt die Richtungen der Reflexe. Die Richtung der einfallenden Welle sei durch den Einheitsvektor $\mathfrak{s}_0$, die eines Reflexes durch den Einheitsvektor $\mathfrak{s}$ gegeben. Der Translationsvektor $\mathfrak{t}$ nach Gl. (3.1) verbindet ein Atom ($=$ Streuzentrum) in der Ausgangszelle mit dem homologen Atom in der um $\mathfrak{t}$ verschobenen Zelle, siehe Abb. 4.1.

Der Gangunterschied zwischen den beiden Streuwellen ist dann

$$\varDelta = (\mathfrak{t}\,\mathfrak{s}) - (\mathfrak{t}\,\mathfrak{s}_0) \tag{4.1}$$

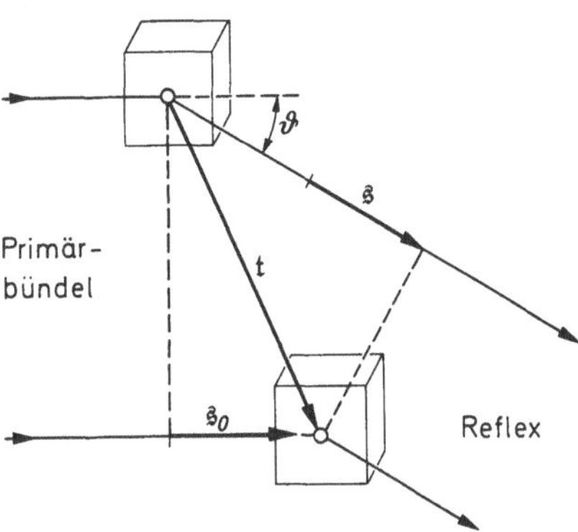

Abb. 4.1. Streuung von Röntgenlicht an homologen Punkten zweier um den Translationsvektor $\mathfrak{t}$ gegeneinander verschobener Gitterzellen

---

[16] Die Theorie ist nichts anderes als eine Erweiterung der *Fraunhofer-Fresnelschen* Theorie des eindimensionalen optischen Beugungsgitters auf ein dreidimensionales Raumgitter.

[17] Interferenzen an pulverförmigen Präparaten geben verwaschene Reflexe, aus deren Breite die Korngröße bestimmt werden kann, vgl. Abb. 4.10.

und dieser Gangunterschied muß für *jedes* t, also für jedes Zahlentripel t_1, t_2, t_3 ein ganzes Vielfaches von λ sein. Das ist dann und nur dann der Fall, wenn gleichzeitig die drei Gleichungen gelten, die durch einmalige Verschiebung nach den drei Vektoren $\mathfrak{a}$, $\mathfrak{b}$, $\mathfrak{c}$ entstehen:

$$\Delta_a = (\mathfrak{a}, \mathfrak{s} - \mathfrak{s}_0) = h_1 \lambda \qquad h_1, h_2, h_3 = \text{ganze Zahlen}$$
$$\Delta_b = (\mathfrak{b}, \mathfrak{s} - \mathfrak{s}_0) = h_2 \lambda \qquad (h_1 h_2 h_3) = \textit{Ordnung} \text{ der} \tag{4.2}$$
$$\Delta_c = (\mathfrak{c}, \mathfrak{s} - \mathfrak{s}_0) = h_3 \lambda \qquad\qquad\qquad \text{Interferenz}$$

so daß

$$\Delta = t_1 \Delta_a + t_2 \Delta_b + t_3 \Delta_c = (t_1 h_1 + t_2 h_2 + t_3 h_3) \lambda. \tag{4.3}$$

Bedeuten nun α, β, γ und α_0, β_0, γ_0 die Winkel der Strahlen $\mathfrak{s}$ und $\mathfrak{s}_0$ gegen die drei Achsen, so geht (4.2) über in die berühmten *Laue-Gleichungen*

$$\cos\alpha - \cos\alpha_0 = h_1 \cdot \frac{\lambda}{a}$$
$$\cos\beta - \cos\beta_0 = h_2 \cdot \frac{\lambda}{b} \tag{4.4}$$
$$\cos\gamma - \cos\gamma_0 = h_3 \cdot \frac{\lambda}{c}.$$

Dasselbe ist dann auch für die Streuwellen richtig, die von einem beliebigen anderen Atom der Zelle und seinen homologen kommen. Das heißt aber, man kann auch gleich die von den Atomen einer Zelle kommenden Streuwellen zu einer resultierenden Streuwelle der Zelle überlagert denken und Gl. (4.4) auch als Bedingung für maximale Verstärkung dieser resultierenden Teilwellen betrachten.

Das wären bei gegebenem $\mathfrak{s}_0$, a, b, c und λ drei Gleichungen für die drei Unbekannten $\cos\alpha$, $\cos\beta$, $\cos\gamma$, d. h. für die Bestimmung der Richtung des Röntgenreflexes. Tatsächlich besteht aber in jedem beliebigen (schiefwinkeligen) Koordinatensystem außerdem eine Bedingungsgleichung zwischen den drei Richtungscosinussen $\cos\alpha$, $\cos\beta$, $\cos\gamma$, wir haben nur zwei unabhängige Unbekannte, und das Gleichungssystem (4.4) ist überbestimmt. Das heißt, ein unter beliebigem Einfallswinkel auf den Kristall fallender Röntgenstrahl wird im allgemeinen nicht als Interferenzhauptmaximum gebeugt (die nullte Ordnung $h_1 = h_2 = h_3 = 0$ ist immer eine Lösung, aber sie liefert das unabgelenkte Teilbündel $\alpha = \alpha_0$, $\beta = \beta_0$, $\gamma = \gamma_0$).

Wir betrachten von jetzt an zunächst den Spezialfall eines rechtwinkligen Koordinatensystems ($\mathfrak{a} \perp \mathfrak{b} \perp \mathfrak{c} \perp \mathfrak{a}$). Dann hat die zu (4.4) hinzukommende vierte Bedingungsgleichung die einfache Form:

$$\cos^2\alpha + \cos^2\beta + \cos^2\gamma = 1. \tag{4.5}$$

Außer den Komponenten von $\mathfrak{s}$ muß man also, um nichttriviale Lösungen von (4.4) und (4.5) zu erzielen, noch eine weitere Größe variabel halten. Es muß entweder bei festgehaltener Einfallsrichtung $\mathfrak{s}_0$ die Wellenlänge variiert, oder bei fester Wellenlänge die Einfallsrichtung variiert werden. Den ersten Fall realisiert experimentell die Laue-Methode, den zweiten die Bragg'sche Drehkristallmethode sowie die Pulvermethode von DEBYE und SCHERRER, näheres siehe unter Ziffer 4.2.

Die Gl. (4.4) lassen noch eine etwas anschaulichere Interpretation zu. Durch Quadrieren und Addieren folgt

$$2\left[1 - (\cos\alpha\cos\alpha_0 + \cos\beta\cos\beta_0 + \cos\gamma\cos\gamma_0)\right] = \lambda^2\left(\frac{h_1^2}{a^2} + \frac{h_2^2}{b^2} + \frac{h_3^2}{c^2}\right). \tag{4.6}$$

Einen etwaigen gemeinsamen Teiler in den ganzen Zahlen ziehen wir heraus:

$$h_1 = mh, \qquad h_2 = mk, \qquad h_3 = ml, \tag{4.7}$$

so daß die h, k, l teilerfremd sind. Sie lassen sich also auffassen als Flächenindizes einer Flächenschar. Nun ist der Abstand zweier benachbarter Ebenen in dieser Schar nach Gl. (3.11) gleich

$$d_{hkl} = \frac{1}{\sqrt{\dfrac{h^2}{a^2} + \dfrac{k^2}{b^2} + \dfrac{l^2}{c^2}}}. \tag{4.8}$$

Ferner ist der Winkel ϑ zwischen Ein- und Ausfallrichtung, d.h. der Streuwinkel gegeben durch

$$\frac{\mathfrak{s}\,\mathfrak{s}_0}{|\mathfrak{s}|\cdot|\mathfrak{s}_0|} = \cos\vartheta = \cos\alpha\cos\alpha_0 + \cos\beta\cos\beta_0 + \cos\gamma\cos\gamma_0. \tag{4.11}$$

Damit ergibt sich (4.6) in der Form

$$2(1 - \cos\vartheta) = 4\sin^2\frac{\vartheta}{2} = m^2\lambda^2/d_{hkl}^2, \tag{4.12}$$

d.h. es gilt die *Braggsche Gleichung*

$$2\,d_{hkl}\sin\frac{\vartheta}{2} = m\,\lambda \qquad \begin{array}{l} m = \text{ganze Zahl} \\ = Ordnungszahl. \end{array} \tag{4.13}$$

Diese Formel gilt in allen, ihre Herleitung hier gilt aber nur in rechtwinkligen Koordinatensystemen.

Sie läßt sich gemäß Abb. 4.2 geometrisch interpretieren als eine *Tiefenreflexion* des Röntgenbündels an der durch die Indizes (hkl) gegebenen Netzebenenschar. Soll ein Maximum entstehen, so müssen zwei von benachbarten Ebenen der Schar „reflektierte" Teilbündel einen Gangunterschied von ganzen Wellenlängen haben: $\Delta s = m\lambda$; m heißt die Ordnung des Reflexes. $\varphi = \vartheta/2$ ist also als „Glanzwinkel" aufzufassen. Höhere Ordnungen werden bei größeren Glanzwinkeln, also steilerem Einfall beobachtet.

Der physikalische Unterschied zwischen *Laue*-Gleichungen (4.4) und *Bragg*-Gleichung (4.13) besteht nur in der verschiedenen Reihenfolge der Summation der Teilwellen. Bei v. LAUE wird von Zelle zu Zelle, bei BRAGG von Netzebene zu Netzebene summiert. Die für diese Reihenfolgen charakteristischen Größen sind $\mathfrak{a}$, $\mathfrak{b}$, $\mathfrak{c}$ in den Gleichungen (4.2) und (4.4) und d_{hkl} in Gleichung (4.13).

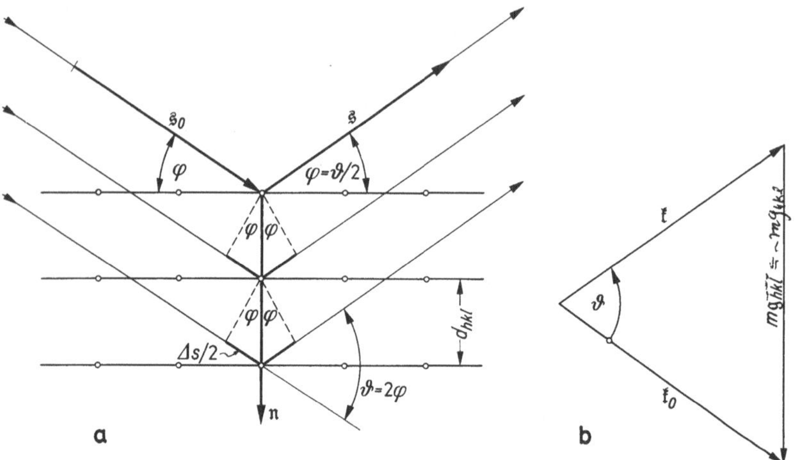

Abb. 4.2. a) Braggsche Tiefenreflexion an einer Netzebenenschar. Zwischen den gestrichelt gezeichneten Fronten benachbarter Teilwellen herrscht der Gangunterschied $\Delta s = 2\,d_{hkl}\sin\varphi = 2\,d_{hkl}\sin\vartheta/2$. b) Wellenvektoren-Bilanz

Nach Gl. (4.13) ist es übrigens unbestimmt, ob ein in Richtung ϑ beobachteter Reflex ein Reflex m-ter Ordnung an einer Netzebenenschar (hkl) mit d_{hkl} oder ein Reflex 1-ter Ordnung an einer Netzebenenschar $(h'k'l')$ mit dem Abstand d_{hkl}/m ist. Da die Netzebenen relativ zu den Basisvektoren des Gitters definiert werden, hängt diese Unbestimmtheit mit der Willkür bei der Wahl der Basisvektoren zusammen.

Aufgabe 4.1. Beweise Gleichung (4.13) für ein beliebiges triklines Koordinatensystem.

Aufgabe 4.2. Beschreibe und indiziere die auftretenden Röntgenreflexe am einatomig kubisch-raumzentrierten Gitter: a) mit der kubischen Zelle ($s = 2$), b) mit der Primitivzelle ($s = 1$).

Aufgabe 4.3. Dasselbe für das einatomige kubisch-flächenzentrierte Gitter.

Aufgabe 4.4. Dasselbe sinngemäß für das NaCl-Gitter.

Aufgabe 4.5. In einen primitiv kubischen Kristall mit der Gitterkonstante a werde parallel zu einer kubischen Achse weißes Röntgenlicht eingestrahlt. Berechne die Wellenlängen und Ablenkungswinkel der in der yz-Ebene auftretenden Laue-Reflexe als Funktion der h, k, l (z-Koordinate parallel zum Strahl).

Wir wollen die Röntgen-Reflexe der Vollständigkeit halber auch noch im *Teilchenbild* interpretieren. Da sich bei der Bragg-Reflexion die Frequenz des Röntgenlichtes nicht ändern soll, soll sich auch weder die Energie $\hbar\omega_0$ noch der Impulsbetrag $\hbar\omega_0/c$ des Photons ändern. Dagegen ändert sich die zur Netzebenenschar senkrechte Impulskomponente. Diese Impulsänderung muß vom ganzen Kristall übernommen werden[18], und zwar ohne Energieaufnahme (d. h. „rückstoßfrei"). Ohne uns um den Mechanismus dieser elastischen Reflexion am ∞ schweren Kristall näher zu kümmern, behandeln wir ihn rein formal nach dem Impulserhaltungssatz. Hierzu benutzen wir im reziproken Raum die Wellenvektoren

$$\mathfrak{k}_0 = \frac{2\pi}{\lambda}\,\mathfrak{s}_0\,, \qquad \lambda = \text{Wellenlänge} \tag{4.14}$$

$$\mathfrak{k} = \frac{2\pi}{\lambda}\,\mathfrak{s}$$

des ein- und austretenden Röntgenlichts und den der Netzebenenschar $(h\,k\,l)$ zugeordneten reziproken Gittervektor nach Gl. (3.12, 3.13):

$$\mathfrak{g}_{hkl} = \frac{2\pi}{d_{hkl}}\,\mathfrak{n} \tag{4.15}$$

der senkrecht auf der Netzebenenschar $(h\,k\,l)$ parallel zum Einheitsvektor $\mathfrak{n}$ steht (vgl. Abb. 4.2). Da $\hbar\mathfrak{k}$ den Impuls eines Photons angibt, ist der bei der Bragg-Reflexion auf den Kristall rückstoßfrei übertragene Impuls gegeben durch den Vektor

$$\hbar\,(\mathfrak{k}_0 - \mathfrak{k}) = \hbar\vec{\varkappa}\,, \tag{4.16}$$

der parallel $\mathfrak{n}$ zeigen muß und, wie wir sofort sehen werden, durch den reziproken Gittervektor gegeben ist:

$$\vec{\varkappa} = m\,\mathfrak{g}_{\tilde{h}\tilde{k}\tilde{l}}\,. \tag{4.17}$$

Setzt man dies in die vorige Gleichung ein, so folgt nämlich

$$\mathfrak{k}_0 - \mathfrak{k} = m\,\mathfrak{g}_{\tilde{h}\tilde{k}\tilde{l}}, \tag{4.18}$$

und dies ist tatsächlich nichts anderes als die vektorielle Fassung der Braggschen Gl. (4.13), wovon man sich leicht durch Zerlegung in Komponenten parallel und senkrecht zu $\mathfrak{n}$ überzeugt (Abb. 4.2 b). — Man kann (4.18) auch als „*Auswahlregel*" für die elastische Streuung von Photonen im reziproken Gitter auffassen: die Differenz $\mathfrak{k}_0 - \mathfrak{k}$ der Wellenvektoren muß gleich einem Translationsvektor im reziproken Gitter sein.

Aufgabe 4.6. Stelle diese Bedingung im reziproken Gitter graphisch dar (*Ewaldsche Konstruktion*).

---

[18] Der Begriff der Tiefenreflexion an Netzebenen setzt im Prinzip den ∞ ausgedehnten, also auch ∞ schweren Kristall voraus.

4.2. Experimentelle Bestimmung von Gitterkonstanten

Bei allen experimentellen Bestimmungen der Zellengröße, d.h. der Gitterkonstanten a, b, c, wird durch Messung eines Beugungswinkels eine Periode im Kristallgitter mit einer Röntgenwellenlänge λ verglichen. Diese muß also bekannt sein. Ihre Bestimmung durch Anschluß an das Normalmeter wird unten behandelt.

Beim *Laue-Verfahren* (Abb. 4.3) wird das ganze Röntgenbremsspektrum einer massiven Antikathode in Richtung $\mathfrak{s}_0$ eingestrahlt.

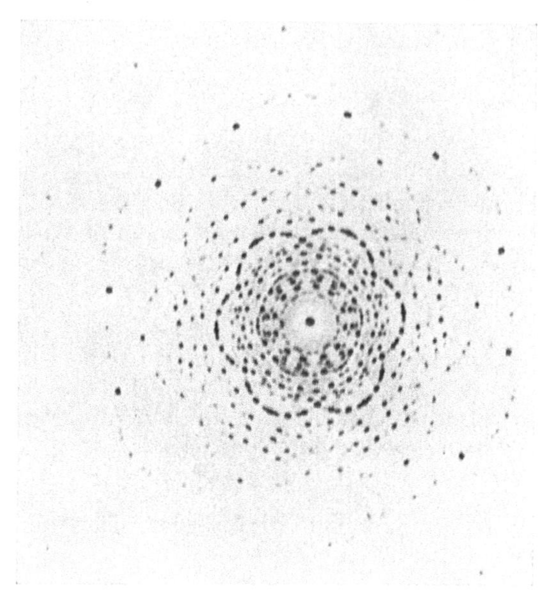

Abb. 4.3 a

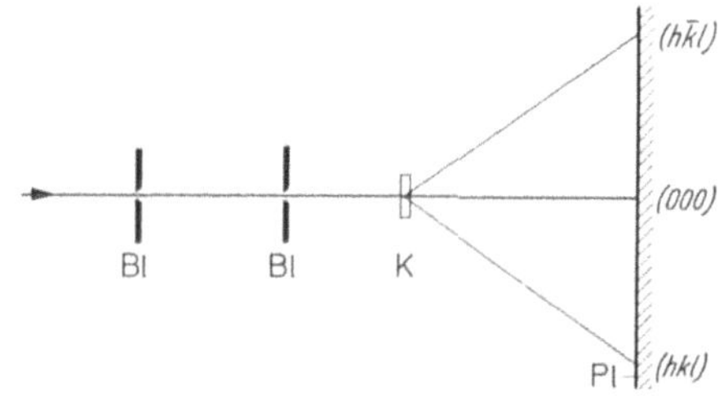

Abb. 4.3 b

Abb. 4.3. a Laue-Aufnahme eines Beryll-Kristalls. Formel: $Al_2[Si_6O_{10}]Be_3$, Symmetrie: D_{6h}. b Schema der Anordnung: Das feine Röntgenbündel (Blenden Bl) wurde parallel zur A_6 eingestrahlt, die Photoplatte Pl stand senkrecht auf der Einstrahlrichtung hinter dem Kristall K

Von jeder Netzebenenschar (hkl) wird aus diesem Spektrum nur diejenige Wellenlänge reflektiert, die mit d_{hkl} und dem durch $\hat{s}_0$ und die Kristallorientierung festgelegten *Glanzwinkel* $\vartheta/2$ gerade die Bragg-Gleichung (4.13) erfüllt. Man beobachtet also Reflexe, die, wenn man Röntgenfarben sehen könnte, verschiedenfarbig wären. Das Verfahren ist besonders zur Einstellung von Symmetrie-Richtungen geeignet.

Beim *Drehkristall-Verfahren* von BRAGG (Abb. 4.4) wird monochromatisches Licht eingestrahlt. Man dreht dann den Kristall so

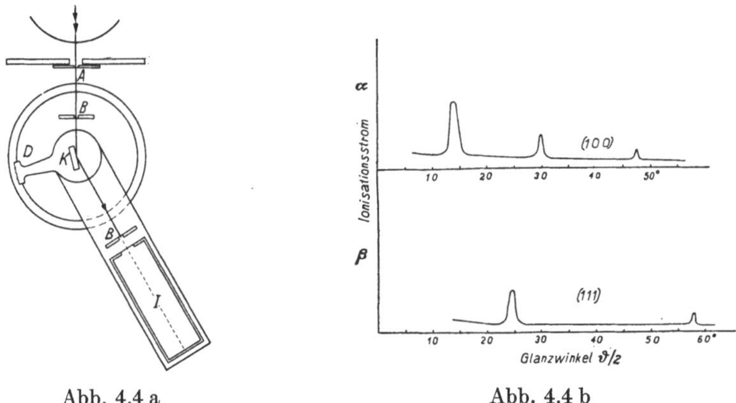

Abb. 4.4 a   Abb. 4.4 b

Abb. 4.4. Bragg-Verfahren: a Schema einer Apparatur. A Filter, B Blende, K Kristall, D Drehtisch, I Ionisationskammer. b Schematischer Verlauf des Ionisationsstroms als Funktion des Glanzwinkels $\vartheta/2$. α Reflexion an einer Würfelfläche, β an einer Oktaederfläche des KCl

lange, bis der Glanzwinkel $\vartheta/2$ für die Netzebenenschar (hkl) der Braggschen Gleichung (4.13)

$$2\sin\frac{\vartheta_{hkl}}{2} = m\,\frac{\lambda}{d_{hkl}} \qquad (4.19)$$

genügt (Abb. 4.2). Dabei ist d_{hkl} eine von dem (im allgemeinen schiefwinkligen) Koordinatensystem abhängige Funktion (z. B. Gl. (4.8)) von a/h, b/k, c/l und man hat alle gemessenen Reflexe so mit ganzen Zahlen (hkl) zu indizieren, daß die Ablenkungswinkel ϑ_{hkl} mit einem Satz von drei Gitterkonstanten a, b, c richtig wiedergegeben werden.

Die *Pulvermethode* von DEBYE-SCHERRER schließlich ist eine einfache Variation der Drehkristallmethode. Man kann auf Einkristalle verzichten und benutzt statt dessen ein feinkörniges Pulver, das sich in einem äußerst dünnwandigen Glasröhrchen befindet. Da die winzigen Körner regellos orientiert sind, kann der Röntgenstrahl von allen Kriställchen reflektiert werden, deren $(h\,k\,l)$-Ebenen jeweils unter dem Glanzwinkel $\vartheta_{hkl}/2$ getroffen werden d. h. rotationssymmetrisch um den Strahl liegen. Man bekommt Reflexe, die dicht an dicht auf Kegelmänteln vom halben Öffnungswinkel ϑ liegen und photographiert die Durchstoßkurven dieser Kegel durch einen ringförmig gelegten Film (Abb. 4.5).

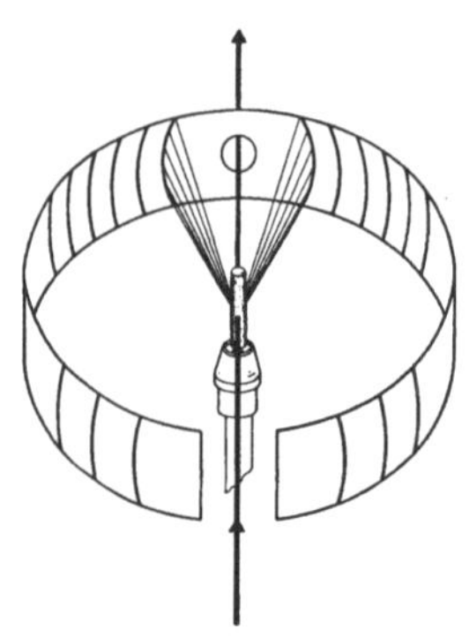

Abb. 4.5. Schema der Debye-Scherrer-Anordnung. In der Mitte das Glasröhrchen mit dem Kristallpulver

Wie schon gesagt, muß für Strukturbestimmungen mit Röntgenstrahlen die Wellenlänge λ bekannt sein. Diese konnte aber ihrerseits zunächst nur durch Beugung in einem Kristall gemessen werden. Man mußte deshalb wenigstens eine Gitterkonstante zunächst auf andere Weise bestimmen. Das geschah für NaCl aus der Dichte ϱ und aus plausiblen Annahmen über die Struktur. Ist d der Abstand $Na^+ \rightarrow Cl^-$, so gehört zu jedem Ion das Volum $V = d^3$ und zu jeder Molekel die Masse

$$m = 2\,\varrho\,d^3\,. \qquad (4.20)$$

Da 1 Mol Substanz N_L Molekeln und 58,50 g Substanz enthält, gilt die Beziehung

$$2\,N_L\varrho\,d^3 = 58{,}50\ \mathrm{g/Mol}\,. \qquad (4.21)$$

Mit

$$N_L = 6{,}03 \cdot 10^{23}\ \mathrm{Mol}^{-1} \qquad (4.22)$$

$$\varrho = 2{,}17\ \mathrm{g\,cm}^{-3} \qquad (4.23)$$

folgt daraus

$$d_{\mathrm{NaCl}} = 2{,}81_4 \cdot 10^{-8}\ \mathrm{cm}\,. \qquad (4.24)$$

Dieser Wert ist ungenau, vor allem wegen der Ungenauigkeit der Bestimmung von N_L und ϱ, aber auch der Molekulargewichte. Die Röntgenreflexe lassen eine Genauigkeit der Ausmessung zu, die Gitterkonstanten mit 100 mal größerer Genauigkeit liefern würde. Also definierte man eine eigene neue *Röntgen-* oder *X-Einheit* durch die Festsetzung

$$d_{\mathrm{NaCl}} = 2814{,}00\ \mathrm{XE} \qquad (4.25)$$
$$= 2{,}81400\ \mathrm{kXE},$$

oder durch Vergleich damit bestimmt (Kalkspat hat bessere Kristalle)

$$d_{\mathrm{Kalkspat}}^{18\,^\circ\mathrm{C}} = 3{,}02945\ \mathrm{kXE}\,, \qquad (4.26)$$

wobei man zunächst nur weiß, daß 1 kXE ungefähr gleich 10^{-8} cm $= 1$ ÅE.

An den in (4.25) definierten Wert sind alle gemessenen Gitterkonstanten angeschlossen; sie sind also, ebenso wie die relativ zum Kalkspat bestimmten Konstanten, noch nicht auf die internationale Meter-Skala umgerechnet. Man hat deshalb die Röntgenwellenlängen mit optischen Gittern gemessen (SIEGBAHN) und somit, da die Gitterkonstante derartiger Gitter mikroskopisch sehr genau gemessen werden kann, die Wellenlängen und damit die Kristallgitter auch auf der m-Skala genau bestimmt. Man braucht sehr feine Beugungsgitter ($\sim$ 2000 Striche/mm), die außerdem sehr sauber sein müssen, und arbeitet bei streifendem Einfall (Abb. 4.6).

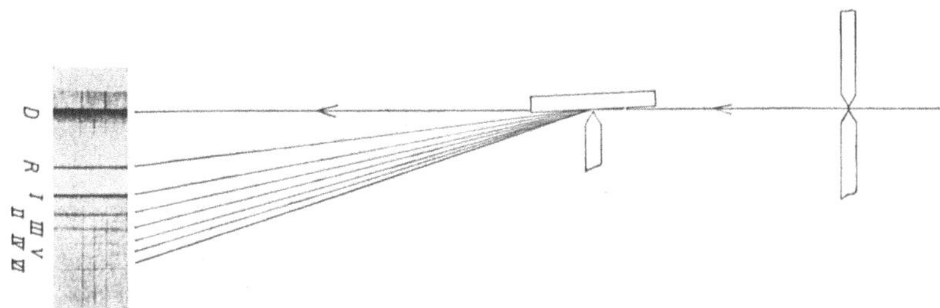

Abb. 4.6. Röntgenbeugung am linearen Beugungsgitter. Bündelbegrenzung durch eine gegen das Gitter gestellte Schneide, D durchgehendes, R in nullter Ordnung reflektiertes Bündel. I ..., VI die ersten 6 Beugungsordnungen einer Welle mit $\lambda = 8{,}332$ Å

Mit so in m oder ÅE gemessenen Wellenlängen läßt sich dann die Gitterkonstante von Kalkspat und somit die XE in m genau messen. Es ergibt sich der Umrechnungsfaktor

$$1\,\mathrm{kXE} = (1{,}00202 \pm 0{,}00003)\,\text{ÅE}\,, \qquad (4.28)$$

mit dem alle in kXE angegebenen Gitterkonstanten auf die Meterskala umzurechnen sind ($1\,\text{ÅE} = 10^{-10}$ m).

4.3. Intensität der Reflexe und Feinbau der Zelle

Ebenso wie die Intensität des vom optischen Gitter gebeugten Lichtes (d. h. der Fraunhoferschen Hauptmaxima) von der Form (der Struktur) der einzelnen Gitterperiode abhängt, hängt die Intensität eines Röntgenreflexes vom inneren Aufbau der Zelle ab.

Wir betrachten zunächst als Beispiel das kubisch raumzentrierte *CsCl-Gitter*. Es besteht aus zwei ineinandergestellten kubisch-primitiven Gittern von Cs^+ und Cl^-, so daß die Atome einer Art in der Mitte der würfelförmig angeordneten der anderen Art sitzen (Koordinationszahl 8, Abb. 4.7). Ist nun $(h_1 h_2 h_3) = m\,(h k l)$ nach den Laue-Gleichungen (4.4) die Ordnung eines Reflexes in einer bestimmten Richtung, so ist $(h_1 h_2 h_3)$ auch die Ordnung des Reflexes an dem für sich betrachteten Cs$^+$- und an dem für sich betrachteten Cl$^-$-Gitter. Jedes Teilgitter würde also in diese Richtung auch einen Reflex liefern. Da aber das von den beiden Teilgittern kommende Licht kohärent ist, interferieren beide Teilbündel, und die Frage ist, wann Verstärkung und wann Abschwächung eintritt.

Vom Cs$^+$-Gitter zum Cl$^-$-Gitter gelangt man durch Translation um $a/2$ nach der $\mathfrak{a}$-, $b/2$ nach der $\mathfrak{b}$- und $c/2$ nach der $\mathfrak{c}$-Richtung. Da nun die Gl. (4.3), da sie nur auf Geometrie beruht, auch für beliebige Verschiebungsvektoren, d. h. auch für nicht ganze t_1, t_2, t_3 gelten muß, ergibt sich der gesuchte Gangunterschied aus Gl. (4.3) mit $t_1 = t_2 = t_3 = \frac{1}{2}$ als

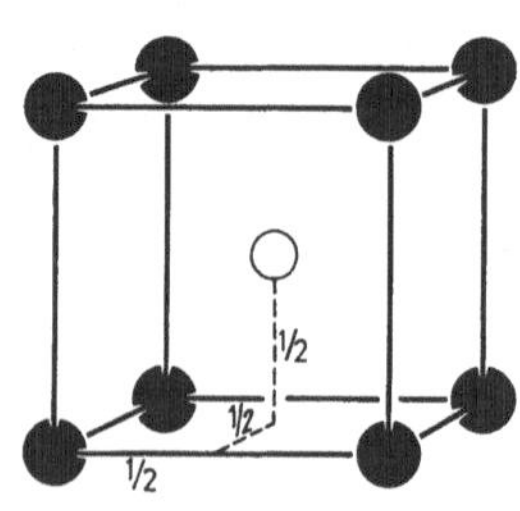

Abb. 4.7. Elementarzelle des kubisch-raumzentrierten CsCl-Gitters (B 2-Typ). Schematisch, die Ionenradien sind zu klein im Verhältnis zu den Ionenabständen gezeichnet

$$\Delta = \tfrac{1}{2}(h_1 + h_2 + h_3)\,\lambda\,. \quad (4.29)$$

Ist nun $h_1 + h_2 + h_3$ eine gerade Zahl, so verstärken sich die beiden Wellen, ist $h_1 + h_2 + h_3$ ungerade, so würden sie sich auslöschen, wenn die vom Cl$^-$-Gitter gestreute Welle dieselbe Amplitude hätte wie die vom Cs$^+$-Gitter gestreute. Da dies wegen der ungleichen Elektronenzahl nicht der Fall ist, gibt es nur eine Schwächung. Man beobachtet also starke *gerade* und schwache *ungerade Reflexe*. Ein raumzentriertes kubisches Gitter mit gleich stark streuenden ineinandergesetzten Teilgittern hat *Wolfram*. Hier sind alle Interferenzen mit ungeradem $(h_1 + h_2 + h_3)$ ausgelöscht, siehe Abb. 4.8.

Aufgabe 4.7. Bei einer Debye-Scherrer-Aufnahme von Wolfram (kubisch-raumzentriertes Gitter) wurden auf dem Film die folgenden Abstände zwischen symmetrisch zum direkten Strahl liegenden Linien gemessen:

40,9; 58,8; 73,3; 87,5; 101,2; 115,3; 131,3; 153,1 mm .

Die Kamera hatte einen Durchmesser von 57,3 mm. Es wurde monochromatisch mit der Cu-K$_\alpha$-Linie ($\lambda = 1{,}54$ Å) eingestrahlt. Die Linien sind zu indizieren, und die Gitterkonstante ist zu bestimmen. Berechne die Dichte der röntgenographisch bestimmten Struktur und vergleiche sie mit der makroskopischen Dichte von Wolfram: $\varrho = 19{,}3$ g/cm^3.

Statt die resultierenden Teilwellen der beiden Teilgitter zusammenzusetzen, kann man natürlich auch zuerst die Streuwellen aller Atome einer Zelle zu einer resultierenden Zellenwelle zusammensetzen und dann alle Zellenwellen addieren. Das Ergebnis muß dasselbe sein.

Normiert man alle Streuamplituden, indem man sie auf die von einem einzelnen Elektron gestreute Amplitude A_e bezieht, so ist die resultierende Streuwellenamplitude einer Zelle für eine bestimmte Richtung gegeben durch den *Strukturfaktor* $F_{h_1 h_2 h_3}$ für diese Richtung. In unserem Beispiel ist

$$F_{h_1 h_2 h_3} = \frac{A_g}{A_e} = \frac{A_{\mathrm{Cs^+}}}{A_e} + \frac{A_{\mathrm{Cl^-}}}{A_e} = f_{\mathrm{Cs^+}} + f_{\mathrm{Cl^-}}$$

$$\text{für gerade } (h_1 + h_2 + h_3)$$

$$F_{h_1 h_2 h_3} = \frac{A_u}{A_e} = \frac{A_{\mathrm{Cs^+}}}{A_e} - \frac{A_{\mathrm{Cl^-}}}{A_e} = f_{\mathrm{Cs^+}} - f_{\mathrm{Cl^-}}$$

$$\text{für ungerade } (h_1 + h_2 + h_3)\,. \quad (4.30)$$

Die f heißen *Atomformfaktoren*. Die gestreute Intensität ist jeweils proportional $F_{h_1 h_2 h_3}^2$.

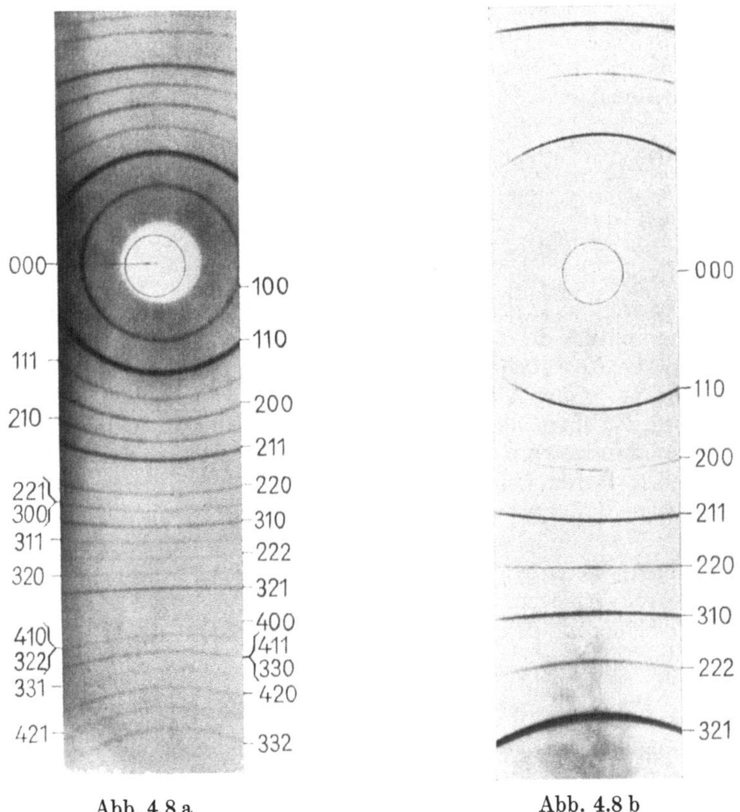

Abb. 4.8 a   Abb. 4.8 b

Abb. 4.8. Debye-Scherrer-Aufnahmen von kubisch-raumzentrierten Kristallen: a NH_4Cl (B2-Typ). Das Streudiagramm ist dem des isomorphen CsCl völlig analog. b Wolfram (A2-Typ). Beachte die Intensitätsverhältnisse zwischen gerade und ungerade indizierten Reflexen

Liegen nicht zwei, sondern s Atome in der Zelle, die die Koordinaten $\varrho_k a$, $\sigma_k b$, $\tau_k c$ haben, so sind s Teilwellen mit den Amplituden A_k und den Gangunterschieden (nach Gl. (4.3))

$$\Delta_k = (\varrho_k h_1 + \sigma_k h_2 + \tau_k h_3)\,\lambda \tag{4.31}$$

d. h. mit den Phasen

$$\varphi_k = \Delta_k\, 2\,\pi/\lambda \tag{4.32}$$

zusammenzusetzen, wobei die φ_k gegen die von einem im Koordinatenanfangspunkt gedachten Atom in die gleiche Richtung gestreute Welle gemessen sind. Das gibt in komplexer Schreibweise den Strukturfaktor

$$F_{h_1 h_2 h_3} = \sum_{k=1}^{s} f_k\, e^{i\varphi_k} = \sum_{k=1}^{s} f_k\, e^{i\,2\pi(\varrho_k h_1 + \sigma_k h_2 + \tau_k h_3)} \tag{4.33}$$

und daraus die Intensität $J_{h_1 h_2 h_3}$ des Reflexes $(h_1 h_2 h_3) = m\,(h\,k\,l)$ proportional zu

$$J_{h_1 h_2 h_3} \approx |F_{h_1 h_2 h_3}|^2 = \left\{\sum_{i=1}^{s} f_k \cos 2\,\pi\,(\varrho_k h_1 + \sigma_k h_2 + \tau_k h_3)\right\}^2$$
$$+ \left\{\sum_{i=1}^{s} f_k \sin 2\,\pi\,(\varrho_k h_1 + \sigma_k h_2 + \tau_k h_3)\right\}^2. \tag{4.34}$$

Der Betrag $|F_{h_1 h_2 h_3}|$ (die *Strukturamplitude*) ist die normierte reelle Streuamplitude der Zelle. Die unbekannten Größen hierin sind neben den f_k die *Koordinaten* oder *Lageparameter* ϱ_k, σ_k, τ_k, die die Lage der Atome in der Zelle angeben, also bei s Atomen in der Zelle $4\,s$ Größen. Zu ihrer Bestimmung sind im Prinzip also mindestens $4\,s$ Reflexintensitäten $J_{h_1 h_2 h_3}$ genau zu messen. Bei komplizierten Kristallen, z. B. Alaunen, ist s von der Größenordnung einiger Hundert. Man ersieht daraus die Schwierigkeit, genaue Strukturen komplizierter Kristalle zu bestimmen. Das gilt natürlich vor allem, wenn leichte Atome (z. B. Wasserstoff) in großer Zahl vorkommen. Denn das Streuvermögen, d.h. der Atomformfaktor eines Atoms ist in erster Näherung proportional der Elektronenzahl

$$f_k \sim Z_k, \tag{4.35}$$

da die Streuung auf der Emission der durch die einfallende Welle in Schwingung versetzten Elektronenhülle beruht. Die von leichten Atomen herrührenden Teilwellen kommen also praktisch nicht zur Geltung.

Außerdem muß noch berücksichtigt werden, daß die Atomdurchmesser nicht, wie bisher vorausgesetzt, beliebig klein, sondern kommensurabel mit den Röntgenwellenlängen sind, so daß die verschiedenen Teile der Elektronenhülle mit verschiedener Phase streuen.

Dieser Interferenzeffekt innerhalb des Atomvolums führt dazu, daß der Atomformfaktor über $\sin\vartheta/\lambda$ vom Streuwinkel ϑ abhängt, und zwar nimmt er bei wechselndem ϑ stark ab. Diese Abhängigkeit ist berechnet und kann aus Tabellen [C13] entnommen werden, so daß die $f_k(\sin\vartheta/\lambda)$ heute als bekannt vorausgesetzt werden können, wodurch sich die Zahl der zu bestimmenden Reflexintensitäten reduziert.

Der in Gl. (4.34) noch fehlende Proportionalitätsfaktor für die Bestimmung des uns interessierenden Strukturfaktors aus den gemessenen Reflexintensitäten hängt in komplizierter Weise vom benutzten Verfahren (BRAGG, oder DEBYE-SCHERRER, usw.), von der Absorption der Röntgenstrahlung, der Temperatur und mehreren anderen Faktoren ab. Wir wollen auf diese Fragen hier nicht eingehen; die vollständigen Intensitätsformeln können für alle vorkommenden Fälle aus Tabellenwerken [C13] entnommen werden.

Wenn man die Tatsache, daß die streuenden Elektronen nicht in den Gitterpunkten $\varrho_k a$, $\sigma_k b$, $\tau_k c$ konzentriert, sondern über endliche Räume verteilt sind, wirklich ernst nehmen will, muß man das Gitter vom Standpunkt einer eingestrahlten Röntgenwelle als dreidimensionale periodische Verteilung der Elektronendichte $\varrho(x\,y\,z)$ auffassen. Entwickelt man diese in eine Fourier-Reihe, die wir hier nur für rechtwinklige Zellen $\mathfrak{a} \perp \mathfrak{b} \perp \mathfrak{r} \perp \mathfrak{a}$ hinschreiben:

$$\varrho(x\,y\,z) = \sum_{h_1} \sum_{h_2} \sum_{h_3=-\infty}^{\infty} A_{h_1 h_2 h_3}\, e^{2\pi i\left(h_1\frac{x}{a} + h_2\frac{y}{b} + h_3\frac{z}{c}\right)} \tag{4.36}$$

so sind die Beträge[19] der Entwicklungskoeffizienten bis auf das Volum V_Z der Elementarzelle gleich den Beträgen der Strukturamplituden (hier ohne Beweis):

$$\left| A_{h_1 h_2 h_3} \right| = \frac{1}{V_Z}\left| F_{h_1 h_2 h_3} \right|. \tag{4.37}$$

Letzten Endes macht man also eine Fourier-Synthese der Elektronenverteilung, wenn man die Intensitäten möglichst vieler Reflexe mißt und daraus die $\left| F_{h_1 h_2 h_3} \right|^2$ bestimmt. Die Lageparameter $\varrho_k, \sigma_k, \tau_k$ geben dann die Maxima der Elektronendichte $\varrho(xyz)$ an, deren Verteilung um diese Maxima häufig durch Kurven gleicher Dichte veranschaulicht wird (siehe Abb. 4.9).

Übrigens ist Gl. (4.36) der Spezialfall für rechtwinklige Gitter der für beliebig schiefwinklige Gitter gültigen allgemeinen Entwicklung

$$\varrho(\mathfrak{r}) = \sum_{\substack{h,k,l,\\m}} A_{hkl}\, e^{im\,\mathfrak{g}_{hkl}\,\mathfrak{r}} \tag{4.38}$$

wobei die $\mathfrak{g}_{hkl}$ reziproke Gittervektoren nach Ziffer 3.4 sind. Die

---

[19] Die Bestimmung der Phasen der $A_{h_1 h_2 h_3}$ macht prinzipielle Schwierigkeiten, außer wenn ein Inversionszentrum vorliegt. Vergleiche z. B. [B2].

Gl. (4.38) ist invariant gegen alle Symmetrie-Translationen, d.h. es ist [20]

$$\varrho(\mathfrak{r} + \mathfrak{t}) = \varrho(\mathfrak{r}).\qquad(4.39)$$

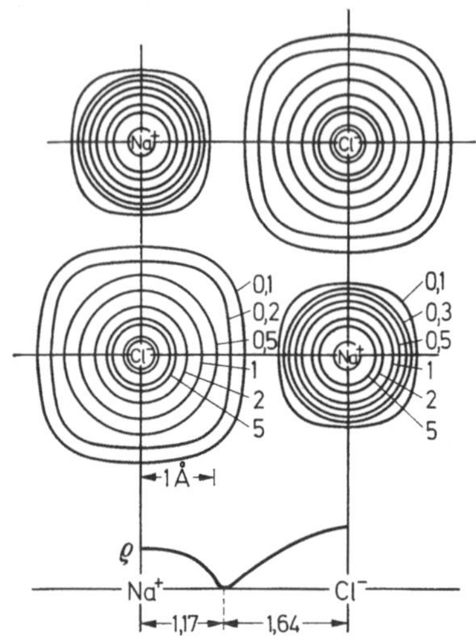

Abb. 4.9. Elektronendichte in A⁻³ in der (100)-Ebene des kubisch-flächenzentrierten NaCl (B1-Typ). Nach WITTE und WÖLFEL

Aufgabe 4.8. Führe (4.36) auf (4.38) zurück. Beweise 4.39.

Trotz aller genannten Schwierigkeiten konnte die Kristallstruktur sehr vieler Substanzen zuverlässig bestimmt werden. Unter Ziffer 5 geben wir eine Reihe von Beispielen.

4.4. Elektronen- und Neutroneninterferenzen

Ebenso wie eine Röntgenwelle wird auch eine Materiewelle nach den Interferenzgesetzen in einem Kristall gestreut, sofern nur eine Wechselwirkung zwischen den Partikeln des Teilchenstroms und den Bausteinen des Gitters besteht. Das ist der Fall für alle geladenen Teilchen, wie Elektronen, α-Teilchen usw., aber auch für ungeladene Teilchen wie Neutronen. Während der Wechselwirkungsmechanismus zwischen Röntgenwelle und Gitteratom in der Erregung von erzwungenen Schwingungen der Hüllenelektronen besteht, beruht die Ablenkung von geladenen Teilchen auf ihrer Coulomb-Wechsel-

---

[20] Auf der Möglichkeit, jede beliebige im Gitter periodische Ortsfunktion $f(\mathfrak{r}) = f(\mathfrak{r}+\mathfrak{t})$ mit Hilfe der $\mathfrak{g} = m \cdot \mathfrak{g}_{hkl}$ analog zu (4.38) in eine Reihe zu entwickeln, beruht die wesentliche Bedeutung des reziproken Gitters für die Festkörperphysik.

wirkung mit den Elektronen und dem Kern der Atome. Neutronen andererseits erleiden keine elektrischen Kräfte, wohl aber dank ihres magnetischen Momentes eine magnetische Wechselwirkung mit den Momenten der Elektronenhüllen und der Kerne (magnetische Dipol-Dipol-Wechselwirkung). Außerdem können sie den Kernen so nahe kommen, daß die Kernkräfte wirksam werden.

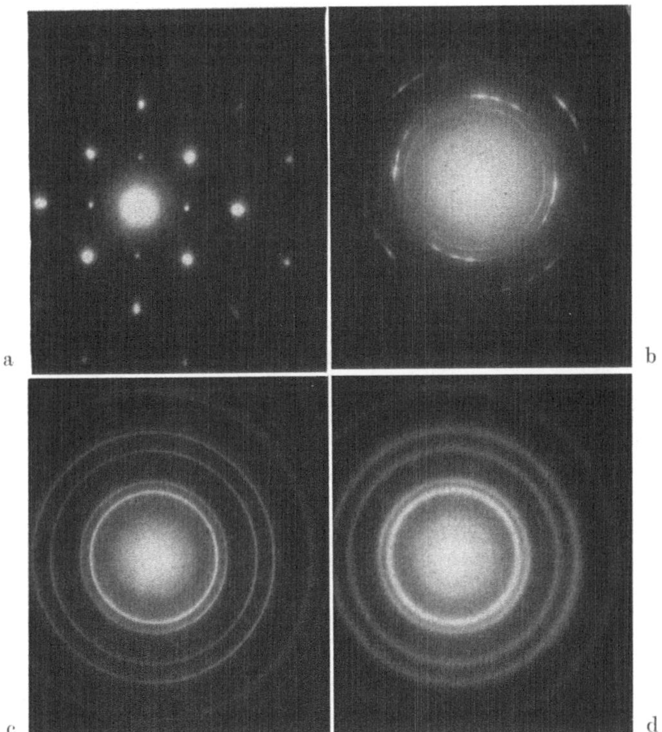

Abb. 4.10. Elektronenbeugung in Durchstrahlung an sehr dünnen Goldschichten. a Einkristall, b — d derselbe Kristall nach zunehmender Kaltbearbeitung. Man sieht die Entstehung von desorientierten Teilkristalliten (Körner) (b, c) und schließlich die Linienverbreiterung infolge sehr geringer Kristallitgröße. Bei noch weitergehender Zerkleinerung der Kristallite durch Bearbeitung fließen die Ringe ineinander

Demzufolge bestehen zwar nicht in der Lage der Reflexe, die in allen drei Fällen den geometrischen Relationen zwischen Gitterkonstanten und Licht- oder Materiewellenlänge nach Maßgabe der Laue-Gleichungen (4.4) oder der Braggschen Gleichung (4.13) genügen, wohl aber in der Intensität der Reflexe besondere Unterschiede. Das führt dazu, daß es für jede der drei Strahlenarten spezielle, auf sie zugeschnittene Probleme gibt.

Elektronen werden sehr viel stärker gestreut als Röntgenquanten. Die Relativintensität der Reflexe zum unabgelenkten Strahl ist etwa 10^8mal so groß. Daher kann man sehr kurze Belichtungszeiten verwenden oder die Beugungsbilder auf dem Leuchtschirm beobachten, was vor allem für die Elektronenmikroskopie wichtig ist. Andererseits folgt aus der starken Streuung ein geringes Durchdringungsvermögen, so daß man gezwungen ist, mit sehr dünnen Schichten zu arbeiten. Allerdings kann man deshalb mit Elektronen auch sehr dünne Schichten, sogar auf der Oberfläche von Festkörpern erfassen. Abb. 4.10 gibt ein Beispiel.

Mit Röntgen- wie mit Elektronenstreuung lassen sich weder zwei im periodischen System benachbarte Atome noch *Isotope* unterscheiden, weil sie die gleiche oder praktisch die gleiche Kernladungszahl und Elektronenzahl haben. Ferner lassen sich sehr leichte Atome wegen der zu kleinen Ladungszahl und Elektronenzahl neben schwereren Atomen nicht feststellen. Diese Fragen bilden die Domäne für die *Neutronenstreuung*. Denn die Streuung von Neutronen am Kern hängt nach Amplitude und Phase vom Aufbau, d. h. vom Kernniveauschema des individuellen Kernes ab. Deshalb können Neutronen sogar einzelne Isotope unterscheiden und werden auch von sehr leichten Kernen, z. B. vom Wasserstoff, stark abgelenkt. Die Abb. 4.11—4.13 geben einige der historisch ersten Ergebnisse. Auf

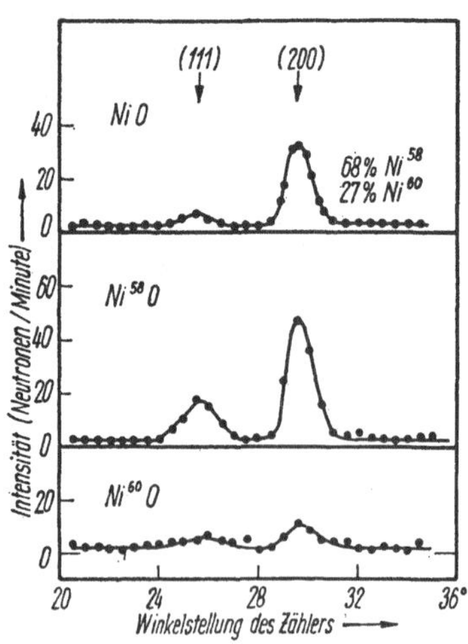

Abb. 4.11. Neutronenbeugung an NiO. Die beiden Ni-Isotope streuen die Neutronenwelle mit entgegengesetzter Phase. Deshalb sind die Streuintensitäten im natürlichen NiO geringer als im isotopenreinen Ni^{58}O. Nach SHULL und WOLLAN

die Bestimmung geordneter magnetischer Strukturen mit Neutronenstreuung werden wir an späterer Stelle eingehen.

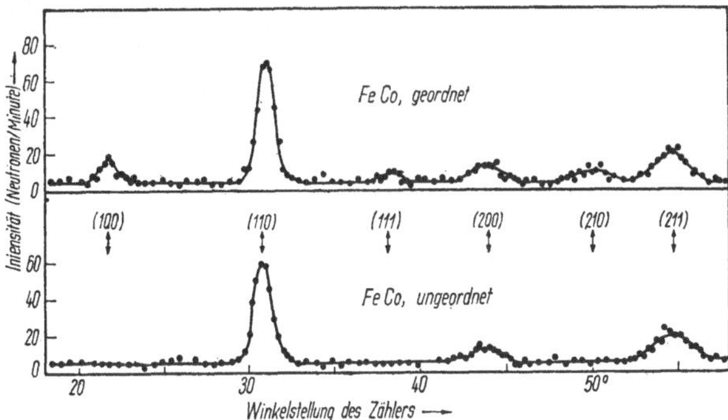

Abb. 4.12. Neutronenbeugung an geordneten und ungeordneten FeCo-Legierungen. Der Unterschied in den Beugungsdiagrammen zeigt, daß Neutronenwellen zwei im Periodischen System benachbarte Atome unterscheiden können. Nach SHULL und WOLLAN

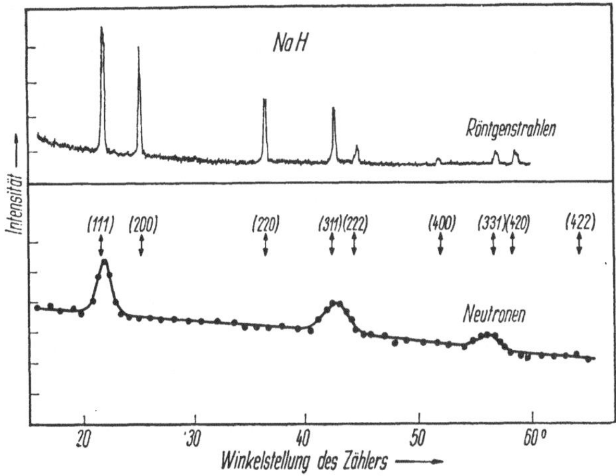

Abb. 4.13. Röntgen- und Neutronenbeugung am kubisch-flächenzentrierten NaH. Die Röntgenwelle „sieht" nur den großen Na-Na-Abstand (kleine Beugungswinkel); die Neutronenwelle auch den kleinen NaH-Abstand (große Beugungswinkel). Nach SHULL und WOLLAN

Aufgabe 4.9. Zeige, warum natürliche α-Strahlen (kinetische Energie $\approx 5 \cdot 10^6$ eVolt) nicht für Strukturuntersuchungen geeignet sind, sondern die Rutherfordstreuung am einzelnen Atomkern geben.

Aufgabe 4.10. Wie würden sich die Linienabstände der Aufgabe 4.7 ändern, wenn statt Röntgenstrahlen Elektronen mit 10 keV eingeschossen würden?

5. Ergebnisse von Röntgen-Strukturanalysen

Wir betrachten im folgenden eine Reihe von Bildern, die typische Beispiele von Strukturen darstellen. Sie sind so ausgesucht, daß sich einige wichtige Tatsachen und Begriffe aus ihnen ableiten lassen. Außerdem sollen sie als eine kleine Übung im Herauslesen von physikalischen Eigenschaften aus den Strukturen dienen. Bei allen diesen Bildern sind im Interesse der Durchsichtigkeit die „Atome" viel zu klein gezeichnet, sich berührende Kugeln würden die wahren Dimensionen in den meisten Fällen besser wiedergeben.

5.1. Isotypie

Wir betrachten zuerst (Abb. 5.1) das *Diamantgitter*, und zwar in zwei verschiedenen Aufstellungen: auf einer Kante und auf einer Basisfläche der Tetraeder, in denen sich die Vierwertigkeit des C-Atoms ausdrückt. Die Valenzrichtungen verlaufen diagonal durch das kubische Gitter, das somit allseitig verspannt ist und keine sehr ausgeprägte Spaltbarkeit aufweist. Der *Bauzusammenhang* ist der eines dreidimensionalen Gitters, ohne Möglichkeit einer physikalisch sinnvollen Unterteilung. Da die (homöopolare) Bindung außerdem sehr fest ist (s. Ziffer 6.1), hat der Diamant eine große Härte.

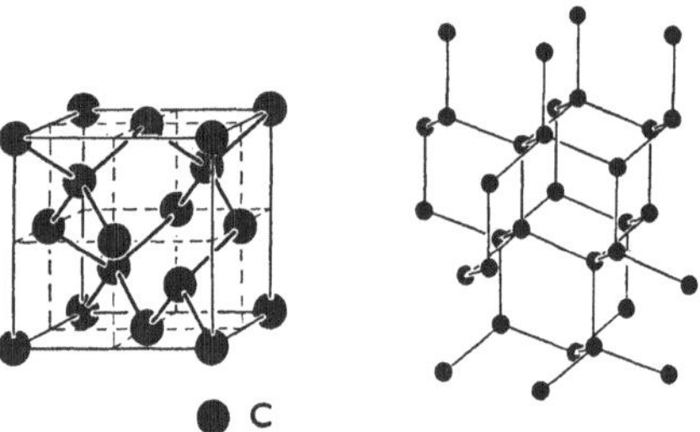

Abb. 5.1. Das Diamantgitter in zwei verschiedenen Aufstellungen (A4-Typ)

Der gleiche *Gittertyp* (Diamant- oder *A4-Typ*), nämlich ein kubisch-flächenzentriertes Gitter mit zusätzlich (durch die Tetraedermitten) besetztem Zentrum jedes zweiten Achtelwürfels, wird auch von anderen Substanzen gebildet. Allerdings sind die Bausteine nicht alle gleichartige Atome.

Bei der *Zinkblende* (Abb. 5.2) sind die Tetraederecken durch Zn, die Tetraedermitten durch S besetzt, im Gitter des As_2O_3 (Abb. 5.3) werden alle Plätze durch As_4O_6-Molekeln eingenommen. In beiden Fällen ist die Bindung viel schwächer, die Härte also viel kleiner als beim Diamanten. Die Erscheinung, daß verschiedene Substanzen in demselben Gittertyp kristallisieren, nennt man *Isotypie* oder *Isomorphie*[21]. Sie ist unter den anorganischen Substanzen sehr verbreitet. So gehören über 100 Substanzen zum kubisch-flächenzentrierten B_1-*Typ* (NaCl-Typ).

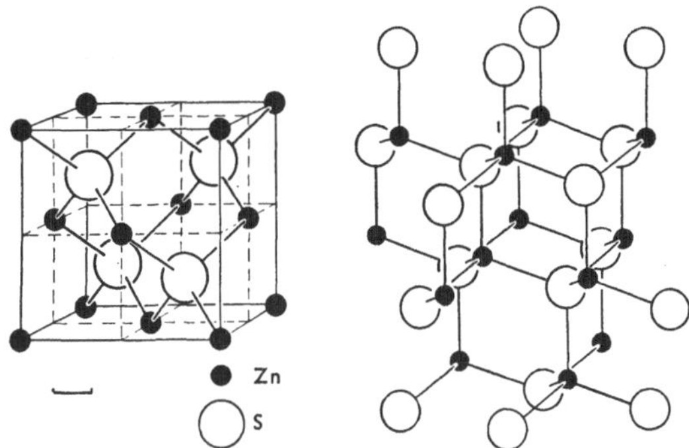

Ab.. 5.2. Das Zinksulfid-Gitter (B3-Typ), Isotypie zum Diamantgitter

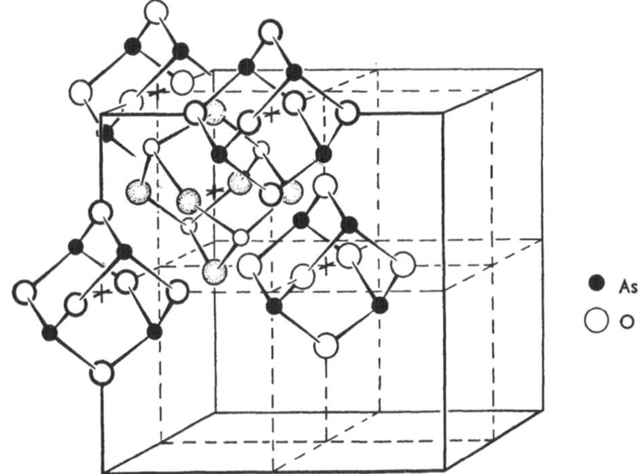

Abb. 5.3. Das As_2O_3-Gitter: As_4O_6-Molekeln auf den Gitterplätzen
des Diamant-Typs

Da sehr verschiedenartige Substanzen (vgl. Diamant und As_4O_6!) im gleichen Typ kristallisieren, ist die Isotypie eine vorwiegend geometrische Aussage, die z. B. noch nicht viel über die Kräfte oder die Umgebung eines Atoms im Gitter aussagt. Aufschlußreicher dafür sind die Bauverbände.

---

[21] Der Begriff Isomorphie wird oft enger gefaßt und nur angewendet, wenn Substitution einzelner Bausteine, also *Mischkristallbildung* möglich ist.

5.2. Bauverbände

Das Gitter des As_2O_3 zeigt deutlich, daß die As_4O_6-Molekeln in sich kürzere Abstände haben als zu den Nachbarmolekeln. Sie sind in sich fester gebunden als untereinander. Definiert man mit LAVES als Bauverband einen in sich durch kürzeste Abstände zusammenhängenden Teil des Gitters, so sind die Bauverbände des As_2O_3-Gitters abgeschlossene *Inseln*, deren jede von einer As_4O_6-Molekel gebildet wird. Bauverband des *Diamanten* ist das ganze unendlich ausgedehnte *Gitter* (dasselbe gilt für die *Zinkblende*). Daß keineswegs jedes Element als Bauverband das ganze Gitter hat (wie z. B. Kohlenstoff im Diamant) zeigt das Beispiel des *Schwefels*, der eine Inselstruktur aus S_8-Molekeln besitzt (Abb. 5.4).

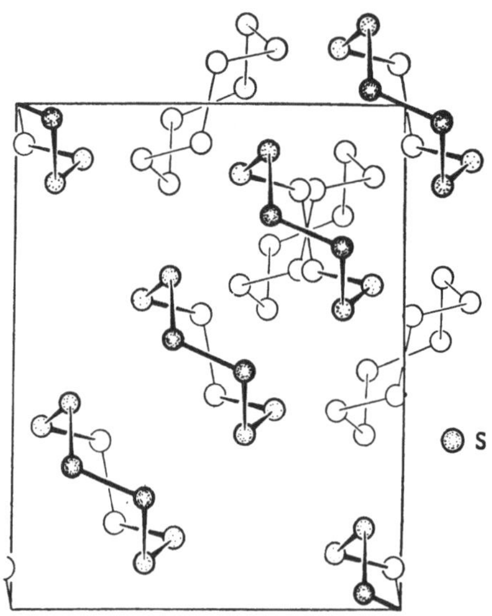

Abb. 5.4. Das Schwefelgitter: S_8-Inseln als Bauverbände

Abb. 5.5 zeigt als weitere typische Inselstruktur die des organischen *Hexamethylentetramins* $(CH_2)_6N_4$. Die einzelne Molekel ist völlig analog der in Abb. 5.3 gezeigten As_4O_6-Molekel aufgebaut, allerdings ist die Gitterstruktur anders, nämlich kubisch-raumzentriert (B_2-*Typ*). Die *organischen Kristalle* haben im allgemeinen Inselstrukturen, wobei jede einzelne Molekel eine Insel für sich bildet.

Die Abb. 5.6 zeigt ein typisches Beispiel für eine Struktur mit großen ebenen Molekeln: diese sind nicht wie Teller aufeinander gestapelt, sondern nächste Nachbarmolekeln stehen „Kante gegen Fläche", so eine Art Zickzack-Kette durch das Gitter bildend. Diese

Anordnung ist recht häufig, also offenbar energetisch besonders günstig.

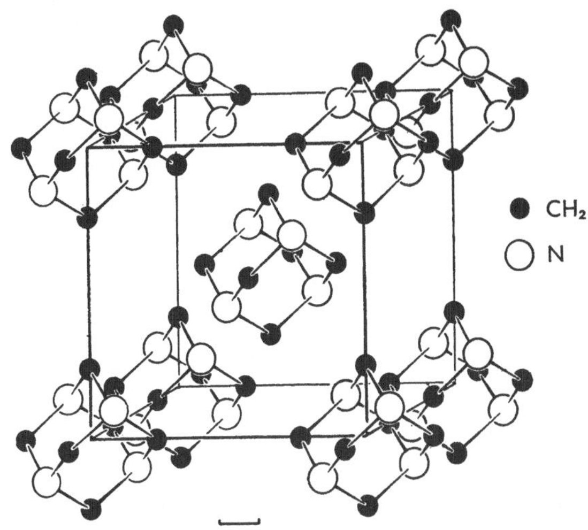

Abb. 5.5. Elementarzelle von Hexamethylentetramin: je eine $C_6H_{12}N_4$-Molekel auf den Plätzen eines kubisch-raumzentrierten Gitters

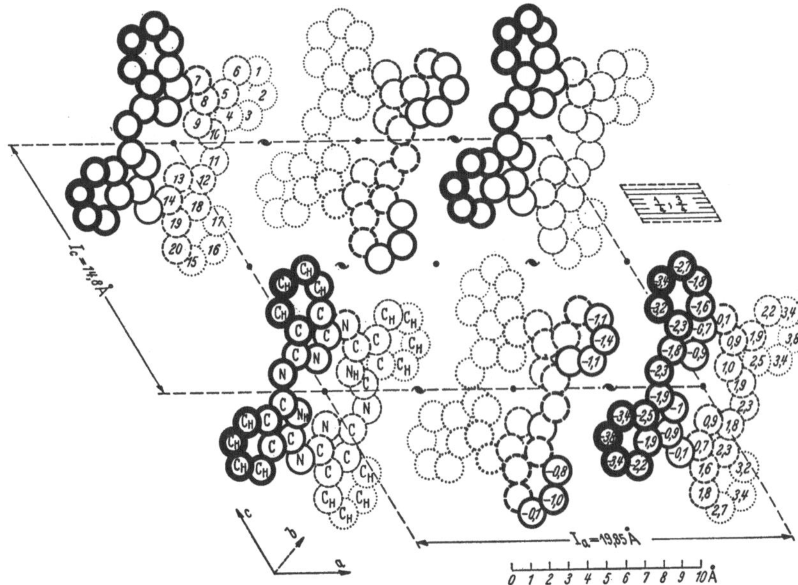

Abb. 5.6. Phthalocyanin. Projektion in Richtung [010] auf (010). Die am dicksten gezeichneten Teile der Molekeln liegen am weitesten oberhalb der Papierebene. Beachte die Kante-gegen-Ebene-Stellung von Nachbarmolekeln

Abb. 5.7 zeigt die Struktur des Selens. Es handelt sich um eine *Kettenstruktur* mit Schraubenketten. Das Selen ist somit den organischen *Hochpolymeren* strukturchemisch verwandt. Bei diesen hat man erst in neuerer Zeit Einkristalle beobachtet, deren Bauprinzip darin besteht, daß die langen Kettenmolekeln sich zu *Lamellen* zusammenfalten, deren Dicke von der Größenordnung 10^2 Å, also viel kleiner als die Kettenlänge ist. Bauverbände sind also derartige ebene Lamellen (Abb. 5.8) die übereinander liegen und an Stufen auf den Einkristallen sichtbar werden (Abb. 5.9). Neben derartigen Einkristallen existieren auch *Zweiphasen-Systeme* nach Abb. 5.10 in *teilkristallinen* Hochpolymeren (Kunststoffen), in denen die Kettenmolekeln streckenweise in kristallinen Bereichen parallel liegen, sonst

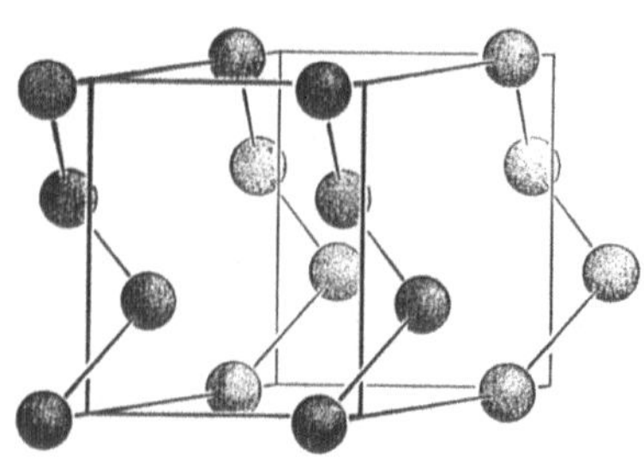

Abb. 5.7. A8-Typ: Selen. Schraubenketten als Bauverbände

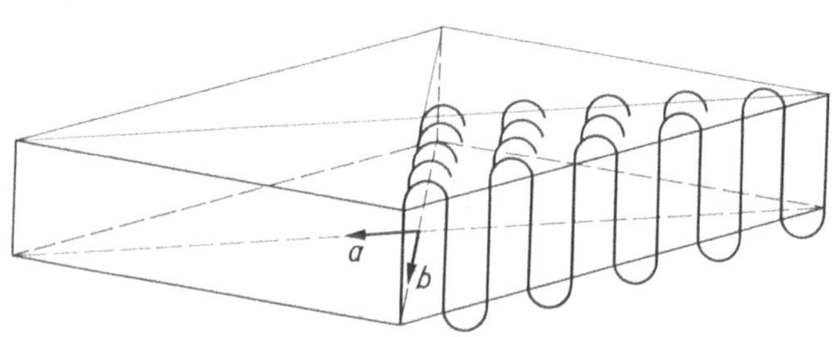

Abb. 5.8. Gefaltete Kettenmolekeln in einer Lamelle eines ebenen Polyäthyleneinkristalls

aber ungeordnete „amorphe" Bereiche bilden. In den letzten Jahren ist es sogar gelungen, lange Kettenmolekeln ohne Faltung vollständig zu parallelisieren und so sehr große *Einkristalle mit gestreckten Ketten* zu erzeugen.

Obwohl es sich bei diesen Stoffen um Kettenmolekeln handelt, lassen sich die Strukturen doch nicht in Fasern aufspalten. Typische *Faserstrukturen* gibt es aber bei den *Silikaten*, z.B. die des *Diopsid* $CaMg(SiO_3)_2$. Hier werden Ketten aus SiO_4-Tetraedern dadurch gebildet, daß je zwei Eckatome O zu zwei Tetraedern gemeinsam gehören, so daß sich die Bruttoformel SiO_3 ergibt. In Abb. 5.11 liegen diese Ketten senkrecht in der Bildebene. Sie sind in Querrichtung z.T. durch die Ca^{++}- oder Mg^{++}-Ionen miteinander verbunden,

z.T. grenzen sie aber auch ohne derartige verbindende Ionen unter
dem Einfluß nur sehr schwacher nicht-ionischer Bindungskräfte
aneinander. Längs solcher Begrenzungsflächen, lassen sich die
Kristalle leicht zu Fasern aufspalten.

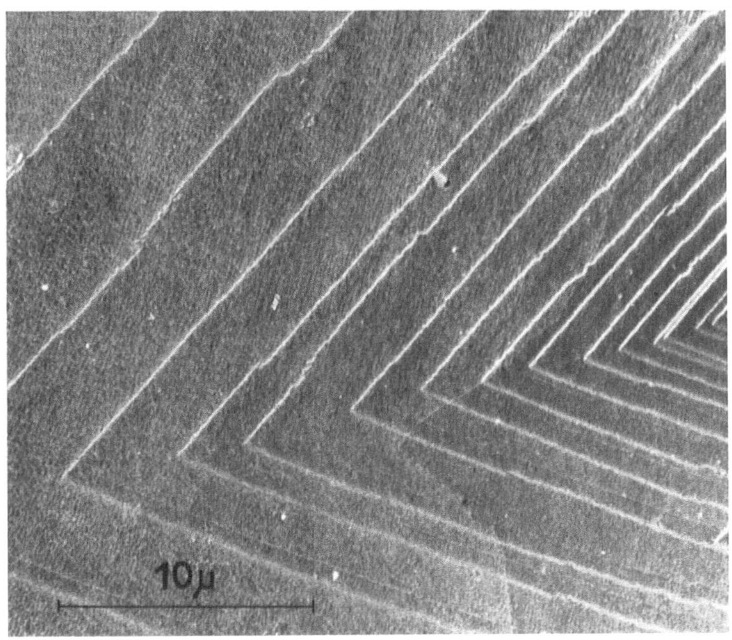

Abb. 5.9. Teil eines Polyäthyleneinkristalls. Elektronenmikroskopisches Bild.
Dicke d der übereinanderliegenden Faltungslamellen etwa 100 Å. Die Länge
der Kettenmolekeln bei einem Molekulargewicht von 90 000 g/Mol ist dagegen
$= 8100$ Å $= 80$ d

Ein dem Physiker bekannteres Silikatmineral ist der *Glimmer*.
Er ist ein typischer *Blattspalter*. Die Abb. 5.12 zeigt als Bauverbände
Netze oder *Platten* aus SiO_4-Tetraedern, die jeweils 3 O-Atome mit
Nachbartetraedern gemeinsam haben, so daß sich Si_2O_5 als Brutto-
formel ergibt. Diese in sich sehr stark zusammenhängenden Netze
(Bild a) werden durch Metallionen, z. B. Al^{+++} und K^+ in $KAl(Si_2O_5)_2$,
relativ schwach verkittet, wodurch sich die Blattspaltung erklärt
(Bild b). Der Einfluß der Kationen bewirkt auch eine schwache
(monokline) Deformation der im Bild oben gezeichneten hexagonalen
Blattstruktur, so daß Glimmer nur pseudohexagonal ist.

Vom Begriff der Bauverbände her versteht man auch den Aufbau
der *anorganischen Gläser*, die *ungeordnete Netzwerke* von Silikat-

Tetraedern oder ähnlichen Gruppen sind, und sich von den Kristallen durch das Fehlen einer durchgehenden Translationssymmetrie unterscheiden (Abb. 5.13).

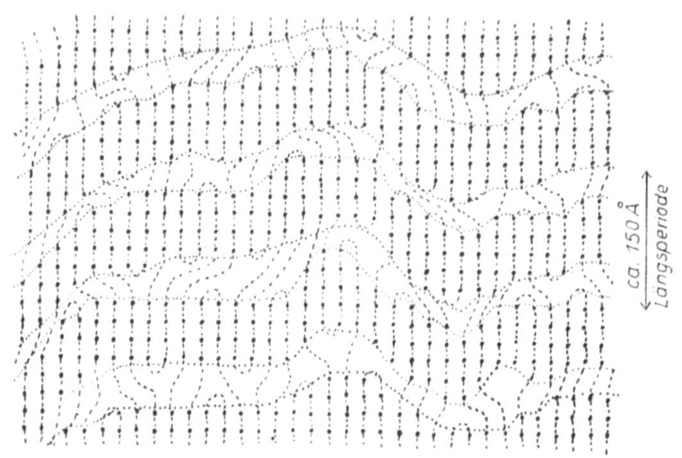

Abb. 5.10. Parakristalline Struktur einer teilkristallinen hochpolymeren Substanz mit Fasertextur. Die Kettenmolekeln bilden geordnete (kristalline) und ungeordnete (amorphe) Bereiche. Die Gesamtstruktur ist durch Recken bei der Herstellung einer Faser orientiert. Nach BONART 1962

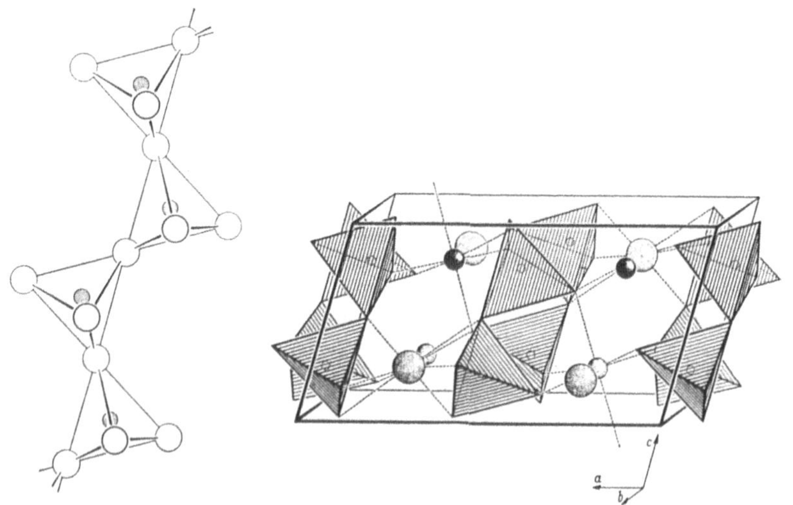

Abb. 5.11. Struktur des Diopsid $CaMg(SiO_3)_2$ als Beispiel eines Faserspalters. SiO_3-Ketten in Seitenansicht (links) und schematisch im Gitter (rechts)

Damit beenden wir die Übersicht.

Wir haben dabei insgesamt folgende, durch ihre Bindungskräfte ausgezeichneten Bauverbände in den bekannten Kristallstrukturen

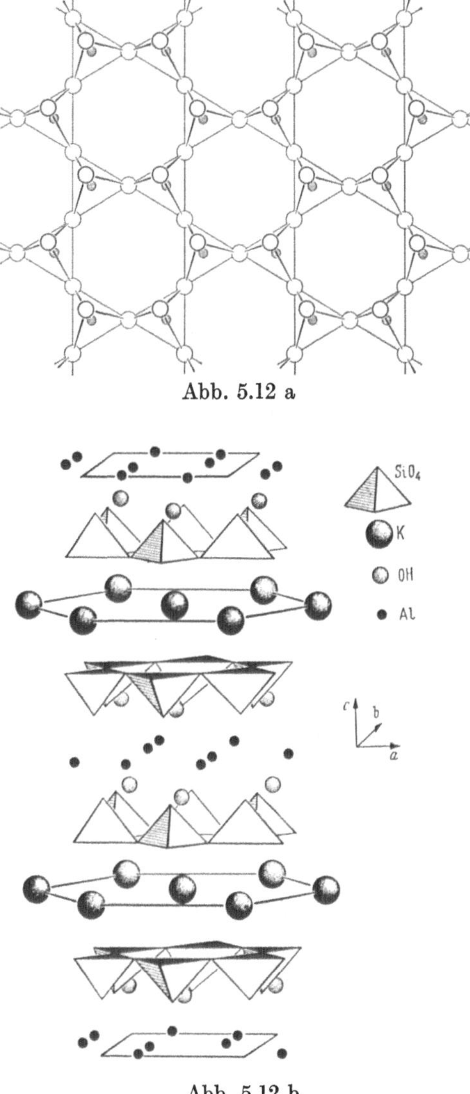

Abb. 5.12 a

Abb. 5.12 b

Abb. 5.12. Struktur eines Glimmers als Beispiel eines Blattspalters. Aufsicht auf ein ebenes Si_2O_5-Netz (a), schematische Seitenansicht der Struktur (b)

festgestellt: *Inseln*, eindimensionale *Ketten*, zweidimensionale *Lamellen* durch Kettenfaltung, zweidimensionale *Netze*, das dreidimensionale *Raumgitter*.

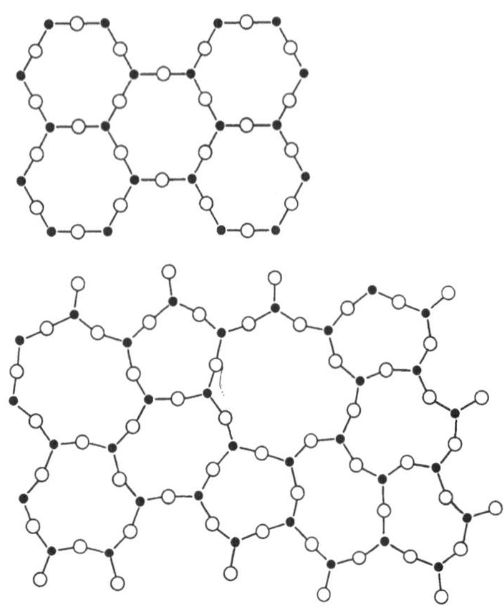

Abb. 5.13. Zweidimensionale Darstellung eines Kristalls und eines Glases der Formel A_2O_3. Schematisch, nach ZACHARIASEN

Zwischen diesen reinen Fällen gibt es stetige Übergänge, je nach der Abstufung der Gitterkräfte, auf der die Bauverbände beruhen.

5.3. Polymorphie

Unter Polymorphie wird die Erscheinung verstanden, daß eine und dieselbe Substanz in verschiedenen Gittern kristallisieren kann.

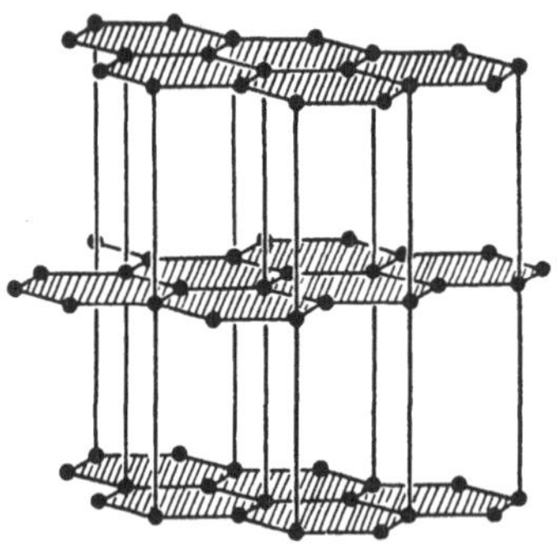

Abb. 5.14. Das Graphit-Gitter

So kommt z. B. reiner Kohlenstoff außer in dem oben beschriebenen *Diamantgitter* mit tetraedrischer Bindung auch als *Graphit* vor. Wie Abb. 5.14 zeigt, haben wir Netze von miteinander verknüpften C_6-Ringen, die in sich den vom Benzolring her bekannten trigonalen Bindungstyp repräsentieren. Diese Netzebenen sind nur locker durch eine schwächere Bindung miteinander verknüpft. Bei diesem Beispiel von Polymorphie unterscheiden sich die verschiedenen Gitter derselben Substanz also durch den Bindungstyp (s. Ziffer 6.1).

Das ist aber keineswegs eine notwendige Voraussetzung. Zum Beispiel kommt $CaCO_3$ als trigonaler *Calcit* (Kalkspat) und als rhombischer *Aragonit* vor. In beiden Kristallen besteht eine Ionenbindung zwischen Ca^{++} und CO_3^{--}, wobei die Karbonatgruppe eine ebene dreieckige Insel bildet. Die Ursache dieser Polymorphie kann also nicht im Bindungstyp liegen. Sie wird deutlich durch den in Tabelle 5.1 durchgeführten Vergleich verschiedener zweiwertiger

Tabelle 5.1

Formel	Kationenradius *	Gittertypus
$BaCO_3$	1,43 Å	
$SrCO_3$	1,27 Å	Aragonit
$CaCO_3$	1,06 Å	
$CaCO_3$	1,06 Å	
$MnCO_3$	0,91 Å	
$ZnCO_3$	0,82 Å	Calcit
$FeCO_3$	0,83 Å	
$MgCO_3$	0,78 Å	

* Zum Begriff des Ionenradius siehe die nächste Ziffer.

Karbonate, die sich nur durch die Größe des Kations unterscheiden. Offenbar bedingt $r_K > 1{,}06$ Å das Aragonitgitter (Isomorphie), $r_K < 1{,}06$ Å das Calcitgitter (Isomorphie). Beim Ca mit $r_K = 1{,}06$ Å kommen beide Gitter bei Zimmertemperatur vor (Polymorphie des $CaCO_3$). Dabei ist Calcit die stabilere Form. Aragonit würde in Calcit übergehen, wenn die Keimbildungsgeschwindigkeit bei $20\,°C$ nicht zu klein wäre. Bei $400\,°C$ wird die Umwandlungsgeschwindigkeit merkbar, es erfolgt eine *Strukturumwandlung*.

5.4. Ionen- und Atomradien

Die eben festgestellte Abhängigkeit des Gittertyps von der Ionengröße legt es nahe, ein Kristallgitter als *engste Packung* von *starren Kugeln* aufzufassen[22]. In der Tat ist das, wie wir sehen werden, in bestimmten angebbaren Fällen eine recht gute Näherung, z.B. bei einfachen Ionenkristallen. Wir untersuchen dies näher für den Fall des NaCl- oder B1-Typs. Da eine vorgegebene Substanz in der energetisch günstigsten Struktur, das ist die mit den kleinsten Ionen-

---

[22] Auf die Tatsache, daß Strukturbilder fast immer mit viel zu kleinen Atomen gekennzeichnet werden, ist schon hingewiesen worden!

abständen, kristallisieren wird, kann man von der Struktur, bei der sich alle Ionen gerade berühren, als der bevorzugten ausgehen. Dieser Fall ist in Abb. 5.15 für die (100)-Ebene gezeichnet. Der aus Struk-

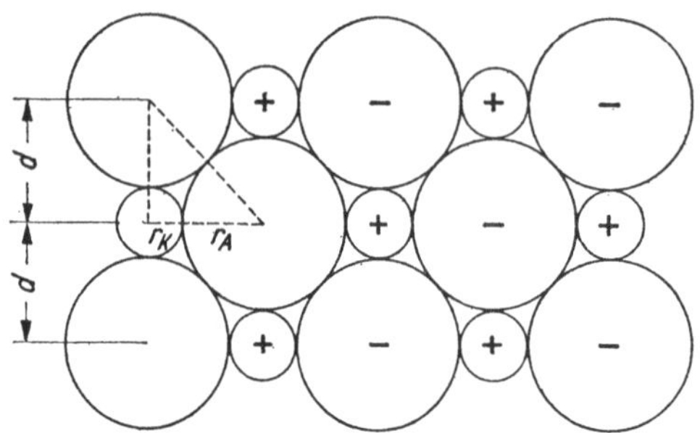

Abb. 5.15. Zur Definition von Ionenradien: (100)-Netzebene eines Gitters vom NaCl-Typ mit sich berührenden Ionen

turaufnahmen bekannte Abstand d (= halbe Gitterkonstante) erfüllt dann mit den Ionenradien folgende beiden Gleichungen:

$$d = r_A \sqrt{2}, \tag{5.1}$$

$$d = r_A + r_K, \tag{5.2}$$

d.h. diese Kugelpackung verlangt das Radienverhältnis

$$r_K : r_A = 0{,}414. \tag{5.3}$$

Wir vergleichen jetzt die Netzebenenabstände einiger Verbindungen des NaCl-Typs an Hand von Tabelle 5.2.

Tabelle 5.2

d = halbe Gitterkonstante im NaCl-Typ

Substanz	$d = a/2$	Substanz	$d = a/2$
MgO	2,10 Å	MnO	2,24 Å
MgS	2,60	MnS	2,59
MgSe	2,73	MnSe	2,73

Die Gitterkonstanten steigen in jeder Spalte von oben nach unten an, außerdem in der ersten Zeile von links nach rechts. In den beiden anderen Zeilen dagegen hat das Mangansalz jeweils dieselbe Gitterkonstante wie das Magnesiumsalz. Dieser Befund läßt sich nur wie folgt verstehen: die Schwefel- und Selenionen sind so groß, daß sie sich untereinander berühren und dabei zwischen sich Plätze frei lassen, die größer sind als die Magnesium- oder Manganionen. Letztere sind in diesen Verbindungen also kleiner als in der Abb. 5.15 gezeichnet, d.h. es ist

$$d = r_A \sqrt{2}$$
$$d > r_A + r_K \tag{5.4}$$
$$r_K : r_A < 0{,}414 .$$

Die Gitterkonstante wird also allein durch das Anionengitter festgelegt, und der Anionenradius ergibt sich nach Gl. (5.1) und Tabelle 5.2:

$$r_{S^{--}} = 1{,}83 \,\text{Å}, \quad r_{Se^{--}} = 1{,}93 \,\text{Å} . \tag{5.5}$$

Der Radius des Sauerstoffions ist dagegen so klein, daß sowohl das Mg- wie das Mn-Ion größer sind als in Abb. 5.15 gezeichnet, so daß die Sauerstoffionen sich nicht berühren und somit die Gitterkonstante nicht allein bestimmen können. Hier sind die Kationenradien maßgebend, es ist

$$d > r_A \sqrt{2}$$
$$d = r_A + r_K \tag{5.6}$$
$$r_K : r_A > 0{,}414$$

und aus der 1. Zeile von Tabelle 5.2 folgt

$$r_{Mn^{++}} - r_{Mg^{++}} = 0{,}14 \,\text{Å} . \tag{5.7}$$

Auf die an diesem Beispiel gezeigte Weise läßt sich ein ganzes *System* von *Ionenradien* bestimmen.

Ein anderes *Radiensystem* beruht darauf, daß von WASASTJERNA die Radien des F^-- und des O^{--}-Ions aus optischen Untersuchungen, nämlich Messungen von Molrefraktionen, abgeleitet worden sind, und zwar mit den Werten

$$r_{F^-} = 1{,}33 \,\text{Å}, \quad r_{O^{--}} = 1{,}32 \,\text{Å} . \tag{5.8}$$

Von diesen Werten aus kann man z.B., wenn man die Gitterkonstante von NaF, NaCl usw. röntgenographisch bestimmt, durch Subtraktion den Na^+-Radius, Cl^--Radius usw. erhalten. Zum Beispiel ist für NaF

$$\frac{a}{2} = r_{Na^+} + r_{F^-} = 2{,}31 \,\text{Å}, \quad r_{Na^+} = 0{,}98 \,\text{Å} . \tag{5.9}$$

Man erhält so zunächst die Radien der edelgasartigen Alkalimetallionen und der Halogenionen. Durch Hinzunahme des Wertes für Sauerstoff kann man alle anderen Ionenradien im periodischen System bestimmen.

Bei Bestimmung aus verschiedenen Klassen von Verbindungen ergeben sich die Radien etwas verschieden groß, insbesondere hängen sie von der *Koordinationszahl*, d.h. von der Zahl gleichwertiger Nachbarn des betrachteten Ions (Atoms) ab. Dies ist verständlich, da die Ionen natürlich keine ganz starren Kugeln sind, sondern Elektronenhüllen haben, die durch die Nachbarionen deformiert oder polarisiert werden. Für viele Fälle kann man aber doch den Ionenradius als eine physikalisch sinnvolle Größe ansehen, wenn man für verschiedene Nachbarschaften etwas verschiedene Werte benutzt[23]. Einige Beispiele gibt die Tabelle 5.3.

Tabelle 5.3. *Ausgewählte Ionenradien in* Å (1. Spalte: Wertigkeit) nach WINKLER [B2]

−2			O	1,32	S	1,83	Se	1,93	Te	2,11	
−1			F	1,33	Cl	1,81	Br	1,96	J	2,20	
+1	Li	0,78	Na	0,98	K	1,33	Rb	1,49	Cs	1,65	Ag 1,13	Au 1,37
+2	Be	0,34	Mg	0,78	Ca	1,06	Sr	1,27	Ba	1,43	Hg 1,12	Fe 0,83
+3					Sc	0,83	Y	1,06	SE*		Tl 1,05	Fe 0,67
+4					Ti	0,64	Zr	0,87	Ce	1,02	Th 1,10	W 0,68

*Seltene Erden:

La 1,22	Ce 1,18	Pr 1,16	Nd 1,15	Sm 1,13
Eu 1,13	Gd 1,11	Tb 1,09	Dy 1,07	Ho 1,05
Er 1,04	Tu 1,04	Yb 1,00	Lu 0,99	

Besonders wichtig sind die Ionenradien für die Fragen der Mischkristallbildung und des Einbaus von Fremdionen in Wirtsgitter.

Auch für manche Fälle von kovalenter Bindung, für die die dichteste Kugelpackung ganz sicher ein sehr schlechtes Modell ist, z. B. für das Diamantgitter (vgl. Ziffer 6.1), lassen sich sogenannte *Atomradien* angeben, aus denen sich die Gitterkonstanten einigermaßen richtig zusammensetzen lassen. Wegen der Unzulänglichkeit des Modells sind aber die Atomradien hier eher Rechengrößen.

C. Dynamik der Kristallgitter

Nachdem wir im vorigen Kapitel B die Struktur des im Gleichgewicht ruhenden Gitters kennengelernt haben, wenden wir uns nun den zwischen den Gitterbausteinen wirkenden Kräften, der Bindungsenergie und den Bewegungen der Atome oder Ionen um ihre Gleichgewichtslagen zu.

---

[23] Häufig benutzt man auch sogenannte Standardradien, an denen man verschiedene Korrekturen für verschiedene Nachbarschaften (Koordinationszahlen) anbringt, siehe z. B. [B 11].

6. Chemische Bindung in Kristallen

An den Anfang stellen wir eine Übersicht über die Haupttypen
der chemischen Bindung in Kristallen, ohne allerdings dabei auf die
quantenmechanische Begründung eingehen zu können.

6.1. Bindungstypen

Die 5 *Haupttypen* der chemischen Bindung sind in der Tabelle 6.1
mit Beispielen zusammengestellt: In der vorletzten Spalte wird die
Bindungsenergie in kcal/Mol angegeben. Die Bindungsenergie (später
auch *Gitterenergie* genannt) ist diejenige Arbeit, die für die Dissozia-
tion des Kristalls in die in der letzten Spalte angegebenen Bestand-
teile gebraucht wird. Sie wird für Zimmertemperatur angegeben, mit
Ausnahme der Molekelkristalle (van der Waalsbindung), für die sie
für den Schmelzpunkt angegeben ist.

Tabelle 6.1. *Kristalle mit typischer Bindung*

Nr.	Bindungstyp	Beispiele	Bindungsenergie	Dissoziation in
1	Ionenbindung	$NaCl$ (2,8 Å)	180 kcal/Mol	$Na^+{-}Cl^-$
		LiF (2,0 Å)	240	$Li^+{-}F^-$
2	Kovalente Bindung	Diamant	170	$C{-}C$
		SiC	283	$Si{-}C$
3	Metallische Bindung*	Na (4,28 Å)	26	$Na{-}Na$
		Fe (2,86 Å)	96	$Fe{-}Fe$
		W (3,15 Å)	210	$W{-}W$
4	van der Waals-Bindung	A	1,8	$A{-}A$
		CH_4	2,4	$CH_4{-}CH_4$
5	Wasserstoffbrücken-bindung	H_2O	12 **	$H_2O{-}H_2O$
		HF	7	$HF{-}HF$

* Alle drei Metalle kristallisieren im gleichen Typ (A2, kubisch raumzentriert), so daß neben den Bindungsenergien auch die angegebenen Gitterkonstanten vergleichbar sind.

** Der auf eine H-Brücke zurückzuführende Anteil ist etwa 5 kcal/Mol
H-Bindungen.

Zwischen den angeführten Hauptbindungstypen gibt es gewisse
Übergangsformen, oder sie kommen gemeinsam vor. Zum Beispiel
sind in typisch kovalenten Bindungen unter Umständen die Schwer-
punkte der positiven und negativen Ladungen an verschiedenen
Stellen lokalisiert, so daß, wie bei den Ionenbindungen, ein mehr
oder minder großes elektrisches Dipolmoment existiert (Beispiel:
HCl-Molekel gegenüber NaCl-Molekel). Auch zwischen kovalenter
und metallischer Bindung kommen Übergänge vor, z.B. beim Gra-

phit, in dessen Netzebenen die Bindung kovalent ist, während sie zwischen den Netzebenen metallischen Charakter hat (geringe Bindungsfestigkeit, metallische Leitung). Die Molekel- oder van der Waalssche Bindung schließlich ist z. B. an der Ionenbindung immer beteiligt; sie wird nur wegen ihrer geringen Stärke häufig vernachlässigt. Im einzelnen bemerken wir zu den Bindungstypen folgendes:

Ionenbindung. Kennzeichen sind starke Ultrarotabsorption, fehlende Elektronenleitung, aber Ionenleitung bei genügend hohen Temperaturen. Ionenkristalle mit nicht zu großen, d.h. nicht zu stark polarisierbaren Ionen sind der Prototyp von Gittern, für die das Modell starrer Kugeln mit festen Ionenradien angebracht ist. Demzufolge basiert die Bindungsenergie in erster Näherung auf dem Coulombschen Anziehungsgesetz zwischen entgegengesetzt geladenen starren Nachbarionen mit gegebenen Ionenradien (s. Ziffer 5.4). Um einen Gleichgewichtsabstand zu erhalten, muß man daneben noch eine Abstoßungskraft einführen, die wie bei der Berührung starrer mechanischer Kugeln eine sehr kurze Reichweite hat. Im Gegensatz zum Coulombschen Gesetz muß sie also mit einer hohen Potenz des reziproken Ionenabstandes oder sogar exponentiell abfallen. Man macht deshalb für die Wechselwirkungsenergie (das Potential) zwischen zwei Ionen i, j im Abstand r_{ij} den Ansatz

$$\varphi_{ij} = \pm \frac{Z_i Z_j e^2}{4 \pi \varepsilon_0 r_{ij}} + \varphi_{ij}^{(a)}, \tag{6.1}$$

wobei Z_i, Z_j die Wertigkeit der Ionen ist und das positive (negative) Vorzeichen bei gleichnamig (ungleichnamig) geladenen Ionen gilt. Für das Abstoßungspotential wird entweder

$$\varphi_{ij}^{(a)} = \frac{B}{r_{ij}^n} \qquad (B, n = \text{Konstante}) \tag{6.2}$$

oder

$$\varphi_{ij}^{(a)} = b \cdot e^{(r_i + r_j - r_{ij})/\varrho} = \beta e^{-\frac{r_{ij}}{\varrho}} \qquad (b, \beta, \varrho = \text{Konstante}) \tag{6.3}$$

gesetzt. Das von M. BORN eingeführte Potenzgesetz hat sich mit einem Exponenten der Größenordnung $n \sim 10$ gut bewährt. Das Exponentialgesetz nach MAYER bringt die Vorstellung von starren Ionen mit festen Radien r_i und r_j, d.h. getrennten Elektronenwolken explizit zum Ausdruck (vgl. Abb. 4.9). Auch dieser Ansatz leistet das Gewünschte mit einem Wert von $\varrho \sim 0{,}33$ Å bei den Alkalihalogeniden[1].

Kovalente (homöopolare) Bindung. Auch dieser Bindungstyp beruht auf den elektrostatischen Kräften zwischen den Elektronen und

---

[1] Die gute Brauchbarkeit beider Ansätze ist übrigens nicht allzu erstaunlich, da jeder Ansatz 2 freie Konstanten zur Anpassung an das Experiment bereitstellt.

Kernen benachbarter Atome. Sind die äußersten Elektronenschalen zweier Nachbaratome nicht abgeschlossen, so verschmelzen sie zu einer gemeinsamen Elektronenwolke beider Bindungspartner. Diese *starke Überlappung* der Elektronenwolken ist die Ursache der kovalenten Bindung. Die Bindung ist fest (vgl. Tabelle 6.1), aber von relativ kurzer Reichweite, d.h. das Potential nimmt bei wachsendem Atomabstand schnell ab (HEITLER und LONDON).

Die bei Annäherung der Bindungspartner entstehende Elektronenverteilung[2] hat bei manchen Atomen eine ausgeprägte *Richtungsabhängigkeit*. Beim *Sauerstoffatom* der Konfiguration $1s^2\, 2s^2\, p^4$ z.B. kann eine Elektronenwolke aufgebaut werden, deren Elektronendichte $\psi\psi^*$, abgesehen von kugelsymmetrischen s-Funktionen, 3 aus den 4 Elektronen $2p^4$ aufgebaute Maxima in Richtung der x, y, z-Achsen besitzt, von denen 2 mit je einem Elektron, eins mit 2 Elektronen besetzt sind (Abb. 6.1).

Bei der *Wassermolekel* H_2O verschmelzen 2 von ihnen (jedes mit 1 Elektron) mit der Hülle je eines H-Atoms, wobei die Elektronenwolke jeweils ganz auf die Seite des H-Atoms gezogen und außerdem durch die Abstoßung der Protonen der Valenzwinkel von 90° auf 104° vergrößert wird. Die freibleibende dritte Elektronenwolke (2 Elektronen) führt leicht zu Wasserstoffbrückenbindungen mit den Protonen anderer H_2O-Molekeln. Da außerdem noch ein starkes Dipolmoment parallel zur Winkelhalbierenden liegt, sind flüssiges Wasser und Eis sehr kompliziert gebaute kondensierte Phasen.

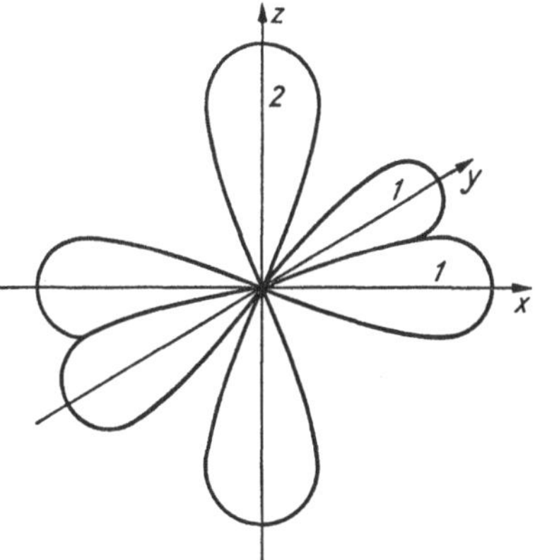

Abb. 6.1. Elektronenwolken in einem Valenzzustand des Sauerstoffs; die Ziffern geben die Zahl der Elektronen an. Bei der H_2O-Bindung wird je ein H-Atom auf der x- und der y-Achse angebaut. In der gemeinsamen Elektronenwolke verschwindet dann die Elektronendichte auf $-x$ und $-y$ fast ganz

Beim *Kohlenstoff*-Atom (Konfiguration $2s^2\,p^2$) lassen sich aus den Wasserstoff-Eigenfunktionen der durch Anregung eines s-Elektrons entstehenden chemisch wirksamen Konfiguration $2s\,p^3$ entweder im 4-zähligen Valenzzustand 4 äquivalente Funktionen σ_1, σ_2, σ_3, σ_4 mit maximaler Elektronendichte nach den 4 Tetraederrichtungen (Abb. 6.2a) oder im 3-zähligen Valenzzustand 3 trigonale Funk-

---

[2] Der sogenannte *Valenzzustand*.

tionen σ_1, σ_2, σ_3 mit maximaler Elektronendichte unter jeweils 120° in einer Ebene und eine dazu senkrechte Funktion p_z (Abb. 6.2 b) bilden.

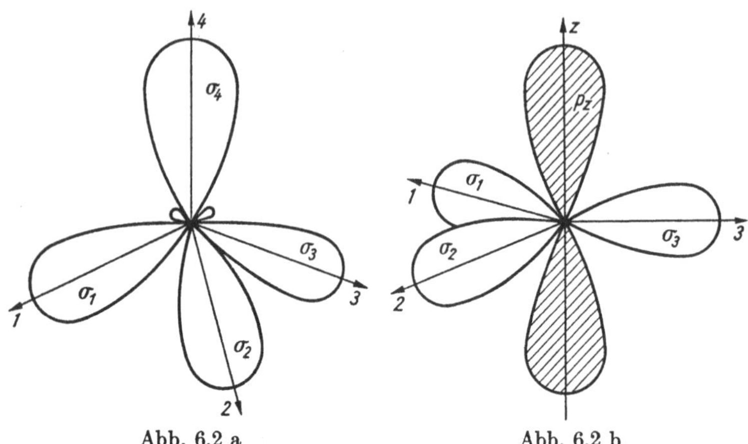

Abb. 6.2 a   Abb. 6.2 b

Abb. 6.2. Elektronenwolken der Valenzzustände des Kohlenstoffs, a) tetraedrische Bindung (CH_4, Diamant), b) trigonale Bindung (Benzol, Graphit)

Im Kristall verschmelzen (überlappen sich) diese gerichteten Elektronenwolken. Für den *Diamanten* z.B. folgt daraus, daß jedes Atom nur 4 nächste Nachbarn hat, während bei einer dichtesten Kugelpackung 12 nächste Nachbarn vorhanden sein würden. Die räumlichen Eigenschaften der Elektronenverteilung in den Kohlenstoffatomen, auf denen die Tetraedervalenzen des Kohlenstoffs beruhen, begünstigen also eine relativ lockere Struktur und verhindern die dichteste Kugelpackung[3]. Analoges gilt für den *Graphit*, bei denen p_z sogar eine semimetallische Bindung liefert, während die σ_1, σ_2, σ_3 kovalent binden.

Metallische Bindung. Hier ist charakteristisch die Existenz *freier Elektronen.* Bei den *Alkalimetallen* muß man annehmen, daß jedes Atom sein Valenzelektron verliert, so daß also edelgasartige kugelförmige Kationen in einem See von negativer Elektrizität schwimmen. Dieser negative See überkompensiert die elektrostatische Abstoßung der Kationen und gewährleistet so den Zusammenhalt des Gitters. Die Bindungsenergie bei den Alkalien ist nach Tabelle 6.1 relativ gering, entsprechend ist der Atomabstand relativ groß, und die Metalle sind makroskopisch weich.

---

[3] Diese ist bei Metallen und Ionen-Kristallen ein gutes Modell. Tatsächlich kommen hier auch zwei der Symmetrie nach verschiedene dichteste Kugelpackungen, eine kubische und eine hexagonale, vor.

Die sehr viel höheren Bindungsenergien und kleineren Atomabstände beim *Eisen* und *Wolfram* führen zu der Annahme, daß hier nicht nur der eben beschriebene (und nur bei den Alkalimetallen rein vorhandene) metallische Bindungsmechanismus vorliegt, sondern daß auch noch eine kovalente Bindung zwischen den an der Ionenoberfläche liegenden unabgeschlossenen 3d- oder 5d-Schalen erfolgt. Man hat in diesen Kristallen also „freie" Leitungselektronen und außerdem miteinander verschmolzene 3d- oder 5d-Schalen.

Die van der Waalssche oder Molekel-Bindung. Da kovalente Bindung zwischen abgeschlossenen Edelgasschalen nicht existiert, muß die Bindung in verfestigten Edelgasen und in den meisten Molekelkristallen auf einem andersartigen Mechanismus beruhen, bei dem keine Verschmelzung der Elektronenhülle eintritt. Wie die sehr kleinen Bindungsenergien und dementsprechend großen Gleichgewichtsabstände zeigen, kann es sich hier nur um einen Mechanismus höherer Näherung handeln, der sich wie folgt beschreiben läßt.

Atome mit abgeschlossenen Elektronenschalen haben streng kugelförmige Hüllen, d.h. im Mittel über die Elektronenbewegung verschwinden alle elektrischen Multipolmomente von beliebiger Ordnung 2^l ($l = 1, 2, \ldots$), die Erwartungswerte sind Null. Es gibt also keine stationären elektrischen Multipole, deren Wechselwirkung zu einer Anziehung führen könnte. Dagegen kann man in einem beliebigen Zeitpunkt die von Kern und Elektronen gebildete momentane Ladungsverteilung in jedem der beiden Atome nach Multipolen entwickeln und deren elektrostatische Wechselwirkungsenergie als Hamiltonoperator der chemischen Bindung auffassen. Dieser Operator liefert nichtverschwindende Bindungsenergien in zweiter Näherung der Störungsrechnung (HEITLER und LONDON), und zwar in der Form

$$\varphi_{ij} - \varphi_{ij}^{(a)} = -\frac{C_{ij}}{r_{ij}^6} - \frac{D_{ij}}{r_{ij}^8} - \cdots \tag{6.4}$$

wobei das erste Glied den Erwartungswert der Dipol-Dipol-, das zweite den der Dipol-Quadrupol-Wechselwirkung darstellt usw. Die beiden angeschriebenen Glieder sind experimentell in Übereinstimmung mit der Theorie sichergestellt, noch höhere Glieder sind zu schwach. Die Konstanten C_{ij} und D_{ij} werden durch die Intensitäten der von den getrennten Atomen emittierten elektrischen Dipol- und Quadrupolstrahlung bestimmt. Rechnet man außer der Störenergie Gl. (6.4) auch die gestörten Eigenfunktionen und mit ihnen die Elektronendichten $\psi\psi^*$ aus, so ergibt sich eine schwache Deformation der abgeschlossenen Ladungswolken in Richtung auf eine Annäherung, ohne daß jedoch eine wirkliche Verschmelzung eintritt. Somit kann der Bindungsmechanismus auch als Wechselwirkung induzierter Multipole aufgefaßt werden. Die Gesamtenergie φ_{ij} mit einem

Minimum im Gleichgewichtsabstand ergibt sich durch Addition eines Abstoßungsterms $\varphi_{ij}^{(a)}$ zu Gl. (6.4). Für die Bindung zwischen Edelgasatomen im Abstand r hat sich das *Lennard-Jones-Potential*

$$\varphi(r) = -4D\left[\left(\frac{\varrho}{r}\right)^{6} - \left(\frac{\varrho}{r}\right)^{12}\right] \qquad (6.4\,\mathrm{a})$$

bewährt.

Aufgabe 6.1. Was bedeuten die Konstanten D und ϱ in Gl. (6.4 a)? Wie groß ist der Gleichgewichtsabstand $r = r_e$?

Oft werden zur van der Waals-Bindung auch die elektrostatischen Kräfte zwischen den *permanenten* Ladungsmultipolen unsymmetrisch gebauter Molekeln gerechnet, also z. B. die elektrostatischen Kräfte zwischen den Dipolmomenten der H_2O-Molekeln in flüssigem Wasser oder in Eis. Derartige Kräfte sind in unserer Diskussion, die nur die sogenannten *Dispersionskräfte* berücksichtigt, nicht enthalten, müssen also in jedem Fall gesondert berücksichtigt werden.

Wasserstoffbrückenbindung. Die H-Brückenbindung ist erst in neuerer Zeit experimentell belegt worden, und zwar im wesentlichen durch die Ultrarot-Spektroskopie und durch die Neutronenbeugung, mit deren Hilfe man auch die Lage der H-Atome festlegen kann. Ihr Wesen besteht in der Verbindung von Molekeln, in denen ein H-Atom an ein stark elektronegatives Atom gebunden ist, wie z. B. an O in H_2O (Abb. 6.3). Faßt man diese Bindung in 1. Näherung als extrem ionisch auf, so liegt ein „nacktes" Proton am Rand der Molekeln, und es entsteht eine relativ starke ionische Bindung auch zu einem elektronegativen Atom in einer sich nähernden zweiten Molekel, z.B. O in einem zweiten H_2O. Da aber die Elekronenhülle des Sauerstoffatoms nicht kugelsymmetrisch abgeschlossen ist, wird sie durch das Proton stark polarisiert, d.h. es treten hier noch Dispersionskräfte zu der ionischen Bindung hinzu. Wegen des kleinen Radius eines Protons sitzen die beiden so verbundenen Atome so dicht zusammen, daß weitere Atome nicht in den nötigen engen Abstand kommen können. Deshalb wird die H-Brückenbindung nur zwischen 2 Atomen beobachtet. Die Bindungsfestigkeit ist immer von der Größenordnung 5 kcal/Mol. Die Wasserstoffbrückenbindung ist an den Anomalien von Wasser und Eis, an den Eigenschaften der Ferroelektrika und bei Assoziations- und Polymerisationsvorgängen stark beteiligt. Das einfachste Beispiel mit fast rein ionischer Bindung scheinen die ...FHFHF...-Ketten im festen HF zu sein.

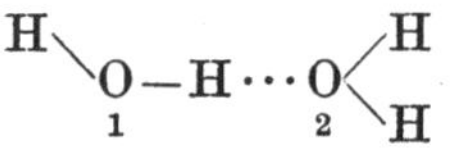

Abb. 6.3. Zur Wasserstoffbrückenbindung zwischen zwei Wassermolekeln

Zum Schluß fassen wir noch einmal zusammen: Die chemischen Bindungskräfte sind elektrischer Natur (mit alleiniger Ausnahme schwacher zusätzlicher magnetischer Kräfte in magnetisierten Substanzen, vgl. etwa Magnetostriktion). Entscheidend für den Bindungstyp ist die elektrische Ladungsverteilung. Die Bindungsenergien streuen um 2 Größenordnungen. Je kleiner die Bindungsenergie, desto größer ist im allgemeinen der Atomabstand und desto flacher die Potentialkurve zwischen Nachbaratomen (Abb. 6.4). Darauf be-

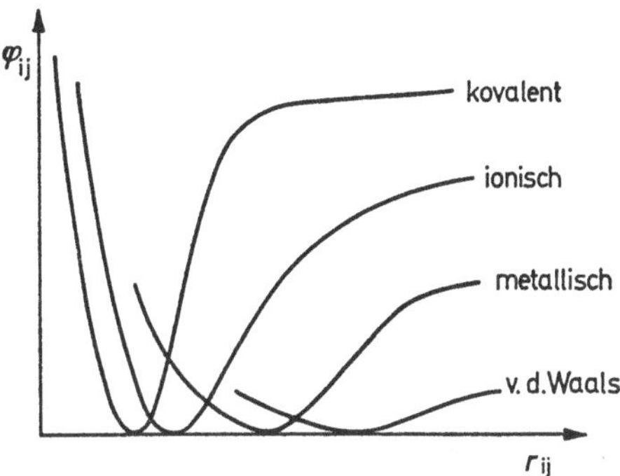

Abb. 6.4. Wechselwirkungspotential zweier Atome (Ionen) im Abstand r_{ij} bei verschiedenen Bindungstypen. Schematisch, Nullpunkt im Potentialminimum

ruhen die großen Unterschiede zwischen den verschiedenen Kristalltypen, z. B. in der makroskopischen Härte und in den elastischen Konstanten.

6.2. Gitterenergie von Ionenkristallen

Wir berechnen jetzt einige Gitterenergien für Ionenkristalle, um sie mit experimentellen Werten zu vergleichen und so die Berechtigung des in Gl. (6.1) formulierten Bindungsansatzes zu prüfen. Wir beschränken uns dabei auf eine ein-einwertige Substanz AB ($Z_1 = Z_2 = 1$). Die *Bindungsenergie* des i-ten Ions, d. h. die für das Herauslösen des i-ten Ions aus dem Gitter erforderliche Arbeit ist gegeben durch seine Wechselwirkung mit allen anderen Ionen j des Gitters, also nach Gl. (6.1) gleich

$$\varphi_i = \sum_{j \neq i} \varphi_{ij}, \tag{6.5}$$

wobei wir das Bornsche Abstoßungspotential benutzen,

$$\varphi_{ij} = \frac{B}{r_{ij}^n} \pm \frac{e^2}{4\pi\varepsilon_0 r_{ij}} \tag{6.6}$$

und das positive Vorzeichen zu nehmen ist, wenn i, j gleichnamig, das negative Vorzeichen, wenn i, j ungleichnamig geladen sind. Wir nehmen den Kristall als unendlich ausgedehnt an, damit wir Oberflächeneffekte vernachlässigen können und berechnen dann die *Gitter-energie*, d.h. den Energieinhalt eines Teilvolums von N ,,Molekeln'' gleich $2N$ Ionen zu

$$\Phi = N\,\varphi_i. \tag{6.7}$$

Hier steht N und nicht $2N$, da jede Verbindungslinie zwischen zwei Ionen nur einmal gezählt werden darf. Die Gl. (6.7) beruht auf der Tatsache, daß jedes Ion des unendlich ausgedehnten Kristalls auf Grund der AB-Symmetrie dieselbe Wechselwirkungsenergie mit allen Nachbarn hat. Φ stellt anschaulich die *Dissoziationsarbeit* des Kristalls in einzelne Ionen dar, da wir in Gl. (6.6) den Nullpunkt der potentiellen Energie ins Unendliche gelegt haben.

Führt man jetzt die dimensionslosen Größen $p_{ij} \geqq 1$ dadurch ein, daß man die Ionenabstände relativ zu dem Abstand r zwischen dem betrachteten Ion und seinem nächsten Nachbarn mißt,

$$p_{ij} = \frac{r_{ij}}{r}, \qquad r_{ij} = r \cdot p_{ij}, \tag{6.8}$$

so sind die p_{ij} Kenngrößen des Gittertyps und unabhängig von den individuellen in ihm kristallisierenden Substanzen, die durch verschiedene Werte von r unterschieden sind. Im ruhenden Gitter, d.h. im Gleichgewicht sei $r = r_e$; bei *ähnlichen*[4] Deformationen des Gitters wird $r \neq r_e$. Man erhält so:

$$\varphi_{ij} = \frac{B}{r^n} \cdot \frac{1}{p_{ij}^n} \pm \frac{e^2}{4\,\pi\,\varepsilon_0\,r} \cdot \frac{1}{p_{ij}} \tag{6.9}$$

und also

$$\varphi_i(r) = A_n\,\frac{B}{r^n} - \alpha\,\frac{e^2}{4\,\pi\,\varepsilon_0\,r} \tag{6.10}$$

mit

$$\alpha = \sum_{j \neq i} \mp \frac{1}{p_{ij}}, \tag{6.11}$$

$$A_n = \sum_{j \neq i} \frac{1}{p_{ij}^n}, \tag{6.12}$$

d.h. bis auf die Faktoren α und A_n das Potential zwischen nächsten Nachbarn. Die Summe α ist zuerst von MADELUNG (1918) ausgerechnet worden und heißt deshalb die *Madelungkonstante* des Gittertyps. Sie konvergiert im allgemeinen sehr schlecht, so daß besondere Kunstgriffe bei der Aufsummation angewendet werden. Die Summe A_n des Gittertyps konvergiert immer sehr schnell, da sich n von der

---

[4] Bei nicht ähnlichen Deformationen ändern sich auch die p_{ij}, und damit die Größen α und A_n, die wir im folgenden aber konstant halten wollen. Das bedeutet Beschränkung auf kubische Gitter (s. Ziffer 7).

Größenordnung 10 herausstellen wird. Bei Berechnungen dieser Summe genügt es deshalb, sich auf die nächsten und übernächsten Nachbarn zu beschränken, während für die Berechnung von α wirklich über das ganze Gitter summiert werden muß.

Man kann die Summation von A_n überhaupt vermeiden, wenn man die Tatsache benutzt, daß die Gitterenergie im Gleichgewichtsabstand $r = r_e$ ein Minimum hat. Die Bedingung hierfür ist (siehe Fußnote 4)

$$\frac{d\Phi}{dr}\bigg|_{r=r_e} = N \frac{d\varphi_i}{dr}\bigg|_{r=r_e} = 0\,, \tag{6.13}$$

d.h.

$$- n A_n B r_e^{-(n+1)} + \alpha \frac{e^2}{4\pi\varepsilon_0 r_e^2} = 0\,. \tag{6.14}$$

Die Konstante BA_n läßt sich also durch die Madelungsche Konstante α und den Gleichgewichtsabstand r_e ausdrücken:

$$BA_n = \alpha \cdot \frac{e^2}{4\pi\varepsilon_0} \cdot \frac{r_e^{n-1}}{n}\,. \tag{6.15}$$

Einsetzen in $\varphi_i(r_e)$ gibt

$$\Phi(r_e) = N\varphi_i(r_e) = -N\alpha\left(1 - \frac{1}{n}\right)\frac{e^2}{4\pi\varepsilon_0 r_e}\,. \tag{6.16}$$

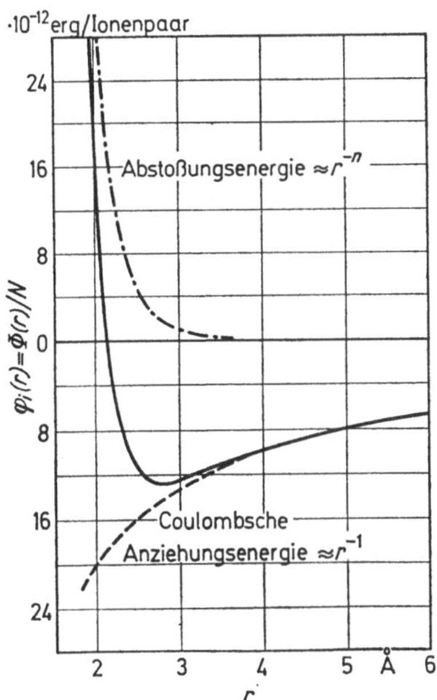

Abb. 6.5. Zum Wechselwirkungspotential bei reiner Ionenbindung: Bindungsenergie pro Ionenpaar. Nach Gl. (6.17) für NaCl

Wegen $n \sim 10$ ist also in der Gleichgewichtslage die Bindungsenergie zu 90% Anziehungsenergie und nur zu 10% Abstoßungsenergie. Diese Tatsache ist in Abb. 6.5 bei der Darstellung von $\varphi_i(r)$ nach Gl. (6.10) berücksichtigt. Für beliebiges $r \neq r_e$ ist nach (6.10) und (6.15)

$$\Phi(r) = N\,\varphi_i(r) = -N\alpha\left[1 - \frac{1}{n}\left(\frac{r_e}{r}\right)^{n-1}\right]\frac{e^2}{4\pi\varepsilon_0 r}\,. \qquad (6.17)$$

Wir berechnen jetzt die Madelungkonstante α, durch deren Wert die Größe der Gitterenergie nach Gl. (6.10), (6.17) wesentlich bestimmt wird, für einen einfachen Fall. Dabei nehmen wir als Bezugsion i ein negatives Ion. Dann ist bei der Summation von α in (6.11) jeweils dasselbe Vorzeichen zu nehmen, das auch die Ladung des Aufions j hat. Wir erläutern das Verfahren an der (später gebrauchten) linearen AB-Kette nach Abb. 6.6.

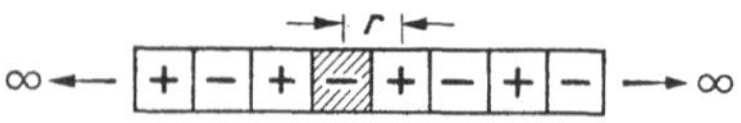

Hier haben die Nachbarionen die Werte $p_{ij} = 1, 2, 3, \ldots$ Wenn wir gleich auch die linke Hälfte der Kette durch den Faktor 2 berücksichtigen, erhalten wir

Abb. 6.6. Lineare A^+B^--Kette

$$\alpha = 2(1 - \tfrac{1}{2} + \tfrac{1}{3} - \tfrac{1}{4} \pm \cdots) = 2\ln 2\,. \qquad (6.18)$$

Im dreidimensionalen Fall ist die Rechnung schwieriger, und zwar hängt ihr Erfolg von der Reihenfolge der Summation ab.

Wir zeigen das am Beispiel des *NaCl-Gitters* (*B1-Typ*). Zunächst überzeugen wir uns anhand der Abb. 6.7, daß das negative Bezugsion i

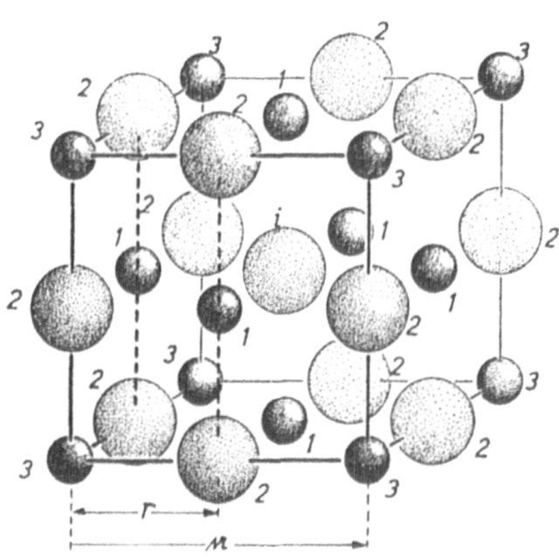

Abb. 6.7. Elementarzelle des NaCl-Gitters (B1-Typ), kubisch-flächenzentriert. Eingezeichnet sind a die (110)-Ebene (gestrichelt), b die erst-, zweit- und drittnächsten Nachbarn des Zentralions i

6 positive nächste Nachbarn[5] 1 mit $p_{ij} = 1$, 12 negative zweite Nachbarn 2 mit $p_{ij} = \sqrt{2}$, 8 positive dritte Nachbarn 3 mit $p_{ij} = \sqrt{3}$, wieder 6 negative vierte Nachbarn an den Oktaederecken mit $p_{ij} = 2$, hat, usw.

Es liegt demnach nahe, bei der Summation jeweils die Atome gleichen Abstands, d.h. derselben *Koordinationsschale* zusammenzufassen. Da eine Koordinationsschale nur Ionen derselben Ladung enthält, ergibt sich

$$\begin{aligned}
\alpha &= 6/1 - 12/\sqrt{2} + 8/\sqrt{3} - 6/2 + \cdots \\
&= 6{,}000 - 8{,}485 + 4{,}620 - 3{,}000 + \cdots .
\end{aligned} \qquad (6.19)$$

Diese Reihe konvergiert sehr schlecht, da man abwechselnd positive und negative Werte bekommt, die mit großen Ausschlägen um den Endwert $\alpha = 1{,}747565$ pendeln.

Eine sehr viel geschicktere Summation ergibt sich, wenn man nicht konzentrisch um das Aufion herumsummiert, sondern auf die Translationssymmetrie des Gitters zurückgeht. Man zerlegt den Kristall in gleichgroße Würfel, deren Volum zunächst willkürlich ist. Der erste Schritt der Rechnung besteht in der Berechnung der Wechselwirkung des Aufions mit dem es umgebenden Würfel. Dabei ist zu berücksichtigen, daß die Oberflächenionen des Würfels zu mehreren Würfeln gleichzeitig gehören, und zwar die Ionen auf den Flächen zu zweien, auf den Kanten zu vieren und an den Ecken zu achten. Aus diesem Grunde sind die betreffenden Ionen nur mit der Hälfte, 1/4 und 1/8 ihrer wirklichen Ladung zu zählen.

Der zweite Schritt besteht in der Berechnung des Potentials, das von den weiter entfernt liegenden Würfeln am Ort des Aufions ausgeübt wird. Da jeder Würfel eine größere Anzahl von positiven und negativen Ladungen enthält, handelt es sich um das Potential eines elektrischen Multipols, das mit einer sehr hohen Potenz des Abstandes nach außen abfällt. Die Ordnung des Multipols und damit auch die Potenz des Abfallens ist um so höher, je größer die einzelnen Würfel gewählt werden. Auf diese Weise ergibt sich eine außerordentlich schnelle Konvergenz .Wenn wir z. B. die in Abb. 6.7 dargestellte Elementarzelle, d.h. den kleinstmöglichen Würfel als Ausgangsvolum wählen, haben wir für das Potential dasjenige von

6 Nachbarn der Ladung $+\dfrac{e}{2}$ im Abstand $p_{ij} = 1$

12 Nachbarn der Ladung $-\dfrac{e}{4}$ im Abstand $p_{ij} = \sqrt{2}$ $\qquad (6.20)$

8 Nachbarn der Ladung $+\dfrac{e}{8}$ im Abstand $p_{ij} = \sqrt{3}$

---

[5] Koordinationszahl 6.

oder was damit gleichwertig ist, 6/2 Nachbarn der Ladung $+e$ im Abstand $p_{ij} = 1$, usw. Der erste Schritt liefert also bereits

$$\alpha_1 = \frac{6}{2 \cdot 1} - \frac{12}{4\sqrt{2}} + \frac{8}{8\sqrt{3}} = 1{,}47 \,, \tag{6.21}$$

einen Wert, der schon ziemlich dicht am richtigen Wert 1,747565 liegt. Wählt man den Würfel nach allen Seiten um einen Abstand a größer, so würde der erste Schritt

$$\alpha_1 = 1{,}75 \tag{6.22}$$

ergeben. Dieser Wert liegt schon sehr dicht am Endwert, so daß der zweite Rechnungsschritt nur noch eine Korrektur ergibt.

Die nächste Tabelle gibt die Madelungschen Konstanten für einige $A\,B$-Kristalle:

Tabelle 6.2. *Madelungsche Konstanten*

Typ	Beispiel	α
B1	NaCl	1,747565
B2	CsCl	1,76268
B3	Zinkblende ZnS	1,63806
B4	Wurtzit ZnS	1,641

Für die Berechnung der Gitterenergie im Gleichgewichtsabstand nach Gl. (6.16) muß noch der Abstoßungsexponent n bestimmt werden. Man erhält ihn experimentell aus der *Kompressibilität*

$$\varkappa = - \frac{1}{V} \frac{dV}{dp} \,. \tag{6.23}$$

Die bei einer Kompression durch allseitigen Druck geleistete Arbeit $-p\,dV$ geht in Gitterenergie über, d. h. es ist

$$-p\,dV = d\Phi \,, \tag{6.24}$$

also

$$\frac{1}{\varkappa} = V \frac{d^2\Phi}{dV^2} \,. \tag{6.25}$$

Der Differentialquotient rechts berechnet sich für kubische Gitter nach

$$\begin{aligned}
\frac{d\Phi}{dV} &= \frac{d\Phi}{dr} \cdot \frac{dr}{dV} \\
\frac{d^2\Phi}{dV^2} &= \frac{d\Phi}{dr} \cdot \frac{d^2r}{dV^2} + \left(\frac{dr}{dV}\right)^2 \cdot \frac{d^2\Phi}{dr^2} \,,
\end{aligned} \tag{6.26}$$

wobei für den *NaCl-Typ B1* das Volum gleich

$$V = 2\,N\,r^3 \tag{6.27}$$

gesetzt werden kann. Da wir uns nur für den Gleichgewichtsabstand

$r = r_e$ interessieren (wir wollen den Druck p von 1 Atm. aus um dp ändern), ist

$$\left.\frac{d\Phi}{dr}\right|_{r=r_e} = 0 \tag{6.28}$$

und das erste Glied in (6.26) verschwindet. Für das übrig bleibende zweite Glied ist zunächst nach (6.27)

$$\left(\frac{dr}{dV}\right)^2 = \frac{1}{36\,N^2 r^4}, \tag{6.29}$$

so daß also in der Gleichgewichtslage nach (6.25), (6.26) und (6.29)

$$\frac{1}{\varkappa} = \frac{1}{18\,Nr_e}\left(\frac{d^2\Phi}{dr^2}\right)_{r=r_e} \tag{6.30}$$

ist. Weiter ist wegen (6.17) im Gleichgewichtsabstand $r = r_e$

$$\left.\frac{d^2\Phi}{dr^2}\right|_{r=r_e} = N\,\alpha\,\frac{e^2}{4\,\pi\,\varepsilon_0}\cdot\frac{n-1}{r_e^3}. \tag{6.31}$$

Hieraus folgt nach (6.30)

$$\frac{1}{\varkappa} = \frac{n-1}{18}\,\frac{e^2}{4\,\pi\,\varepsilon_0 r_e^4}\,\alpha \tag{6.32}$$

oder

$$n = 1 + \frac{18\,r_e^4}{\alpha}\cdot\frac{4\,\pi\,\varepsilon_0}{e^2}\cdot\frac{1}{\varkappa}. \tag{6.33}$$

Alle Größen auf der rechten Seite dieser Gleichung sind bekannt, die Kompressibilität wird als Funktion der Temperatur gemessen. Der von SLATER auf $T = 0\,°$K extrapolierte Wert bei NaCl

$$\varkappa = 3,3\cdot 10^{-12}\,\mathrm{cm^2\,dyn^{-1}} \tag{6.34}$$

führt bei Steinsalz zu dem Exponenten

$$n = 9,4. \tag{6.35}$$

Bei anderen Kristallen, bei denen das Abstoßungsgesetz nicht so steil ist, ergeben sich weniger große Exponenten, wie die folgenden Zahlen zeigen:

NaCl: $n = 9,4$;   CaF$_2$: $n = 7$;   ZnS (Blende): $n = 5$.

Hier wird die *Polarisierbarkeit* der Ionen (die van der Waalssche Bindung) eine merkliche Rolle spielen, vielleicht auch eine Beimischung von kovalenter Bindung. Auf Rechnungen, in denen diese Effekte explizit berücksichtigt werden, kann hier nicht eingegangen werden.

Zum Schluß soll noch der Vergleich der berechneten *Gitterenergien* mit experimentellen Werten durchgeführt werden. Hierbei besteht die Schwierigkeit, daß es experimentell nicht möglich ist, einen Kristall in Ionen zu dissoziieren. Die Gitterenergie ist also der Messung nicht direkt zugänglich. Man muß sie deshalb auf andere thermochemische Größen zurückführen (*Born-Haberscher Kreisprozeß*). Bezeichnet im folgenden eine eckige Klammer den festen, eine runde Klammer den gasförmigen Zustand einer Substanz, M ein Metall und X ein Halogen, so ergibt sich nach den Regeln der Thermochemie für eine bestimmte Menge eines MX-Kristalls sukzessive

$$[MX] + \Phi = (M^+) + (X^-) \tag{6.36}$$
$$= (M) + I_M + (X) - E_X$$
$$= (M) + I_M + (X_2) + D_{X_2} - E_X$$
$$= [M] + S_M + I_M + (X_2) + D_{X_2} - E_X$$
$$= [MX] + Q_{MX} + S_M + I_M + D_{X_2} - E_X .$$

Dabei bedeuten

I_M = Ionisierungsarbeit des atomaren Metalls,
E_X = Elektronenaffinität des atomaren Halogenions,
D_{X_2} = Dissoziationsarbeit des molekularen Halogens,
S_M = Sublimationswärme des Metalls,
Q_{MX}= Bildungswärme des festen MX aus festem Metall M und gasförmigem molekularem Halogen X_2

jeweils für die am Anfang vorhandene Substanzmenge, also etwa pro Mol MX. Herausstreichen von $[MX]$ aus der letzten Zeile von (6.36) gibt die Energiebeziehung

$$\Phi = Q_{MX} + S_M + I_M + D_{X_2} - E_X . \tag{6.37}$$

Eine Auswahl von so bestimmten (experimentellen) Gitterenergien sind mit den nach dem Mayerschen Ansatz und nach den mit dem Potenzgesetz unter Zuhilfenahme der Kompressibilität nach SLATER berechneten Werten in Tabelle 6.3 zusammengestellt. Die Überein-

Tabelle 6.3. *Theoretische und experimentelle Gitterenergien bei Zimmertemperatur*

Gittertyp (kubisch)	Kristall	Gitterkonstante in Å	Gitterenergie in kcal/Mol		
			Theoretisch (MAYER et al.)	Theoretisch (SLATER)*	Experimentell
B 1	LiCl	5,13	199,2	189	198,1
B 1	NaCl	5,63	183,1	178	182,8
B 1	NaBr	5,96	174,6	169	173,3
B 1	NaJ	6,46	163,9		166,4
B 1	KCl	6,28	165,4	164	164,4
B 1	KBr	6,59	159,3	157	156,2
B 1	KJ	7,05	150,8	148	151,5
B 2	CsCl	4,11	152,2		155,1
B 2	CsBr	4,29	146,3		148,6
B 2	CsJ	4,56	139,1		145,3
B 1	AgBr	5,77	197		201,8
B 3	CuCl	5,41	216		221,9
B 3	CuBr	5,68	208		216,0
B 3	CuJ	6,04	199		213,4

* Diese Werte extrapoliert auf 0°K.

stimmung ist sehr gut, so daß für die einwertigen Metallhalogenide das durchgeführte Modell als gut begründet betrachtet werden kann.

Aufgabe 6.2. Berechne die Madelungsche Konstante α für den CsCl-Typ (B2-Typ) nach der Methode der Koordinationsschalen (Abbrechen der Summation nach der 6. Schale) und nach der Gitterzellenmethode und vergleiche die beiden Ergebnisse.

Aufgabe 6.3. Berechne die Konstante A_n in dem Ausdruck für die Gitterenergie mit der Annahme $n = 10$ für das kubisch-flächenzentrierte NaCl-Gitter (B1-Typ), ferner die Konstante B in dem Ausdruck für die Wechselwirkungsenergie zwischen zwei Nachbarionen (Gleichgewichtsabstand nächster Nachbarn: $r_e = 2{,}81$ Å).

Aufgabe 6.4. Berechne den Effekt, den eine Verdopplung der Ionenladung im NaCl auf den Gleichgewichtsabstand r_e nächster Nachbarn, die Gitterenergie $\Phi(r_e)$ und die Kompressibilität $\varkappa(r_e)$ haben würde. Das abstoßende Potential bleibe dabei unverändert, siehe Aufg. 6.3.

Aufgabe 6.5. Ersetze das Abstoßungspotential $B(r_{ij})^{-n}$, das bei Summation über alle Ionen des Kristalls den Wert $A_n B r^{-n}$ ergibt, durch $\beta \cdot e^{-r_{ij}/\varrho}$ und summiere lediglich über die nächsten Nachbarn im Abstand r_e. Vergleiche die beiden Ergebnisse und bestimme β und ϱ für NaCl mit $r_e = 2{,}81$ Å; $n = 10$. A_{10} und B sind aus Aufgabe 6.3 bekannt.

6.3. Oberflächenenergien von Ionenkristallen

Bei der Berechnung der Gitterenergien haben wir immer einen unendlich ausgedehnten Kristall vorausgesetzt, d.h. es sollte jedes Ion im Innern des Kristalls sitzen. Tatsächlich finden aber gerade besonders wichtige Kristallvorgänge, wie z.B. das Wachstum, oder die Auflösung oder Verdampfung an der Oberfläche statt. Die hier maßgebenden Energien sind die Bindungsenergien von Oberflächenionen, d.h. die für das Abreißen von Oberflächenionen aufzuwendenden Arbeiten. Sie sind speziell für die Wachstumsprozesse von Kossel und Stransky berechnet worden, und zwar nicht nur für Ionenkristalle, sondern auch für den Fall kovalenter Bindung und für Metalle. Aus diesem ausgedehnten Fragengebiet behandeln wir nur einen Spezialfall, nämlich den der Ionenkristalle, und hier nur den des *NaCl-Typs B1.*

Wir schreiben dabei in Analogie zu (6.10) die Wechselwirkungsenergie eines Oberflächenions mit den übrigen Kristallionen in der Form

$$\varphi_i(r_e) = -\alpha^{()}\left(1 - \frac{1}{n}\right)\frac{e^2}{4\pi\varepsilon_0 r_e}, \tag{6.38}$$

wobei wir durch die hochgesetzten Klammern den Platz für verschiedene Indizes andeuten, durch welche diese *Oberflächenenergien* und *Oberflächen-Madelung-Konstanten* von den analogen Größen für Innenionen in unendlich ausgedehnten Gittern unterschieden werden. Außerdem beschränken wir uns von vornherein auf den Gleichgewichtsabstand $r = r_e$. Wir führen die Rechnungen im folgenden nicht durch, da sie nach den oben besprochenen Methoden erfolgen, sondern geben gleich die Werte für $\alpha^{(\ )}$ an.

a) *Würfelfläche (100) des NaCl.* Für das Wachstum einer solchen Fläche sind folgende Prozesse und Energien wichtig:

(1) Anbau eines Ions an das Ende einer unendlichen Halbkette (vgl. Abb. 6.6). Der Zahlenwert

$$\alpha^{(1)} = \ln 2 = 0{,}6932 \qquad (6.39)$$

folgt direkt aus (6.18).

(2) Der Beginn einer neuen Kette an einer unendlichen Halbebene (Abb. 6.8) liefert den Wert

$$\alpha^{(2)} = 0{,}1144 \,. \qquad (6.40)$$

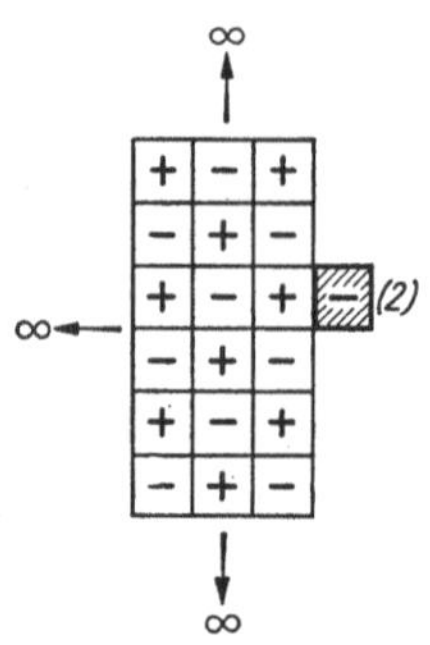

Abb. 6.8. Anlagerung eines Ions an eine unendliche Halbebene. (100)-Fläche des NaCl-Typs

(3) Der Beginn einer neuen Netzebene auf einem unendlichen Halbraum (Platz (3) in Abb. 6.9) liefert den Wert

$$\alpha^{(3)} = 0{,}0662 \,. \qquad (6.41)$$

(4) Der Beginn einer neuen Kette an einer unendlichen Halbebene auf dem unendlichen Halbraum (Platz (4) in Abb. 6.9) liefert den Wert

$$\alpha^{(4)} = \alpha^{(3)} + \alpha^{(2)} = 0{,}1807 \,. \qquad (6.42)$$

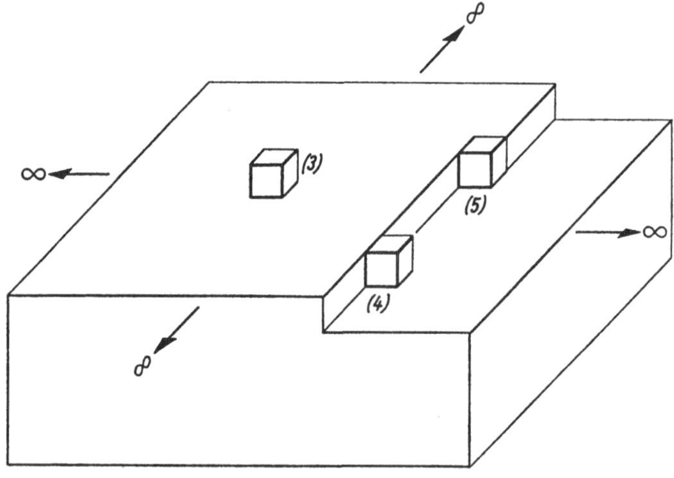

Abb. 6.9. Anlagerung eines Ions an verschiedene Plätze einer Kristalloberfläche. NaCl-Typ, (100)-Fläche

(5) Die Fortführung einer Kette neben einer Halbebene auf einem Halbraum (Platz (5) in Abb. 6.9) schließlich liefert den Wert

$$\alpha^{(5)} = \alpha^{(3)} + \alpha^{(2)} + \alpha^{(1)} = 0,8738$$
$$= \alpha/2 \,.$$

$$(6.43)$$

Der Wert von $\alpha^{(5)}$ ist halb so groß wie die Madelungsche Konstante für den unendlich ausgedehnten Gesamtkristall, was anschaulich klar ist.

Die unter (3), (4), (5) genannten Wachstumsschritte sind die an Steinsalzwürfeln wirklich vorkommenden, sobald die Kristalle bereits eine genügende Größe erreicht haben. Am meisten Energie wird bei der Fortführung der Kette gewonnen, am wenigsten beim Beginn einer neuen Netzebene. Bei vorgegebener Temperatur wird also ein auf Platz (3) angelagertes Ion durch die Temperaturbewegung leichter wieder losgeschlagen als ein auf Platz (5) angelagertes. Demzufolge wird der Wachstumsprozeß so verlaufen, daß zuerst die Ketten zu Ende gebaut, d.h. gegen die Wiederverdampfung stabilisiert werden, dann wird eine neue Kette begonnen und erst zuletzt eine neue Ebene. Für die (100)-Ebenen haben wir also ein schnelles tangentiales und nur ein langsames normales Wachstum. Hierdurch wird das Auftreten ebener Würfelflächen als Wachstumsflächen hinreichend erklärt. Allerdings erfordern die Verhältnisse bei den kleinsten Kristallkeimen besondere Betrachtungen, da hier ein ∞ ausgedehnter Halbkristall eine sehr schlechte Näherung wäre. Jedoch können wir auf die in der Kristallisationskinetik behandelten Fragen der Keimbildung und der kritischen Keimgrößen hier nicht eingehen.

b) *(110)- und (111)-Flächen des NaCl-Typs.* Die (100)-Fläche (in Abb. 6.7 gestrichelt eingezeichnet) enthält in der Netzebene vertikal dieselbe AB-Kette wie die (100)-Fläche. Horizontal liegen aber positiv geladene Ionen neben positiven und negative neben negativen, so daß sich die einzelnen Vertikalketten abstoßen, Abb. 6.10a. Es hat somit $\alpha^{(1)}$ denselben Wert wie oben bei (100), jedoch wird $\alpha^{(2)}$ negativ:

$$\alpha^{(1)} = 0,6932 \,, \quad \alpha^{(2)} = -\,0,02702 \,.$$

$$(6.44)$$

Demzufolge kann eine solche Fläche nach unseren Überlegungen nicht wachsen, sie ist instabil. Tatsächlich beobachtet man auch, wenn (110)-Flächen als Wachstumsflächen auftreten, eine Struktur auf ihnen, die in Übereinstimmung mit der Theorie zeigt, daß es sich hier um treppenförmige „Scheinflächen" handelt, und daß die Wachstumsflächen in Wirklichkeit Würfelflächen sind, siehe Abb. 6.10b.

Die Netzebenen der (111)-Fläche enthalten jeweils nur Ionen gleichen Vorzeichens. Solche Flächen können als Wachstumsflächen also nicht entstehen. Sie sollten an natürlichen Kristallen nur als Scheinflächen vorkommen.

Zusammenfassend stellen wir fest, daß die Kossel-Stranskische Wachstumstheorie für einzelne Fälle wie das *NaCl-Gitter* einen brauchbaren qualitativen Überblick gibt. Auch die Bindungsenergien

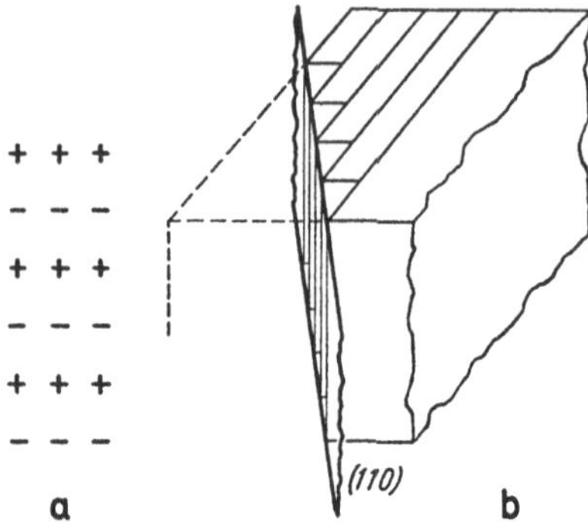

Abb. 6.10. (110)-Fläche des NaCl-Typs. a Ionenbelegung einer (110)-Netzebene. b Scheinbare (110)-Wachstumsfläche

an den Oberflächen werden ziemlich richtig berechnet. Jedoch kommen die Wachstumsgeschwindigkeiten quantitativ falsch heraus. Das beruht auf der Wirkung von Baufehlern in den Oberflächen. Auf diese Fragen kommen wir später zurück.

7. Die Elastizität von Kristallen

Die Elastizitätstheorie von Kristallen behandelt die bei *Verzerrungen* des Gitters auftretenden *Kräfte*. Zunächst werden wir den Einfluß der *Symmetrie* behandeln, und zwar, da er vom speziellen Modell unabhängig sein muß, am Grenzfall des *anisotropen Kontinuums*. Diese Ergebnisse gelten dann auch für diskontinuierliche Kristallgitter. Den Einfluß spezieller modellmäßiger Annahmen über die Gitterkräfte werden wir nur kurz streifen. Dagegen müssen die *Gitterschwingungen* ausführlicher vom Standpunkt des Raumgitters behandelt werden. Hier wird umgekehrt der Grenzfall des Kontinuums nur kurz zu Vergleichszwecken erwähnt werden.

7.1. Phänomenologische Elastizitätstheorie der anisotropen Kontinua

Am Anfang stellen wir einige allgemeine Sätze und Definitionen der Elastizitätstheorie ohne Beweis und nur zur Erinnerung zusammen.

1. Jede beliebige Deformation[6] läßt sich erzeugen durch Überlagerung von 3 *Normalspannungen* (Druck- oder Zug-Spannungen) längs der 3 Koordinatenachsen und 3 Scherungs- oder *Schubspannungen* um die Koordinatenachsen.

Dabei sollten die 6 genannten äußeren Spannungen[7] (Dimension: Kraft/Fläche) wie folgt definiert und benannt werden: X, Y, Z bedeuten Kräfte in Richtung der x-, y-, z-Achse. Diese Kräfte sollen immer paarweise an gewissen Flächen angreifen und zwar bei den Druckspannungen normal, bei den Schubspannungen tangential zu den Flächen. Die Koordinate, parallel zu der die Normalenrichtung dieser Flächen zeigt, schreiben wir als Index unten an die Kräfte. Demnach haben wir gemäß Abb. 7.1 nach Division der Kräfte

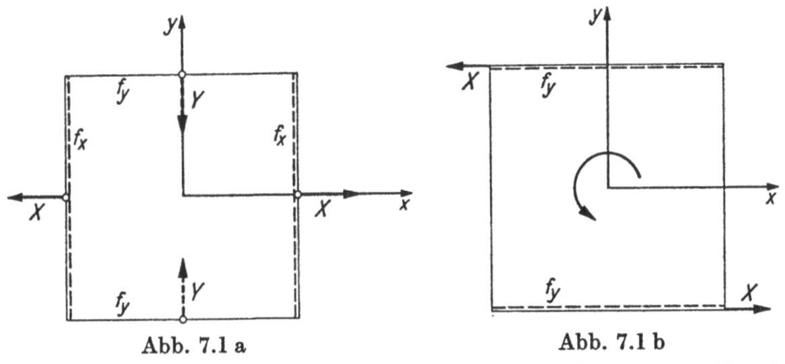

Abb. 7.1 a   Abb. 7.1 b

Abb. 7.1. Zur Definition elastischer Spannungen. a Normalspannungen $X_x<0$, $Y_y>0$, b Schubspannung $X_y>0$

durch die Flächen die drei Druckspannungen X_x, Y_y, Z_z und die drei Schubspannungen Y_z, Z_x, X_y[8] mit den Beträgen $|X_x|=|X/f_x|$, $\ldots, |X_y|=|X/f_y|$. Dabei sind nach Konvention die Vorzeichen so zu wählen, daß z.B. $X_x>0$, wenn in die positive (negative) x-Richtung eine negative (positive) Kraftkomponente X fällt ($X\cdot x<0$!), also bei Druck, und daß z.B. $X_y>0$, wenn das auftretende Drehmoment um die z-Achse

$$X_y \triangleq T_z \tag{7.1}$$

positiven Drehsinn hat. Zugspannungen und Schubspannungen mit negativem Drehsinn erhalten das negative Vorzeichen.

2. Jede beliebige Deformation läßt sich beschreiben durch Überlagerung von 3 *Dehnungen* (Dilatationen) und 3 *Scherungen* (Torsionen).

---

[6] Englisch: strain.

[7] Englisch: stress.

[8] Man könnte diese Spannungen auch durch Y_x, Z_y, X_z definieren. Wir ziehen unser System vor, da hier die Indizes in zyklischer Reihenfolge auf die großen Buchstaben folgen.

Diese Größen sind als dimensionslose Verhältniszahlen definiert und werden wie folgt benannt:

Eine homogene Dilatation in x-Richtung wird beschrieben durch das Verhältnis der durch eine Kraft bewirkten Verschiebung Δx eines Punktes P zu seiner Koordinate x_0 im kräftefreien Zustand. Wird z.B. das in Abb. 7.2 gezeichnete Volum durch eine Zugspannung in x-Richtung gedehnt, so ist die Dehnung an jeder Stelle des Volums die gleiche. Wir bezeichnen sie mit kleinen Buchstaben als

$$x_x = \frac{\Delta x}{x_0} = \frac{\Delta l_x}{l_{x0}},$$
$$y_y = \frac{\Delta y}{y_0} = \frac{\Delta l_y}{l_{y0}}, \tag{7.2}$$
$$z_z = \frac{\Delta z}{z_0} = \frac{\Delta l_z}{l_{z0}}.$$

Es ist also x_x positiv bei einer Dehnung, negativ bei einer Stauchung, d.h. positive Normalspannungen X_x erzeugen negative Dilatationen x_x und umgekehrt. Die Verschiebungen Δx sind bei homogener Dehnung konstant auf derselben Fläche, die oben zur Definition der Spannung X_x benutzt wurde. Insofern bedeutet auch hier der Index eine Flächennormale.

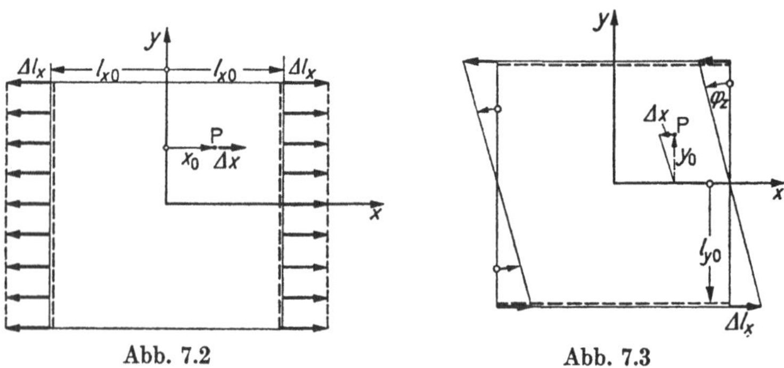

Abb. 7.2   Abb. 7.3

Abb. 7.2. Positive homogene Dehnung x_x in x-Richtung

Abb. 7.3. Negative homogene Scherung x_y um die z-Richtung. Scherwinke $\varphi_z > 0$

Eine Scherung x_y um die z-Richtung (bewirkt etwa durch die Scherspannung X_y) ist definiert durch den negativen Scherwinkel φ_z um die z-Achse usw., also nach Abb. 7.3

$$y_z = -\varphi_x = \frac{\Delta y}{z_0} = \frac{\Delta l_y}{l_{z0}},$$
$$z_x = -\varphi_y = \frac{\Delta z}{x_0} = \frac{\Delta l_z}{l_{x0}}. \tag{7.3}$$
$$x_y = -\varphi_z = \frac{\Delta x}{y_0} = \frac{\Delta l_x}{l_{y0}},$$

Das Vorzeichen wird somit negativ (positiv) bei positivem (negativem) Drehsinn des Winkels. Es werden also negative Scherungen durch positive Scherspannungen erzeugt und umgekehrt[9]. Bei einer homogenen Scherung x_y sind die Verschiebungen Δx konstant längs Ebenen, deren Normalen in y-Richtung zeigen. Insofern bedeutet also auch hier der Index die Normalenrichtung derselben Fläche, die oben zur Definition der Scherspannung X_y benutzt wurde.

Den gesuchten *Zusammenhang* zwischen den Verzerrungen und den Spannungen können wir wegen der Kleinheit der elastischen (reversiblen) Verzerrungen als linear ansetzen (erste Glieder von Reihenentwicklungen). Dabei ist aber zu berücksichtigen, daß z.B. zur Dehnung x_x nicht nur die Spannung X_x, sondern mindestens auch Drucke Y_y und Z_z beitragen. Bei Kristallen von niedrigerer als kubischer Symmetrie tragen erfahrungsgemäß aber auch noch die Scherspannungen Y_z, Z_x, X_y zu x_x bei. D.h. man hat allgemein anzusetzen:

$$
\begin{aligned}
-x_x &= s_{11}X_x + s_{12}Y_y + s_{13}Z_z + s_{14}Y_z + s_{15}Z_x + s_{16}X_y \\
-y_y &= s_{21}X_x + s_{22}Y_y + s_{23}Z_z + s_{24}Y_z + s_{25}Z_x + s_{26}X_y \\
-z_z &= s_{31}X_x + s_{32}Y_y + s_{33}Z_z + s_{34}Y_z + s_{35}Z_x + s_{36}X_y \\
-y_z &= s_{41}X_x + s_{42}Y_y + s_{43}Z_z + s_{44}Y_z + s_{45}Z_x + s_{46}X_y \\
-z_x &= s_{51}X_x + s_{52}Y_y + s_{53}Z_z + s_{54}Y_z + s_{55}Z_x + s_{56}X_y \\
-x_y &= s_{61}X_x + s_{62}Y_y + s_{63}Z_z + s_{64}Y_z + s_{65}Z_x + s_{66}X_y
\end{aligned}
\tag{7.4}
$$

wobei die $s_{\mu\nu}$ reziproke Spannungen sind und Elastizitätskoeffizienten oder *elastische Konstanten*[10] heißen. Im allgemeinen fallen in diesem Gleichungssystem die Diagonalglieder am stärksten ins Gewicht. Damit sie positiv werden, muß wegen der gewählten konventionellen Vorzeichen auf der linken Seite das Minuszeichen stehen. Natürlich hängen die $s_{\mu\nu}$ von der Orientierung des Koordinatensystems relativ zum Kristallgitter ab, wovon später Gebrauch gemacht wird.

Ohne Beweis übernehmen wir die Tatsache, daß die Koeffizientenmatrix symmetrisch, d.h.

$$
s_{\mu\nu} = s_{\nu\mu}
\tag{7.5}
$$

ist.

Man kann sich diese Symmetrie vielleicht auf folgende Weise plausibel machen. Z. B. gibt s_{12} an, wieviel eine Druckspannung parallel zur y-Achse zur Dehnung in x-Richtung beiträgt. Umgekehrt gibt s_{21} an, welche Dehnung in y-Richtung durch einen Druck in x-Richtung erzeugt wird. Da man die zuerst genannte Dehnung durch den zuletzt genannten Druck rückgängig machen kann, ist $s_{21} = s_{12}$ plausibel.

---

[9] Es werden also generell durch positive (negative) Spannungen $X_x, Y_y, Z_z, Y_z, Z_x, X_y$ negative (positive) Deformationen $x_x, y_y, z_z, y_z, z_x, x_y$ erzeugt. Die hier benutzte Festsetzung der Vorzeichen ist seit WOLDEMAR VOIGT üblich.

[10] Englisch: compliances.

Da die $s_{\mu\nu}$-Matrix 6 Zeilen und Spalten hat, existieren also *21 unabhängige Konstanten*, von denen im allgemeinsten Fall das Verhalten des Kristalls beherrscht wird. Diese Zahl reduziert sich jedoch um so mehr, je höher die Symmetrie des Kristalls ist, da gewisse $s_{\mu\nu}$ aus Symmetriegründen verschwinden oder den gleichen Wert annehmen.

Auflösung von (7.4) nach den Spannungen führt zu einem Gleichungssystem, das wir zur Abwechslung in folgender Form schreiben

$$\begin{pmatrix} -X_x \\ -Y_y \\ -Z_z \\ -Y_z \\ -Z_x \\ -X_y \end{pmatrix} = \begin{pmatrix} c_{11} & c_{12} & c_{13} & c_{14} & c_{15} & c_{16} \\ c_{21} & c_{22} & c_{23} & c_{24} & c_{25} & c_{26} \\ c_{31} & c_{32} & c_{33} & c_{34} & c_{35} & c_{36} \\ c_{41} & c_{42} & c_{43} & c_{44} & c_{45} & c_{46} \\ c_{51} & c_{52} & c_{53} & c_{54} & c_{55} & c_{56} \\ c_{61} & c_{62} & c_{63} & c_{64} & c_{65} & c_{66} \end{pmatrix} \begin{pmatrix} x_x \\ y_y \\ z_z \\ y_z \\ z_x \\ x_y \end{pmatrix} \tag{7.6}$$

und dessen Konstanten $c_{\alpha\beta}$ Spannungen sind und *Elastizitätsmoduln* heißen[11]. Sie sind aus den $s_{\mu\nu}$ zu berechnen, ebenfalls symmetrisch

$$c_{\beta\alpha} = c_{\alpha\beta} \tag{7.7}$$

und hängen von der Orientierung des Koordinatensystems ab. Ist $s_{\alpha\beta} = 0$, so ist auch das zugehörige $c_{\alpha\beta} = 0$.

Bei der Verzerrung des Kristalls müssen die äußeren Kräfte eine Arbeit je Volumeinheit gegen die inneren Spannungen leisten, die wir mit $F(x_x \cdots x_y)$ bezeichnen, und die „*elastisches Potential*" oder „*elastische Energiedichte*" genannt wird. Aus ihr müssen sich die äußeren Spannungsgrößen durch Differentiation nach den Deformationen ergeben:

$$\begin{aligned} X_x &= -\frac{\partial F}{\partial x_x}, \quad \text{zyklisch in } x, y, z, \\ Y_z &= -\frac{\partial F}{\partial y_z}, \quad \text{zyklisch in } x, y, z. \end{aligned} \tag{7.8}$$

Wie man sich durch Ausführen der Differentiationen leicht überzeugt, erhält man dann und nur dann das Gleichungssystem (7.6), wenn F die Form

$$\begin{aligned} F = \frac{c_{11}}{2} x_x^2 &+ c_{12} x_x y_y + c_{13} x_x z_z + c_{14} x_x y_z + c_{15} x_x z_x + c_{16} x_x x_y \\ + \frac{c_{22}}{2}\, y_y^2 &+ c_{23} y_y z_z + c_{24} y_y y_z + c_{25} y_y z_x + c_{26} y_y x_y \\ + \frac{c_{33}}{2}\, z_z^2 &+ c_{34} z_z y_z + c_{35} z_z z_x + c_{36} z_z x_y \\ + \frac{c_{44}}{2}\, y_z^2 &+ c_{45} y_z z_x + c_{46} y_z x_y \\ + \frac{c_{55}}{2}\, z_x^2 &+ c_{56} z_x x_y \\ + \frac{c_{66}}{2}\, x_y^2 \end{aligned} \tag{7.9}$$

---

[11] Englisch: stiffnesses.

hat[12]. Statt (7.9) schreibt man im allgemeinen nur das *Modulnschema* an:

$$
\begin{array}{cccccc}
c_{11} & c_{12} & c_{13} & c_{14} & c_{15} & c_{16} \\
 & c_{22} & c_{23} & c_{24} & c_{25} & c_{26} \\
 & & c_{33} & c_{34} & c_{35} & c_{36} \\
 & & & c_{44} & c_{45} & c_{46} \\
 & & & & c_{55} & c_{56} \\
 & & & & & c_{66} \, .
\end{array}
\tag{7.10}
$$

Als skalare Größe ist der Betrag von F invariant gegen Transformationen des Koordinatensystems. Beschreibt man also die äußeren Kräfte und die Deformationen statt im xyz-System in einem beliebigen dagegen gedrehten oder gespiegelten $x'y'z'$-System, so geht $F(x_x, \ldots, x_y)$ in eine quadratische Funktion $F'(x'_{x'}, \ldots, x'_{y'})$ der im neuen System gemessenen Deformationen $x'_{x'}, \ldots, x'_{y'}$ über, die im allgemeinen andere Konstanten

$$
c'_{\alpha\beta} \neq c_{\alpha\beta}
\tag{7.11}
$$

hat, und es muß sein (*Invarianzbedingung* für den *Wert* von F)

$$
\frac{c_{11}}{2} x_x^2 + c_{12} x_x y_y + \cdots \quad = \frac{c'_{11}}{2} x'^2_{x'} + c'_{12} x'_{x'} y'_{y'} + \cdots .
\tag{7.12}
$$

Ist nun aber die betrachtete Koordinatentransformation eine *Symmetrieoperation*, d. h. hat das $x'y'z'$-System eine physikalisch gleichwertige Lage im Kristall wie das xyz-System, so muß sich natürlich die Energiedichte F in den $x'_{x'}, y'_{y'}, \ldots, x'_{y'}$ analytisch genau so ausdrücken wie in den $x_x, y_y, \ldots, x_y$, d.h. es muß sogar sein (*Invarianzbedingung* für die *Funktion F*)

$$
c_{\alpha\beta} = c'_{\alpha\beta}
\tag{7.13}
$$

oder ausgeschrieben

$$
\frac{c_{11}}{2} x_x^2 + c_{12} x_x y_y + \cdots = \frac{c_{11}}{2} x'^2_{x'} + c_{12} x'_{x'} y'_{y'} + \cdots .
\tag{7.14}
$$

Mit Hilfe dieser Beziehung läßt sich nun das Modulnschema (7.10) für die verschiedenen Punktsymmetrieklassen spezialisieren. Wir behandeln im folgenden durch Hinzunahme immer weiterer Symmetrieelemente nacheinander die Klassen C_1 (triklin), C_2 (monoklin), D_2 (rhombisch), D_4 (tetragonal) und O (kubisch), um schließlich zum isotropen Körper überzugehen, bei dem jede beliebige Achse Deckachse beliebiger Zähligkeit ist. Dabei beschreiben wir die Symmetrieoperationen durch Koordinatentransformationen bei festgehaltenem Kristall.

---

[12] Die Bedeutung der Unterstreichungen wird unten erklärt.

Klasse C_1. Hier existiert kein Symmetrieelement außer einer 1-zähligen Achse. Das heißt, das $x'y'z'$-System ist mit dem xyz-System identisch und es ist

$$x'_{x'} = x_x, \ldots, x'_{y'} = x_y. \tag{7.15}$$

Gl. (7.14) ist also eine Identität, die trivial ist. Da sich somit keine einschränkenden Aussagen über die c_{ik} gewinnen lassen, sind alle 21 c_{ik} wirklich zur Beschreibung nötig; man hat *21 Elastizitätsmoduln.*

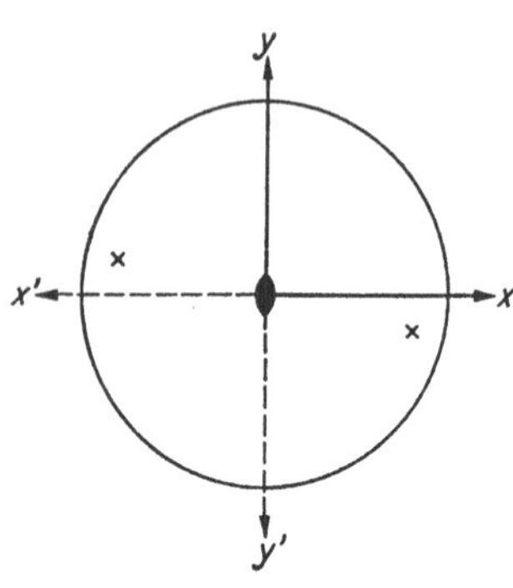

Abb. 7.4. Koordinatentransformation der Punktsymmetrieklasse C_2

Dies gilt für jedes beliebige in den Kristall gelegte Koordinatensystem. Von jetzt an werden wir das Koordinatensystem in Symmetrieachsen des Kristalls legen. Es sei ausdrücklich betont, daß die Ergebnisse nur in diesen speziellen Koordinaten gelten.

Klasse C_2. Die z-Achse ist zweizählige Deckachse, siehe Abb. 7.4.

Es ist also

$$x' = -x, \quad y' = -y, \quad z' = z, \tag{7.16}$$

d. h. die drei Dehnungen sowie die Scherung um z behalten ihr Vorzeichen, wogegen die Scherungen um die x- und y-Achse ihr Vorzeichen wechseln. Es ist also

$$\begin{aligned}
x'_{x'} &= x_x, & y'_{y'} &= y_y, & z'_{z'} &= z_z \\
y'_{z'} &= -y_z, & z'_{x'} &= -z_x, & x'_{y'} &= x_y,
\end{aligned} \tag{7.17}$$

und beim Übergang $(xyz) \to (x'y'z')$ kehren in Gl. (7.9) die unterstrichenen Deformationsprodukte ihr Vorzeichen um. Koeffizientenvergleich in (7.14) ergibt somit Verschwinden der Koeffizienten dieser Glieder, d.h. es ist

$$c_{14} = c_{15} = c_{24} = c_{25} = c_{34} = c_{35} = c_{46} = c_{56} = 0 \tag{7.18}$$

und das Modulnschema hat die in (7.19) wiedergegebene Form

$$\begin{matrix}
c_{11} & c_{12} & c_{13} & 0 & 0 & c_{16} \\
 & c_{22} & c_{23} & 0 & 0 & c_{26} \\
 & & c_{33} & 0 & 0 & c_{36} \\
 & & & c_{44} & c_{45} & 0 \\
 & & & & c_{55} & 0 \\
 & & & & & c_{66}
\end{matrix} \tag{7.19}$$

mit nur noch *13 Elastizitätsmoduln.*

Klasse D_2. Die z-Achse ist zweizählige Deckachse wie in C_2, jedoch kommt die x-Achse (oder y-Achse) als zweizählige Deckachse hinzu:

$$D_2 \triangleq A_2^z + A_2^x.$$

Die Symmetrie D_2 enthält also die Symmetrie C_2, so daß wir von vornherein von dem Schema (7.19) auszugehen haben und nur noch die weitere Spezialisierung durch die zweizählige x-Achse untersuchen müssen. Bei einer Drehung durch π um die x-Achse transformieren sich die Koordinaten wie (vgl. Abb. 3.4)

$$x' = x, \qquad y' = -y, \qquad z' = -z, \tag{7.20}$$

d.h. die Deformationen wie

$$\begin{aligned} x'_{x'} &= x_x, & y'_{y'} &= y_y, & z'_{z'} &= z_z \\ y'_{z'} &= y_z, & z'_{x'} &= -z_x, & x'_{y'} &= -x_y. \end{aligned} \tag{7.21}$$

Demnach wechseln die in (7.9) überstrichenen Glieder ihr Vorzeichen und müssen verschwinden, d.h. das Modulschema nimmt die Form

$$\begin{matrix} c_{11} & c_{12} & c_{13} & 0 & 0 & 0 \\ & c_{22} & c_{23} & 0 & 0 & 0 \\ & & c_{33} & 0 & 0 & 0 \\ & & & c_{44} & 0 & 0 \\ & & & & c_{55} & 0 \\ & & & & & c_{66} \end{matrix} \tag{7.22}$$

an. Das elastische Verhalten wird durch 9 *Moduln* vollständig beschrieben.

Klasse D_4. Gemäß Abb. 3.4 geht D_4 aus D_2 dadurch hervor, daß die z-Achse vierzählig wird: $D_4 \triangleq A_4^z + A_2^x$. D_4 enthält also D_2, d.h. man hat von dem Modulschema (7.22) auszugehen und die Vierzähligkeit der z-Achse neu zu berücksichtigen. Die Koordinaten transformieren sich bei Drehung durch $\pi/2$ um z wie

$$z' = z, \qquad x' = y, \qquad y' = -x, \tag{7.23}$$

woraus unter Berücksichtigung des jeweiligen Drehsinns um die Achsen für die Deformationen die Beziehungen

$$\begin{aligned} x'_{x'} &= y_y, & y'_{y'} &= x_x, & z'_{z'} &= z_z \\ y'_{z'} &= -\varphi_{x'} = -\varphi_y = z_x \\ z'_{x'} &= -\varphi_{y'} = \quad \varphi_x = -y_z \\ x'_{y'} &= -\varphi_{z'} = -\varphi_z = x_y \end{aligned} \tag{7.24}$$

folgen. Koeffizientenvergleich nach (7.14) ergibt hiernach zusätzlich

$$c_{11} = c_{22}, \qquad c_{44} = c_{55}, \qquad c_{13} = c_{23}. \tag{7.25}$$

Das Modulschema wird also

$$\begin{matrix} c_{11} & c_{12} & c_{13} & 0 & 0 & 0 \\ & c_{11} & c_{13} & 0 & 0 & 0 \\ & & c_{33} & 0 & 0 & 0 \\ & & & c_{44} & 0 & 0 \\ & & & & c_{44} & 0 \\ & & & & & c_{66} \end{matrix} \tag{7.26}$$

mit nur noch 6 *unabhängigen Moduln*, und das elastische Potential erhält die Form

$$F(D_4) = \frac{c_{11}}{2}\left(x_x^2 + y_y^2\right) + c_{12}\,x_x y_y + c_{13}\left(y_y z_z + z_z x_x\right)$$
$$+ \frac{c_{33}}{2}\,z_z^2 + \frac{c_{44}}{2}\left(y_z^2 + z_x^2\right) + \frac{c_{66}}{2}\,x_y^2, \tag{7.27}$$

ist also, wie zu erwarten, symmetrisch bezüglich der x- und y-Achsen.

Klasse O (vgl. Abb. 3.4). Sie geht aus D_4 hervor, indem man auch die x-Achse vierzählig macht $O \triangleq A_4^z + A_4^x$, und damit automatisch ebenfalls die y-Achse, so daß alle drei Achsenrichtungen jetzt gleichwertig sind, das elastische Potential sich also in x, y, z völlig symmetrisch darstellen muß. Diese Forderung ergibt aus (7.27) ohne weiteres

$$c_{11} = c_{33}, \quad c_{44} = c_{66}, \quad c_{12} = c_{13} \tag{7.28}$$

und

$$F(O) = \frac{c_{11}}{2}\left(x_x^2 + y_y^2 + z_z^2\right) + c_{12}\left(x_x y_y + y_y z_z + z_z x_x\right)$$
$$+ \frac{c_{44}}{2}\left(y_z^2 + z_x^2 + x_y^2\right), \tag{7.29}$$

d.h. man kommt jetzt mit nur noch *3 Konstanten* aus. Ohne Beweis sei noch angegeben, daß der Übergang vom kubischen Kristall zum *isotropen* Körper allein aus Symmetriegründen die Reduktion der benötigten Konstantenzahl von 3 auf 2 gemäß der Beziehung

$$2\,c_{44} = c_{11} - c_{12} \tag{7.30}$$

mit sich bringt.

Aufgabe 7.1. Beweise diese Beziehung durch die Forderung der Invarianz von $F(O)$ gegen beliebige Drehungen des Koordinatensystems. (Zur Transformation der Verzerrungen bei beliebigen Koordinatentransformationen siehe etwa Cady, Piezoelectricity, Chapter IV) [C8.]

Für eine *Flüssigkeit* schließlich, in der alle Scherspannungen verschwinden, schrumpft $F(O)$ auf das eine Glied

$$F(\text{Flüss.}) = \frac{c_{11}}{2}\left(x_x^2 + y_y^2 + z_z^2\right) \tag{7.31}$$
$$= \frac{3c_{11}}{2}\left(\frac{\Delta l}{l}\right)^2 = \frac{c_{11}}{6}\left(\frac{\Delta V}{V}\right)^2$$

zusammen, wobei $V = xyz$ das homogen komprimierte Flüssigkeitsvolumen darstellt. Es genügt also *ein Elastizitätsmodul*.

Zum Schluß sei noch einmal betont, daß alle Angaben über die Auswahl der bei einer bestimmten Symmetrie gebrauchten Elastizitätsmoduln $c_{\alpha\beta}$ auch für die Elastizitätskoeffizienten $s_{\mu\nu}$ gelten, da mit $c_{\alpha\beta}$ auch das gleich indizierte $s_{\alpha\beta}$ verschwindet. Die $s_{\mu\nu}$-Matrix hat also Nullen an denselben Stellen wie die $c_{\alpha\beta}$-Matrix. Die anderen Stellen können sich jedoch formal durch einen Faktor 2 oder 4 von denen der $c_{\alpha\beta}$-Matrix unterscheiden, da die Koeffizientenmatrizen in (7.4) und (7.6) mathematisch keine Tensoren darstellen, vgl. etwa [C13], [C9].

Aufgabe 7.2. Beweise, daß $s_{\mu\nu} = 0$, wenn $c_{\mu\nu} = 0$.

Aufgabe 7.3. Bestimme den Zusammenhang der elastischen Moduln c_{11}; c_{12}; c_{44} mit den elastischen Konstanten s_{11}; s_{12}; s_{44} für kubische Kristalle.

Aufgabe 7.4. Berechne die Dilatationen und Scherwinkel eines Kristalles unter dem Einfluß eines allseitigen Druckes p:
a) für einen Kristall der Symmetrie C_2,
b) für einen kubischen Kristall.

Um welche Strecken Δx, Δy, Δz verschiebt sich ein Punkt $P\,(x_0, y_0, z_0)$, wenn man die x-Achse im Kristall fixiert. Man vergleiche die Symmetrie des deformierten Kristalls mit der Symmetrie des Gesamtsystems Kristall und äußere Kräfte.

Aufgabe 7.5. Wie hängt die reziproke Kompressibilität $\varkappa^{-1} = -V\,dp/dV$ in kubischen Kristallen von den elastischen Moduln ab?

7.2. Experimentelle Bestimmung von elastischen Konstanten

Für die Bestimmung der elastischen Konstanten eines Kristalls müssen so viele voneinander unabhängige Experimente durchgeführt werden, wie es unabhängige Konstanten gibt, also maximal 21 bei triklinen Kristallen, 9 bei monoklinen Kristallen usw. Das ist im allgemeinen eine mühsame Aufgabe, die z.B. noch für keinen triklinen Kristall vollständig gelöst ist.

Man mißt in allen Fällen die Volum- und Formänderungen bei homogenen oder inhomogenen Spannungszuständen, z.B. bei allseitigem Druck, einachsigem Zug oder bei der Biegung von ein- oder beidseitig eingespannten Stäben. Hinzu kommen Torsionsversuche an Zylindern, bei denen allerdings Spannungen und Verzerrungen inhomogen verteilt sind [13]. Bei niedriger Symmetrie müssen die Messungen mit mehreren Proben durchgeführt werden, die in verschiedenen Orientierungen aus dem Kristall herausgeschnitten sind. Für jedes Experiment müssen die aufgebrachten Kräfte durch die äußeren Spannungen $X_x, \ldots, X_y$ und die gemessenen Formänderungen durch die Deformationen $x_x, \ldots, x_y$ ausgedrückt werden [14], d.h. man mißt jeweils eine mehr oder minder komplizierte Funktion der c_{ik} oder s_{ik}. Wir wollen diese Aufgabe der Mechanik hier jedoch nicht behandeln, sondern stellen gleich einige experimentell bestimmte Zahlenwerte in Tabelle 7.1 zusammen, weitere Zahlenwerte siehe in [C9].

---

[13] Homogene Scherversuche lassen sich nicht durchführen.
[14] Relativ zu dem in den Symmetrieelementen des Kristalls liegenden rechtwinkligen Koordinatensystem.

Man kann neben den zeitlich konstanten (*statischen*) Messungen auch sogenannte *dynamische* Verfahren anwenden, indem man Eigenschwingungen[15] von Probekörpern unter vorgegebenen Randbedingungen oder *elastische Wellen* mit vorgegebener Laufrichtung im Kristall beobachtet. Wir wollen hier nur über die elastischen Wellen einige wenige, zu Vergleichszwecken später gebrauchte Tatsachen ohne Beweis zusammenstellen.

Tabelle 7.1. *Elastische Konstanten im kubischen System* ($T = 300\,°\mathrm{K}$)

Substanz	s_{11}	s_{44}	s_{12}	c_{11}	c_{44}	c_{12}
	in 10^{-13} cm²/dyn			in 10^{11} dyn/cm²		
Na	587	239	−268	0,739	0,419	0,622
Au	23,4	23,8	− 10,7	18,9	4,26	15,9
Al	15,8	35,8	− 5,8	10,9	2,80	6,3
Fe	7,65	8,78	− 2,82	23,0	11,4	13,5
W	2,50	6,40	− 0,71	51,5	15,6	20,4
C Diamant	1,12	2,07	− 0,22	102	49,2	25
NaF	11,5	35,6	− 2,3	9,7	2,81	2,44
NaCl	22,9	78,4	− 4,7	4,85	1,27	1,25
KCl	25,9	159	− 3,7	4,05	0,629	0,66
KJ	38,2	271	− 5,4	2,75	0,369	0,45
CsCl	30,6	125	− 6,2	3,64	0,80	0,92
CsJ	46,2	159	− 9,8	2,45	0,63	0,67
AgCl	30,4	160	− 11,4	6,01	0,625	3,62
AgBr	31,3	139	− 11,6	5,63	0,720	3,30
TiC	2,18	5,72	− 0,40	50,0	17,5	11,3

Sowohl die Schwingungsform wie die Ausbreitungsgeschwindigkeit der Wellen hängen in komplizierter Weise von der Kristallsymmetrie und von der Ausbreitungsrichtung ab. Diese beschreiben wir durch den Einheitsvektor $\mathfrak{n}$ oder den Wellenvektor $\mathfrak{q} = \dfrac{2\pi}{\lambda}\,\mathfrak{n}$. Im kubischen Fall bestehen folgende Gesetze: Bei Ausbreitung längs symmetrischer Richtungen, d.h. wenn der Wellenvektor $\mathfrak{q} = \dfrac{2\pi}{\lambda}\,\mathfrak{n} \parallel [100]$ oder $\parallel [101]$ oder $\parallel [111]$ liegt, gibt es jeweils eine Longitudinalwelle mit der Phasengeschwindigkeit v_L und zwei zueinander senkrecht linear polarisierte Transversalwellen mit den Geschwindigkeiten v_{T_1} und v_{T_2}. Diese sind in den beiden Fällen $\mathfrak{q} \parallel [100]$ und $|\mathfrak{q}| \parallel [111]$ mit einander symmetrieentartet, so daß hier $v_{T_1} = v_{T_2} = v_T$ und jede

---

[15] Eine besonders elegante Methode haben SCHAEFER und BERGMANN [C 10] angegeben, die stehende Eigenschwingungen in geometrisch einfachen Probekörpern anregen und deren Knoten durch die Beugung von Licht sichtbar machen. Man bestimmt so die c_{ik}.

Schwingungsrichtung $\perp q$ erlaubt ist. Diese Wellen sind also nicht polarisiert. Dagegen sind im Fall $q \parallel [101]$ die beiden nicht entarteten Wellen aus Symmetriegründen parallel $[010]$ (T_2) und $[\bar{1}01]$ (T_1) polarisiert[16].

Für die Schallgeschwindigkeiten gilt z.B. $(\varrho = \text{Dichte})$

a) $q \parallel [100]$:

$$v_L = \sqrt{\frac{c_{11}}{\varrho}}, \qquad v_T = \sqrt{\frac{c_{44}}{\varrho}}$$

b) $q \parallel [101]$: $\qquad\qquad\qquad\qquad\qquad\qquad\qquad\qquad$ (7.32)

$$v_L = \sqrt{\frac{c_{11} + c_{12} + 2\,c_{44}}{2\varrho}}, \quad v_{T_1} = \sqrt{\frac{c_{11} - c_{12}}{2\varrho}}, \quad v_{T_2} = \sqrt{\frac{c_{44}}{\varrho}}$$

c) $q \parallel [111]$:

$$v_L = \sqrt{\frac{c_{11} + 2\,c_{12} + 4\,c_{44}}{3\varrho}}, \qquad v_T = \sqrt{\frac{c_{11} - c_{12} + c_{44}}{3\varrho}}$$

In einer beliebig schief zu den Symmetrieachsen liegenden Ausbreitungsrichtung existieren (entsprechend den drei möglichen Bewegungsrichtungen eines Massenteilchens) ebenfalls immer drei elastische Wellen, jedoch sind sie nicht mehr rein longitudinal oder rein transversal und werden deshalb mit $L + T$ bezeichnet. Für sie gelten kompliziertere Formeln für v.

Man kann also die Schallgeschwindigkeiten aus den Moduln c_{ik} berechnen oder umgekehrt aus den Schallgeschwindigkeiten die c_{ik} bestimmen, sogar als Funktion der Frequenz. Einige Beispiele gibt Tabelle 7.2. Die berechneten Werte stimmen recht gut mit den (wenigen) gemessenen überein. Da die Ultraschall- und die Hyperschallmessungen (s. Ziffer 9.3) innerhalb der Fehlergrenzen ebenfalls übereinstimmen, haben die elastischen Wellen in dem übersehbaren Frequenzbereich $\omega < \approx 2\pi \cdot 10^9\ \text{sec}^{-1}$ praktisch konstante Schallgeschwindigkeit, d.h. sie sind *dispersionsfrei*. Dieses Ergebnis werden wir in Ziffer 8.3 noch vom Standpunkt der Gitterdynamik diskutieren. Vorher machen wir jedoch noch eine Bemerkung zu den elastischen Konstanten vom Standpunkt der Gitterdynamik.

7.3. Elastizität und Gitterkräfte

In der Gitterdynamik wird die Elastizität von Kristallen auf die Lage der Atome und die zwischen ihnen wirkenden Kräfte, d.h. auf die Struktur und die chemische Bindung zurückgeführt. Da die c_{ik} die für die Erzeugung einer vorgegebenen Deformation erforderlichen

---

[16] Vergleiche Abb. 8.6, in der derselbe Fall vom Standpunkt des kubischen Kristallgitters dargestellt ist. Da Symmetriebetrachtungen von anderen Details des Modells unabhängig sind, gilt der untere Teil von Abb. 8.6 auch für das kubische Kontinuum.

Tabelle 7.2. *Schallgeschwindigkeiten in kubischen Kristallen: berechnet nach Tabelle 7.1 und den Gleichungen (7.32) und gemessen mit Ultraschall (US, $\omega \approx 2\pi \cdot 10^5$ sec^{-1}) und Hyperschall (HS, $\omega \approx 2\pi \cdot 10^9$ sec^{-1}). Alle Werte in 10^3 m sec^{-1}*

	ϱ (g cm^{-3})	$\sqrt{\dfrac{c_{11}}{\varrho}}$	$\sqrt{\dfrac{c_{44}}{\varrho}}$	$\sqrt{\dfrac{c_{11}-c_{12}}{2\varrho}}$	$\sqrt{\dfrac{c_{11}+c_{12}+2c_{44}}{2\varrho}}$	$\sqrt{\dfrac{c_{11}+2c_{12}+4c_{44}}{3\varrho}}$	$\sqrt{\dfrac{c_{11}-c_{12}+c_{44}}{3\varrho}}$
Fe	7,86	5,12	3,81	2,45	6,14	6,36	2,97
C*	3,51	17,0	11,8	10,5	17,9	18,2	10,9
KJ	3,13	2,96	1,09	1,92	2,51 2,508 US 2,475 HS	2,33	1,51
CsJ	4,51	2,33	1,18	1,40	2,20	2,16 2,154 US 2,132 HS	1,33

* Diamant.

Kräfte messen, sollten sie einen parallelen Gang zu den Bindungsfestigkeiten zeigen, was durch einen Vergleich zwischen Tabelle 7.1 und Tabelle 6.1 bestätigt wird[17].

Da bei manchen Deformationen, z.B. Torsionen, das Gitter unähnlich verzerrt wird, drängt sich die Frage auf, ob die Gitterkräfte *Zentralkräfte* sind, die immer längs der Verbindungslinie zweier Gitterbausteine wirken, wie wir es z.B. bei der Berechnung der Gitterenergie von Ionenkristallen in Ziffer 6.2 vorausgesetzt haben, oder ob auch tangentiale Kraftkomponenten möglich sind. Im Fall von Zentralkräften müssen die elastischen Konstanten neben den allgemeinen Symmetriebedingungen, wie wir ohne Beweis übernehmen (s. z.B. [C 13]), 6 weitere Bedingungen erfüllen, so daß im triklinen Fall nur noch 15 unabhängige Konstanten bleiben. Zum Beispiel ist immer $c_{12} = c_{66}$. Im kubischen Fall gilt also die *Cauchy-Relation*

$$c_{12} = c_{44}, \tag{7.33}$$

so daß nur noch zwei unabhängige Konstanten bleiben[18]. Wie ein Blick auf Tabelle 7.1 zeigt, ist diese Relation bei den reinen Ionenkristallen, nämlich den Alkalihalogeniden, recht gut erfüllt, nicht dagegen bei den Silberhalogeniden, die starke Anteile von kovalenter Bindung enthalten, und natürlich nicht beim Diamanten mit seinen gerichteten Valenzen. Auch bei den Metallen gilt die Relation nicht, und zwar um so weniger, je reiner der metallische Bindungstyp realisiert ist, also bei Na und Au. Hier dokumentiert sich die Tatsache, daß es sich bei dem metallischen Bindungstyp wesentlich um einen *Vielkörpereffekt* handelt. — Damit wollen wir die kurze Beleuchtung stationärer Verformungen vom Standpunkt der Gitterdynamik abschließen und uns ausführlicher den Gitterschwingungen zuwenden.

8. Gitterschwingungen

Das bisher benutzte Modell des anisotropen Kontinuums kann für die Deformationen und die Schwingungen eines Kristallgitters nur den Einfluß der Symmetrie richtig wiedergeben. Für die Bestimmung der Eigenschwingungen selbst, d.h. der Eigenfrequenzen und der zugehörigen Bewegungsformen muß man mit M. BORN das Gitter als *unendlich* ausgedehntes, *diskontinuierliches Massenpunktsystem* behandeln. Dabei können die Kräfte zwischen den Massen-

---

[17] Vergleichbare elastische Konstanten von kubischen Molekelkristallen stehen leider nicht zur Verfügung.

[18] Geht man von hier aus zum statistisch isotropen Körper mit Zentralkräften über, so wird auch noch $c_{11} = 3\,c_{44}$, d.h. es bleibt nur noch eine unabhängige Konstante.

punkten in der Nähe der Gleichgewichtslagen in 1. Näherung als *lineare* Funktionen der Verrückungen angenommen werden. Wir formulieren das Ergebnis schon jetzt: In dieser Näherung läßt sich jede innere Bewegung eines Kristallgitters darstellen als Überlagerung von nicht untereinander gekoppelten (*separierten*) laufenden oder stehenden *ebenen Wellen*. In einer solchen Welle schwingen alle Atome mit der gleichen Frequenz (der Eigenfrequenz), und mit einer durch die Wellenlänge λ vorgegebenen Phasenverschiebung.

Dies bedarf jedoch der folgenden Erläuterung: Eine makroskopische ebene Welle kann sich ungestört nur in einem homogenen Medium ausbreiten. Dem entspricht mikroskopisch eine Welle in einem primitiven Punktgitter mit nur einem Atom in jeder Zelle. Die Wellenlänge λ, d.h. der Wellenvektor q gibt dann die Phasenverschiebung von Zelle zu Zelle an. Läuft eine ebene Welle durch ein kompliziertes Gitter mit s im allgemeinen verschiedenen Atomen in der Zelle, so gilt dasselbe in jedem der s ineinandergestellten primitiven Teilgitter, und zwar mit demselben q. Der Wellenvektor q bestimmt also die *Phasenverschiebung* zwischen *homologen* Punkten *verschiedener* Zellen und kommt deshalb im allgemeinen zusammen mit dem Translationsvektor t vor. Dagegen kann die relative Bewegung der s Teilgitter gegeneinander, d.h. *die Relativbewegung* der s Basisatome *in* einer Zelle nicht einfach mit dem Bild einer durch das Innere der Zelle laufenden ebenen Welle beschrieben werden, sondern muß zusätzlich aus den Bewegungsgleichungen, d.h. aus den Kräften und Massen in der Zelle bestimmt werden.

Die Eigenschwingungen von *endlichen* Kristallgittern, die allein theoretisch abzählbar und auch allein dem Experiment zugänglich sind, hängen außer von den inneren Kräften und den Massen von den Randbedingungen an der Oberfläche, z.B. der Halterung der Kristallprobe ab. Wo diese Einflüsse wichtig sind, werden wir ausdrücklich darauf aufmerksam machen. In allen übrigen Fällen kann ohne Bedenken mit dem unendlichen Gitter gerechnet werden.

8.1. Eigenschwingungen einer unendlichen linearen Kette

Die theoretische Behandlung des dreidimensionalen Kristalls ist mathematisch kompliziert. Wir behandeln deswegen nach BORN und VON KÁRMÁN zunächst das sehr einfache Modell einer unendlich langen *linearen Kette*, in der Atome A mit der Masse m und Atome B mit der Masse μ im gleichen Abstand d aufeinanderfolgen (Abb. 8.1). Die Kette besteht also aus Zellen der Größe $\mathfrak{a} = 2\mathfrak{d}$ und jede Zelle ist mit $s = 2$ Atomen besetzt. Wir setzen weiter lineares Kraftgesetz voraus und behandeln zunächst nur *Longitudinalwellen*. Wir werden die Ergebnisse (nicht die Ableitung) später auf transversale Wellen längs der Kette und auf Wellen im dreidimensionalen Kristall erwei-

tern. Außerdem werden wir die Abweichungen vom linearen Kraftgesetz und ihre Bedeutung diskutieren.

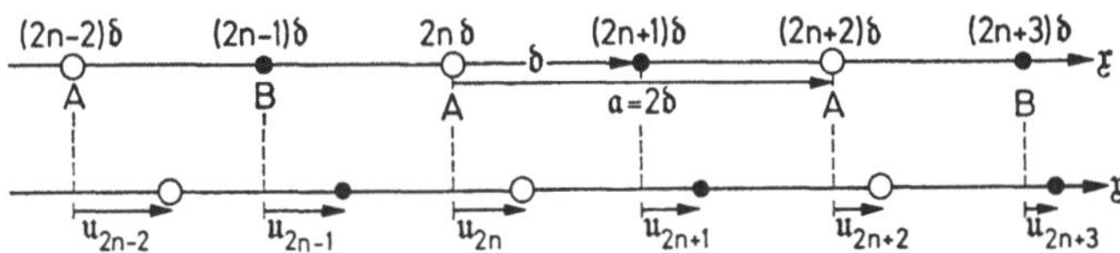

Abb. 8.1. Lineare AB-Kette ($s = 2$). Oben im Gleichgewicht, unten während
einer Longitudinalwelle. Zellenvektor $\mathfrak{a} = 2\mathfrak{b}$. Offene Kreise (gerade Indizes):
A-Kette, Massen m. Volle Kreise (ungerade Indizes): B-Kette, Massen $\mu \leq m$

Sind $u_i \gtrless 0$ die Verrückungen der durch i numerierten Atome,
so ist offenbar die rücktreibende Kraft auf ein Atom null, wenn sich
die Nachbarn links und die Nachbarn rechts ebensoweit nach derselben
Seite verschoben haben, wie das betrachtete Atom selbst. Führen wir
an dieser Stelle noch die für eine qualitative Übersicht erlaubte Voraussetzung ein, daß jedes Atom nur Kräfte von seinen nächsten
Nachbarn erfährt[19], so wirkt nur dann eine Kraft auf ein herausgegriffenes Atom, wenn sein Abstand zu den beiden Nachbarn rechts
und links verschieden groß wird. Nach unserer Voraussetzung ist sie
der Abstandsdifferenz proportional. Wir erhalten also, wenn in der
schwingenden Kette (s. Abb. 8.1) die Abstände vom $2n$-ten Atom
nach rechts und links durch

$$d_+ = d + u_{2n+1} - u_{2n}$$
$$d_- = d + u_{2n} \quad - u_{2n-1}, \quad n = 0, \pm 1, \pm 2, \ldots \quad (8.1)$$

gegeben sind, die Bewegungsgleichung für die A-Atome

$$m\,\ddot{u}_{2n} = \alpha(d_+ - d_-) = \alpha(u_{2n+1} + u_{2n-1} - 2\,u_{2n}) \quad (8.2)$$

und analog die Bewegungsgleichung für die B-Atome

$$\mu\,\ddot{u}_{2n+1} = \alpha(u_{2n+2} + u_{2n} - 2\,u_{2n+1})\,. \quad (8.3)$$

Dabei sind die A-Atome durch gerade Indizes $2n$, $2n \mp 2 \ldots$, die
B-Atome durch ungerade Indizes $2n \mp 1, \ldots$, gekennzeichnet. Die
Federkonstante α ist natürlich für beide Atomarten die gleiche, da
die rücktreibende Kraft auf der Bindung zwischen A- und B-
Atomen beruht. Gesucht sind die $u_{2n}(x)$ und $u_{2n\pm1}(x)$ als Funktion
von x längs der Kette, und zwar wegen des diskontinuierlichen Auf-
baus die Werte $u_{2n}(2nd)$ und $u_{2n\pm1}((2n \pm 1)d)$ an den Stellen

$$x_A = 2nd, \quad x_B = (2n \pm 1)d \quad \text{usw.}$$

---

[19] Die Näherung ist in vielen Fällen schon recht gut; für quantitative
Vergleiche mit dem Experiment müssen Kräfte zu weiter entfernten Nachbarn
berücksichtigt werden.

Als Lösungen der Bewegungsgleichungen setzen wir harmonische Eigenwellen mit noch unbestimmter Phase, also komplexer Amplitude an:

$$u_{2n} = U_A e^{-i\left(\omega t - \frac{\omega}{v} x_A\right)} = U_A e^{-i(\omega t - 2n q \mathfrak{b})}$$

$$u_{2n\pm 1} = U_B e^{-i\left(\omega t - \frac{\omega}{v} x_B\right)} = U_B e^{-i(\omega t - (2n \pm 1) q \mathfrak{b})} , \tag{8.4}$$

die wir mit den Substitutionen

$$U_{\overset{+}{B}} = U_B e^{\pm i q \mathfrak{b}}, \qquad U_{\overset{+}{B}} = U_{\overset{-}{B}} e^{i q \mathfrak{a}} \tag{8.4'}$$

in die symmetrische Form

$$u_{2n} = U_A \cdot e^{-i(\omega t - n q \mathfrak{a})}$$

$$u_{2n\pm 1} = U_{\overset{\pm}{B}} \cdot e^{-i(\omega t - n q \mathfrak{a})} \tag{8.4''}$$

bringen, in der entsprechend unserer oben formulierten Forderung der Wellenvektor q nur noch mit dem Translationsvektor $\mathfrak{t} = n\mathfrak{a}$ zusammen vorkommt und die Exponentialfunktion die Phasenverschiebung zwischen homologen Punkten zweier um $\mathfrak{t}$ auseinanderliegender Zellen angibt. q zeigt in Marschrichtung der Welle entweder parallel oder antiparallel zu $\mathfrak{a}$ und hat den Betrag

$$|\mathfrak{q}| = q = \frac{2\pi}{\lambda} = \frac{\omega}{v} \tag{8.5}$$

(v = Phasengeschwindigkeit). Einsetzen von (8.4'') in die Bewegungsgleichungen (8.2), (8.3) führt mit (8.4') zu dem symmetrischen Gleichungssystem

$$(m \omega^2 - 2\alpha) U_A + \alpha(1 + e^{\mp i q \mathfrak{a}}) U_{\overset{\pm}{B}} = 0$$

$$\alpha(1 + e^{\pm i q \mathfrak{a}}) U_A + (\mu \omega^2 - 2\alpha) U_{\overset{\pm}{B}} = 0 \tag{8.6}$$

für die Amplituden U_A und $U_{\overset{\pm}{B}}$. Diese Gleichungen liefern neben der trivialen Lösung $U_A = U_{\overset{\pm}{B}} = 0$ im nicht trivialen Fall das Amplitudenverhältnis [20]

$$\frac{U_A}{U_{\overset{\pm}{B}}} = -\frac{\alpha(1 + e^{\mp i q \mathfrak{a}})}{m \omega^2 - 2\alpha} = -\frac{\mu \omega^2 - 2\alpha}{\alpha(1 + e^{\pm i q \mathfrak{a}})} , \tag{8.7}$$

woraus für die Existenz einer Eigenwelle mit der Kreisfrequenz ω die Bedingungsgleichung [21]

$$(m \omega^2 - 2\alpha)(\mu \omega^2 - 2\alpha) - \alpha^2(1 + e^{\pm i q \mathfrak{a}})(1 + e^{\mp i q \mathfrak{a}}) = 0 \tag{8.8}$$

folgt. Das ist eine quadratische Gleichung für ω^2 als Funktion von q. Sie gibt also den Zusammenhang zwischen der Frequenz und der

---

[20] Die absolute Größe der Amplituden wird durch die Anfangsbedingungen bei der Anregung der Welle bestimmt.
[21] Säkulargleichung zu (8.6).

Wellenlänge $\lambda = 2\pi/q$ (oder der Phasengeschwindigkeit $v = \omega/q$), d.h. das *Dispersionsgesetz* an. Ihre Lösungen sind

$$\omega^2_{\pm}(q) = \frac{\alpha}{m\,\mu}\left(m + \mu \pm \sqrt{m^2 + \mu^2 + 2\,m\,\mu \cos q\,\mathfrak{a}}\right). \qquad (8.9)$$

Setzt man dies in (8.7) ein, so ist auch das Amplitudenverhältnis der beiden Teilgitterwellen eindeutig nach Größe und Phase bestimmt. Da sowohl Gl. (8.9) wie Gl. (8.7) periodisch in $q\,\mathfrak{a}$ mit der Periode 2π sind, erhält man bereits alle möglichen Eigenwellen, wenn man die Wellenzahl auf den Bereich $0 \leqslant q\,\mathfrak{a} \leqslant 2\pi$ oder, um beide Ausbreitungsrichtungen zu erhalten, besser

$$-\pi \leqq q\,\mathfrak{a} \leqq \pi, \qquad (8.10)$$

d.h. den Wellenvektor auf $q_y = q_z = 0$,

$$-\frac{\pi}{a} \leqq q_x \leqq \frac{\pi}{a}, \qquad (8.11)$$

beschränkt. Dieser Bereich ist, wie man sich leicht überzeugt, die *1. Brillouinzone*. Sie hat die Breite

$$\mathfrak{g} = \frac{2\pi}{a} \cdot \frac{\mathfrak{a}}{a} \qquad (8.12)$$

was nach Ziffer 3.4 der Basisvektor der zu unserer Kette gehörenden *reziproken Kette* ist, für die Brillouinzone und Einheitszelle geometrisch gleich sind. Man erhält also wieder dieselbe Eigenwelle, wenn man zum Wellenvektor $\mathfrak{q}$ ein Vielfaches von $\mathfrak{g}$ addiert, d.h. zu

$$\mathfrak{q}' = \mathfrak{q} + m\,\mathfrak{g} \qquad (m = \pm 1, \pm 2, \ldots) \qquad (8.13)$$

übergeht. $\mathfrak{q}'$ liegt in der $(|m| + 1)$-ten Brillouinzone entweder rechts oder links neben der ersten Zone (vgl. Abb. 8.2). Umgekehrt ist es auch erlaubt, jeden Wellenvektor $\mathfrak{q}'$ durch Addition eines geeigneten $m'\,\mathfrak{g}$ *in die 1. Zone zurückzutransformieren* (zu *reduzieren*):

$$\mathfrak{q} = \mathfrak{q}' + m'\,\mathfrak{g} \qquad (m' = \pm 1, \pm 2, \ldots), \qquad (8.14)$$

wovon wir öfter Gebrauch machen werden.

Anschaulich bedeutet die Beschränkung auf die 1. Zone nach (8.11), daß die Wellenlänge durch den diskontinuierlichen Aufbau der Kette nach unten begrenzt ist, wie schon am Anfang von Ziffer 8 angedeutet. Es ist

$$0 \leqq q \leqq \frac{\pi}{a}, \qquad \infty \geqq \lambda \geqq 2a = 4d. \qquad (8.15)$$

Die Wellenlänge kann nicht kleiner als die doppelte Zellengröße werden, sie hat ihren kleinsten Wert auf dem Rand der Brillouinzone. Der Wellenvektor $\mathfrak{q}'$ in den Gln. (8.13), (8.14) liegt außerhalb der 1. Brillouinzone. Die formal zu $\mathfrak{q}'$ gehörende Wellenlänge $\lambda' = 2\pi/q'$

ist kleiner als die untere Grenze (8.15); die Welle mit λ' schwingt also formal „zwischen den Atomen", was physikalisch sinnlos ist. Dabei werden aber *die Atome* gerade so angestoßen, daß *ihre* Bewegung die Welle mit dem reduzierten Wellenvektor q und einer Wellenlänge λ ergibt, die nach (8.15) größer als die Zelle ist (s. Abb. 8.3 c).

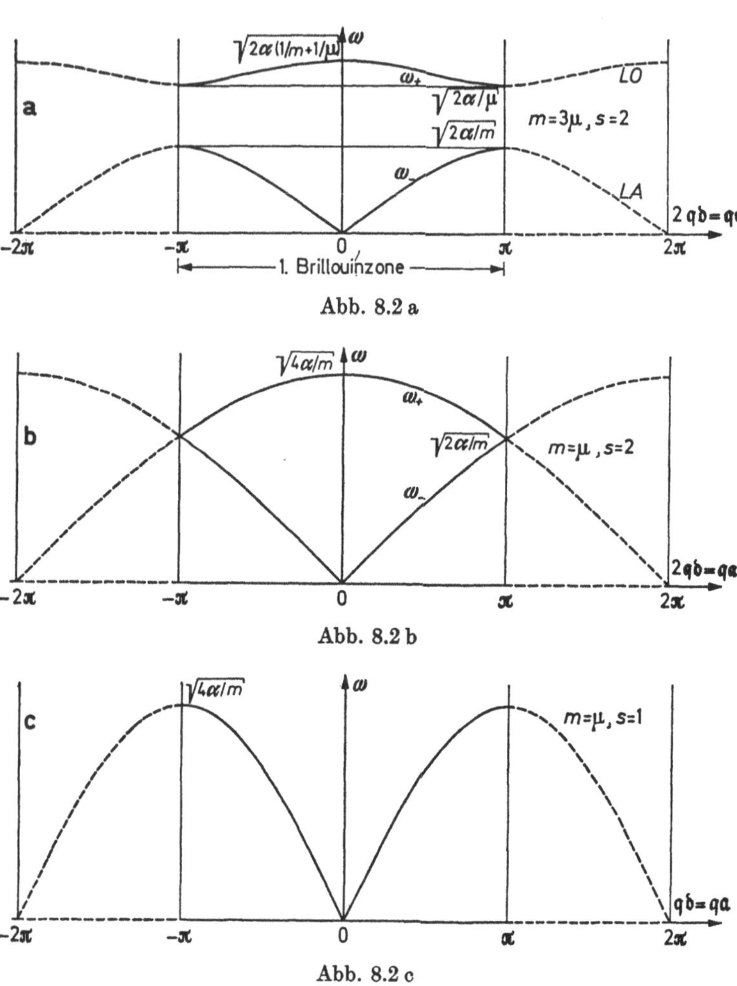

Abb. 8.2 a

Abb. 8.2 b

Abb. 8.2 c

Abb. 8.2. Dispersionszweige (LO und LA) der Longitudinalschwingungen einer linearen Kette. a Zweiatomige AB-Kette, $m = 3\mu$, $s = 2$, $a = 2b$. b AA-Kette, $m = \mu$, $s = 2$, $a = 2b$. c Einatomige A-Kette, $s = 1$, $a = b$. Die erste Brillouinzone ist ausgezogen, je eine halbe Zone rechts und links ist gestrichelt gezeichnet. Jede Zone hat die Breite $|g| = 2\pi/a$. Gelegentlich werden die gestrichelten Teile auch zur 2. Zone zusammengefaßt

Die *Dispersionskurve* in Abb. 8.2 a zerfällt infolge der beiden Vorzeichen vor der Wurzel in Gl. (8.9) in zwei getrennte *Dispersionszweige* (oder Frequenzbereiche), in denen die bei $q = 0$ d.h. $\lambda = \infty$ beobachteten Frequenzen besonders wichtig sind und als *Grenzfrequenzen* bezeichnet werden. Bei ihnen handelt es sich um Wellen, bei denen man längs der Kette ein beliebig großes Stück vorwärts gehen kann, ohne eine Phasenänderung festzustellen, bei denen also die Bewegung aller Zellen die gleiche ist. Für den unteren Kurvenzweig (negatives Vorzeichen) hat diese Frequenz den Wert

$$\omega_-(0) = 0 \tag{8.16}$$

und das Amplitudenverhältnis nach (8.7) den Wert

$$\frac{U_A}{U_B^\pm} = 1 \,. \tag{8.17}$$

Das heißt, die beiden jeweils benachbarten B-Atome schwingen mit derselben Amplitude und Phase wie ein A-Atom, die Kette macht keine eigentliche Schwingung, sondern nach (8.4″) eine starre *Translation*. Bei den Schwingungen in der Nachbarschaft dieser Grenzfrequenz ist die Phasenverschiebung von Atom zu Atom (oder von Zelle zu Zelle) nicht mehr exakt null, wir haben also den Fall elastischer Wellen niedriger Frequenz, deren Wellenlängen groß gegenüber der Zellengröße sind. Deshalb heißt der ganze Dispersionszweig der *akustische Zweig*.

Der obere Dispersionszweig (positives Vorzeichen in Gl. (8.9) hat die Grenzfrequenz

$$\omega_+(0) = \sqrt{2\,\alpha\left(\frac{1}{m} + \frac{1}{\mu}\right)}\,. \tag{8.18}$$

Sie ist allein durch die Massen m und μ und die Federkonstante α bestimmt und ist die höchste überhaupt vorkommende Eigenfrequenz der Kette. Die Amplituden verhalten sich nach (8.7) umgekehrt wie die Massen

$$\frac{U_A}{U_B^\pm} = -\,\frac{\mu}{m} \tag{8.19}$$

und haben entgegengesetzte Phase. Es schwingen also die beiden benachbarten Atome in jeder Zelle exakt gegenphasig, wobei der Schwerpunkt jeder Zelle ruht, und alle Zellen wegen $\lambda = \infty$ starr miteinander gekoppelt sind. Die Eigenwellen mit benachbarten Frequenzen sind insofern stetig mehr und mehr von der Grenzschwingung unterschieden, als die Phase zwischen Nachbarteilchen nicht mehr exakt gleich $\pm \pi$ und die Phasenverschiebung zwischen benachbarten Zellen nicht mehr exakt gleich null ist. Da bei der Grenzschwingung im Spezialfall einer A^+B^--Ionenkette ein starres positives gegen ein starres negatives Gitter schwingt, sich also ein elektrisches

Dipolmoment zeitlich ändert, muß diese Schwingung zu Strahlung mit der Grenzfrequenz $\omega_+(0)$ Anlaß geben. Deshalb heißt der ganze Dispersionszweig der *optische Zweig*, und seine Eigenwellen heißen *optische Schwingungen*.

Charakteristisch für die AB-Kette ist die Tatsache, daß keineswegs alle Frequenzen zwischen null und der optischen Grenzfrequenz $\omega^+(0)$ wirklich vorkommen können. Tatsächlich ist der Frequenzbereich

$$\sqrt{\frac{2\alpha}{m}} < \omega < \sqrt{\frac{2\alpha}{\mu}} \qquad (8.20)$$

gemäß Abb. 8.2 *verboten*, wie man durch Einsetzen von $\mathfrak{q}\,\mathfrak{a} = \pm\,\pi$ in Gl. (8.9) leicht realisiert.

Der *verbotene Frequenzbereich* ist um so breiter, je verschiedener die Massen der beiden Atomarten sind. Geht man zum Grenzfall $m = \mu$, d. h. zu einer AA-Kette der Zellengröße $\mathfrak{a} = 2\,\mathfrak{b}$ über, so schrumpft dieser verbotene Bereich auf null zusammen, und man erhält zwei Dispersionszweige

$$\omega_{\pm}^2(q) = \frac{2\alpha}{m}(1 \pm \cos \mathfrak{q}\,\mathfrak{b}) \qquad (8.21)$$

die am Rand der Brillouinzone

$$-\pi \leqq \mathfrak{q}\,\mathfrak{a} = 2\,\mathfrak{q}\,\mathfrak{b} \leqq \pi, \qquad (8.22)$$

bei $\mathfrak{q}\,\mathfrak{a} = 2\,\mathfrak{q}\,\mathfrak{b} = \pm\,\pi$ und der Frequenz $\omega\left(\dfrac{\pi}{a}\right) = \sqrt{\dfrac{2\alpha}{m}}$ zusammenhängen.

Man hätte die AA-Kette auch von vornherein als A-*Kette* mit $s = 1$ und $\mathfrak{a} = \mathfrak{b}$ auffassen können. Man hat dazu in (8.4) $U_A = U_B$ zu setzen und erhält, wie man sich leicht überzeugt, einen einzigen Dispersionszweig

$$\omega^2 = \frac{2\alpha}{m}(1 - \cos \mathfrak{q}\,\mathfrak{b}) = \frac{4\alpha}{m}\sin^2\frac{\mathfrak{q}\,\mathfrak{b}}{2} \qquad (8.23)$$

und die Brillouinzone

$$-\pi \leqq \mathfrak{q}\,\mathfrak{a} = \mathfrak{q}\,\mathfrak{b} \leqq \pi. \qquad (8.24)$$

Beide Darstellungen sind physikalisch gleichwertig und in Abb. 8.2 dargestellt. Man erkennt auch an diesem Beispiel die schon mehrfach bemerkte Willkür bei der Wahl der Elementarzelle.

Aufgabe 8.1. Zeige, daß für diesen Fall die Bewegungsgleichung für sehr lange Wellen, wie es sein muß, in die Wellengleichung $\partial^2 u/\partial t^2 = v^2\,(\partial^2 u/\partial x^2)$ der klassischen Kontinuumsmechanik übergeht. ($v = $ Phasengeschwindigkeit.)

Auch für eine lineare Kette mit einer komplizierteren, aus einer größeren Anzahl s von Atomen aufgebauten Elementarzelle der Zellengröße $\mathfrak{a}$ läßt sich die *Anzahl der Dispersionszweige* leicht angeben. Für die Grenzschwingungen ($q = 0$), bei denen alle Zellen starr gekoppelt sind, genügt es, nur eine Zelle zu betrachten. Solange wir nur Longitudinalwellen längs x zulassen, haben die s Atome genau s Freiheitsgrade, denen s Eigenschwingungen entsprechen. Von diesen ist eine die Translation mit $\omega(0) = 0$, die $(s - 1)$ anderen sind echte innere Schwingungen i der Zelle mit $\omega^{(i)}(0) > 0$. Wird $q > 0$, so schließen sich an die Grenzschwingungen *ein akustischer* Zweig und $(s - 1)$ *optische* Zweige an, ein Ergebnis, das für $s = 1$ und $s = 2$ in unsere früheren Ergebnisse (Abb. 8.2) übergeht.

Wir erweitern das Modell noch einmal entscheidend, indem wir jetzt alle *drei Raumrichtungen* für die Bewegung jedes Atoms freigeben, d. h. auch *Transversalwellen* längs der Kette zulassen, wie in Abb. 8.3a für eine in der xy-Ebene linear polarisierte akustische Welle längs einer AB-Kette gezeichnet, bei der die Verschiebungen $u(x)$ aller Atome parallel zu y erfolgen.

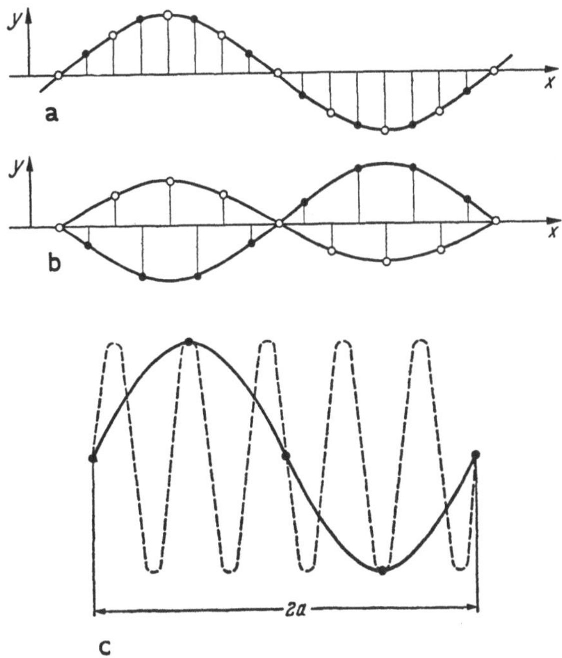

Abb. 8.3. Transversalwellen längs einer AB-Kette. Laufrichtung parallel x, Schwingungsrichtung parallel y. a akustische (TA), b optische (TO) Schwingung, c Reduktion eines Wellenvektors vom Betrag $q' > \dfrac{\pi}{a}$ auf $q = \dfrac{\pi}{a}$ in der AA-Kette

Aus Symmetriegründen kommt zu jeder in dieser Ebene polarisierten Welle auch eine analoge mit gleicher Frequenz in der zx-Ebene polarisierte vor. Jede Transversalwelle ist also zweifach *entartet*. Für $q = 0$, d.h. $\lambda = \infty$ geht die gezeichnete Welle in die Translation parallel zur y-Richtung, die damit entartete in die Translation parallel zu z über. Wir haben also insgesamt 3 *akustische* Zweige, einen mit longitudinalen (LA) und zwei mit transversalen (TA) Wellen. Analog verdreifacht sich auch die Zahl der *optischen* Zweige, von denen jetzt also $3\,(s - 1)$ existieren, und zwar $(s - 1)$ longitudinale (LO) und $2\,(s - 1)$ [22] transversale (TO) (vgl. Abb. 8.3 b) [22]. Die Breite der 1. Brillouinzone ist natürlich wieder $\mathfrak{g} = 2\pi/a \cdot \mathfrak{a}/a$, d.h. $\mathfrak{q}$ liegt im Intervall

$$- \pi \leqq \mathfrak{q}\,\mathfrak{a} \leqq \pi \, . \tag{8.25}$$

Im übrigen gilt alles für Longitudinalwellen Hergeleitete auch für Transversalwellen, abgesehen von anderen Federkonstanten α, d.h. einer anderen Form der Dispersionszweige. Diese Ergebnisse lassen sich nun leicht auf einen dreidimensionalen Kristall verallgemeinern (Ziffer 8.3).

Aufgabe 8.2. Für welche der beiden Schwingungsformen (L oder T) einer AB-Kette erwarten Sie die höheren Frequenzen? Warum?

Vorher wollen wir aber noch die *reellen Bewegungsformen* der unendlich langen linearen AB-Kette sowie die Schwingungen einer endlichen Kette behandeln. Den Ansätzen (8.4'') für die unendliche Kette entsprechen für die beiden Laufrichtungen $\mathfrak{q}\,\mathfrak{a} = \pm qa$ die reellen Wellen (Real- oder Imaginärteil)

$$\begin{aligned}
u_{2n}(\mathfrak{q}) &= |U_A| \, {\textstyle{\cos \atop \sin}} \, (n\,q\,a - \omega\,t) \\
u_{2n+1}(\mathfrak{q}) &= |U_B^{\pm}| \, {\textstyle{\cos \atop \sin}} \, (\varphi_{AB} + n\,q\,a - \omega\,t)
\end{aligned} \tag{8.26}$$

und

$$\begin{aligned}
u_{2n}(-\,\mathfrak{q}) &= |U_A| \, {\textstyle{\cos \atop \sin}} \, (-\,n\,q\,a - \omega\,t) \\
u_{2n+1}(-\,\mathfrak{q}) &= |U_B^{\pm}| \, {\textstyle{\cos \atop \sin}} \, (-\,\varphi_{AB} - n\,q\,a - \omega\,t)
\end{aligned} \tag{8.27}$$

wobei U_A reell genommen und φ_{AB} die aus Gl. (8.7) zu berechnende Phasenverschiebung zwischen A-Welle und B-Welle bedeutet.

Das sind jeweils 2 fortschreitende [23] Wellen mit gleicher Wellenzahl q, Frequenz $\omega\,(q)$, Phasengeschwindigkeit ω/q und Gruppengeschwindigkeit $d\omega/dq$ und mit entgegengesetzter Laufrichtung. Sie sind miteinander entartet, so daß auch die zwei Linearkombinationen

$$u_{2n}(q) = {\textstyle\frac{1}{2}} [u_{2n}(\mathfrak{q}) \pm u_{2n}(-\,\mathfrak{q})] \tag{8.28}$$

---

[22] Miteinander entartete Zweige sind getrennt gezählt.
[23] Beachte aber das Ergebnis von Aufgabe 8.4!

und die analogen Gleichungen für die B-Atome mögliche Bewegungen beschreiben. Das sind die stehenden Wellen

$$u'_{2n}(q) = |U_A| \cos nqa \cos \omega t \tag{8.29}$$

und

$$u''_{2n}(q) = |U_A| \sin nqa \cos \omega t \,^{24} \tag{8.30}$$

mit analogen Gleichungen für die B-Atome. Da diese Wellen durch Überlagerung von zwei sich nur durch die Laufrichtung unterscheidenden fortschreitenden Wellen entstehen, kommt nicht der Wellenvektor q, sondern nur die Wellenzahl q vor.

Das wesentliche Ergebnis dieser Betrachtung ist, daß man die *allgemeinste Bewegung* einer linearen Kette sowohl im System aller fortschreitenden wie auch im System aller stehenden Wellen durch Überlagerung darstellen kann. Das führt bei der unendlich langen Kette ($-\infty < n < +\infty$) auf ein unendliches Problem; wir gehen deshalb zu den Bewegungen einer *endlichen Kette* über, indem wir die unendliche Kette in endliche Teile zerlegen.

Aufgabe 8.3. Berechne und zeichne Phasengeschwindigkeit $\omega/q = v$ und die den Energietransport beschreibende Gruppengeschwindigkeit $d\omega/dq$ für die lineare AB-Kette in der ganzen Brillouinzone. Diskutiere besonders die Grenzfälle q = 0 und qa $= \pm \pi$. Welche Wellen sind dispersionsfrei (v unabhängig von ω)? Wie hängt diese Wellengeschwindigkeit von der Federkonstante α ab?

Aufgabe 8.4. Zeige, daß am Rand der Brillouinzone nur stehende Wellen existieren können. Zeige, daß diese anschaulich „durch Bragg-Reflexion laufender Wellen an Netzebenen vom Abstand a entstehen". Ist diese Vorstellung physikalisch sehr sinnvoll?

Aufgabe 8.5. Diskutiere und zeichne die Bewegungsform der AB-Kette für $q = 0$ und qa $= 2$qb $= \pm \pi$ für verschiedene Massenverhältnisse $\mu/m = 0$, 1/5, und $\mu/m = 1$ (AA-Kette).

Aufgabe 8.6. Berechne für eine lineare Kette mit Teilchen gleicher Masse m im Gleichgewichtsabstand a den Zusammenhang zwischen Wellenlänge und Frequenz unter der Annahme, daß die Federkonstante zwischen zwei benachbarten Teilchen entlang der Kette abwechselnd die Werten α_1 und α_2 hat.

8.2. Abzählung der Eigenschwingungen einer linearen AB-Kette

Bei der unendlich langen Kette liegen die Eigenfrequenzen in jedem erlaubten Intervall des vorkommenden endlichen Frequenzbereiches von $\omega = 0$ bis zur höchsten Grenzfrequenz $\omega^{(i)}(0)$ ($i = 1, 2, \ldots, 3s$ numeriert die Dispersionszweige) beliebig dicht. Um einen Überblick über die *spektrale Verteilung* der Eigenschwingungen zu erhalten, gehen wir deshalb über zu einer endlichen Kette mit

---

[24] Hier ist ohne Beschränkung der Allgemeinheit eine mit (8.4'') verträgliche Phasenverschiebung durchgeführt worden, wodurch sich der Zeitfaktor von $\sin \omega t$ auf $\cos \omega t$ transformiert.

N Zellen, d.h. $3sN$ Freiheitsgraden und ebenfalls $3sN$ Eigenschwingungen. Für unsere Zwecke genügt es, den Fall der AB-Kette und zunächst nur die longitudinalen Schwingungen zu behandeln, d.h. uns auf $sN = 2N$ Freiheitsgrade zu beschränken.

Die Form der Bewegungen einer endlichen Kette hängt entscheidend von den Randbedingungen an den Enden ab. Bei festgehaltenen Endatomen z.B. kommen nur Schwingungen mit Knoten, bei ganz freigelassenen Enden nur Schwingungen mit Bäuchen an den Enden vor. Dagegen hängt bei genügend großem N die spektrale Verteilung der Schwingungen praktisch nicht von den Randbedingungen ab[25], so daß für ihre Berechnung spezielle Randbedingungen gewählt werden dürfen. Diese Tatsache ist die Voraussetzung für eine Methode, durch einen Grenzübergang auch die Schwingungen einer unendlich langen Kette abzuzählen. Dazu teilen wir diese in *Großperioden* der Länge $N\mathfrak{a} = 2N\mathfrak{b}$ ein und verlangen *Periodizität* des Schwingungszustandes mit der Periode $N\mathfrak{a}$[26], d.h. es soll sein

$$u_{2n+2N} = u_{2n}, \qquad u_{2n+1+2N} = u_{2n+1} \qquad (8.31)$$

für alle n. Einsetzen dieser Forderung in (8.4'') führt zu einer Auswahl von Schwingungen, die der Bedingung

$$e^{iN\mathfrak{q}\mathfrak{a}} = 1 = e^{z 2\pi i} \qquad (z = 0, \pm 1, \pm 2, \ldots)$$

d.h.

$$\mathfrak{q}\,\mathfrak{a} = \mathfrak{q}_z\,\mathfrak{a} = z\frac{2\pi}{N} \qquad (8.32)$$

genügen, siehe Abb. 8.4, wo die erlaubten $\mathfrak{q}_z$-Werte im Abstand $2\pi/N a$ eingetragen sind.

Dabei erschöpfen wir bereits alle physikalisch verschiedenen Fälle, wenn z die N Werte

$$z = -\left(\frac{N}{2} - 1\right), \ldots, -1, 0, 1, \ldots, \left(\frac{N}{2} - 1\right), \frac{N}{2} \qquad (8.33)$$

annimmt, d.h. $\mathfrak{q}_z$ in der 1. Brillouinzone bleibt. Das sind, wie es sein muß, ebensoviel Eigenschwingungen wie Freiheitsgrade, nämlich $2N$, da zu jedem $\mathfrak{q}$ d.h. zu jedem z nach (8.9) zwei Eigenfrequenzen $\omega_\pm(\mathfrak{q})$ gehören, je eine im optischen und akustischen Zweig. Berücksichtigen wir noch, daß die Eigenfrequenz unabhängig von der Fortschreitungsrichtung ist, so gehört zu jeder positiven Wellenzahl $\mathfrak{q}_z = |\mathfrak{q}_z| = |z|\frac{2\pi}{Na}$ zweimal dieselbe Eigenfrequenz, d.h. die Anzahl der Eigenschwingungen im Frequenzintervall ω bis $\omega + d\omega$ ist doppelt

---

[25] Hier ohne Beweis übernommen.
[26] Dieses Verfahren ist mathematisch durchsichtig und erlaubt den Übergang zu beliebig (makroskopisch) großen N. Der Bequemlichkeit halber soll N als gerade Zahl angenommen werden.

so groß wie im Wellenzahlintervall q bis $q + dq$:

$$dZ = Z(\omega)\, d\omega = 2\,Z(q)\, dq\,, \tag{8.34}$$

wobei nach Konstruktion

$$Z(q) = \frac{1}{2\,\pi/N\,a} = \frac{N\,a}{2\,\pi} \tag{8.35}$$

und also die *spektrale Verteilungsfunktion* oder *spektrale Zustandsdichte*

$$Z(\omega) = \frac{N\,a}{\pi} \cdot \frac{1}{d\omega/dq} \tag{8.36}$$

ist. Von der Wahl der Großperiode unabhängig ist die allein von der Struktur der unendlichen Kette bestimmte *Zustandsdichte pro Zelle*

$$\frac{Z(\omega)}{N} = \frac{a}{\pi}\,\frac{1}{d\omega/dq} \tag{8.36'}$$

$Z(\omega)$ hat *maximale* Werte da, wo die Dispersionszweige horizontal laufen, also am Rande der Brillouinzone und im optischen Zweig bei $q = 0$. Abb. 8.4 zeigt links die Verteilung für das Massenverhältnis $m/\mu = 3$.

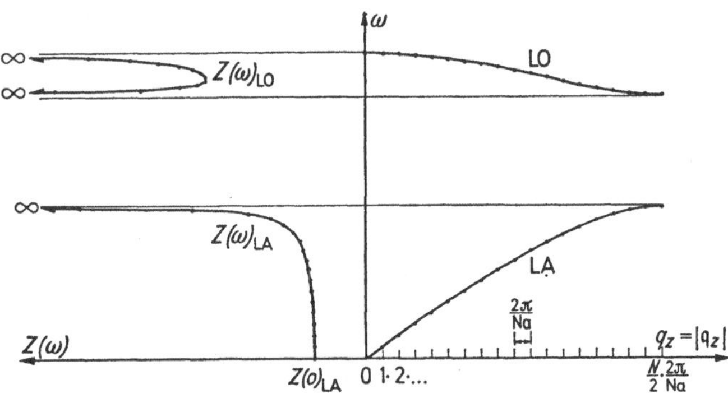

Abb. 8.4. Longitudinalwellen einer linearen AB-Kette mit $m = 3\,\mu$. Rechte Bildhälfte: erlaubte Wellenzahlen und zugehörige Frequenzen bei periodischen Randbedingungen an Großperioden $N\,a$ mit $N = 36$. Linke Bildhälfte: spektrale Zustandsdichte $Z(\omega)$

Man erkennt die verbotene Frequenzzone und die Punkte mit $d\omega/dq = 0$ in den beiden Dispersionszweigen.

Zum Schluß soll noch bemerkt werden, daß der physikalische Inhalt der Gl. (8.32) zweckmäßigerweise auch im *reziproken* Gitter beschrieben werden kann. Mit dem in Gl. (8.12) eingeführten Basisvektor $\mathfrak{g}$ der reziproken Kette wird nämlich die Bedingung (8.32) für erlaubte q-Vektoren zu

$$\mathfrak{q} = \frac{z}{N}\,\mathfrak{g}\,. \tag{8.37}$$

Nur Wellen, deren q-Vektoren in diesem Sinn „ins reziproke Gitter passen", sind erlaubt.

Da alle hier durchgeführten Überlegungen ganz unabhängig von der Bewegungsform sind, gelten sie genau so auch für die transversalen Zweige. Die *gesamte Zustandsdichte* setzt sich dann zusammen aus

$$Z(\omega) = Z(\omega)_L + Z(\omega)_{T_1} + Z(\omega)_{T_2} = Z(\omega)_L + 2Z(\omega)_T , \quad (8.38)$$

wobei T_1 und T_2 die beiden Polarisationsrichtungen der transversalen Wellen bedeuten.

Aufgabe 8.7. Berechne und zeichne die Dispersionszweige und die Zustandsdichte $Z(\omega)$ einer AB-Kette mit verschiedenen Massenverhältnissen $\mu/m \to 0$, 1/10, 1/5, 1.

8.3. Eigenschwingungen eines Raumgitters

Wie BORN gezeigt hat, sind die Eigenschwingungen eines unendlich ausgedehnten, durch lineare Kräfte gebundenen Raumgitters ebene Wellen, deren Normalenrichtung $\mathfrak{n}$ durch den Wellenvektor $\mathfrak{q}$ gegeben ist:

$$\mathfrak{q} = q \cdot \mathfrak{n} = \frac{2\pi}{\lambda}\,\mathfrak{n} . \quad (8.39)$$

Im anisotropen Raumgitter müssen sowohl die Schwingungsform wie auch die Eigenfrequenz der Welle außer vom Betrag q auch von der Richtung des Wellenvektors abhängen. In symmetrischen Kristallen verhalten sich dabei strukturell gleichwertige Richtungen auch dynamisch gleichwertig. Zum Beispiel gibt es in einem kubischen Kristall zu jeder Welle längs einer Würfelkante (Abb. 8.6) noch je eine gleiche längs den beiden anderen Würfelkanten, so daß diese Eigenfrequenz dreifach *symmetrieentartet* ist. Erniedrigt man die Symmetrie, z.B. durch eine Stauchung parallel zu einer Kante auf die tetragonale, so spaltet die dreifach entartete Frequenz auf in eine einfache und eine zweifache, und schließlich in drei einfache, wenn der Würfel durch äußere Einflüsse in eine noch unsymmetrischere Form, z.B. die eines rhombischen Quaders (Ziegelsteines) deformiert wird. Weitere Fälle von Symmetrie-Entartung werden bei den experimentellen Ergebnissen unter Ziffer 9.1 behandelt. Auch die *Schwingungsform* unterliegt Symmetrieeinflüssen. Zum Beispiel ist die strenge Aufteilung der Schwingungen einer linearen Kette in longitudinale und transversale nur wegen der hohen Symmetrie ($p = \infty$) um die Kettenachse möglich. Dem entspricht, daß im Raumgitter auch nur die in Richtung von Symmetrieachsen laufenden Kristallwellen rein longitudinal oder transversal sind, während schräg zu den Symmetrieelementen laufende Wellen im allgemeinen longitudinale und transversale Komponenten haben. Wie es sein muß, sind diese auf der Punktsymmetrie beruhenden Symmetriegesetze dieselben wie für die Schallausbreitung im anisotropen Kontinuum (vgl. Ziffer 7.2 und Abb. 8.6).

Ist die Zelle des Gitters aus s Atomen aufgebaut, so kann sie $3s$ Eigenschwingungen ausführen, die im Kristall die Grenzschwingungen ($q = 0$) von $3s$ *Dispersionszweigen* bilden. Von diesen sind wie in der linearen Kette 3 Zweige akustisch mit der Grenzfrequenz $\omega(0) = 0$. Sie stellen bei $q = 0$ also Translationen in drei aufeinander senkrechten Richtungen[27] dar. Die $3(s-1)$ anderen Zweige enthalten optische Schwingungen; in der Grenze $q = 0$ schwingen die s ineinandergestellten Teilgitter (Primitivgitter) starr gegeneinander, so daß in jeder Zelle der Schwerpunkt ruht. Die $3s$ Dispersionszweige haben, wie oben ausgeführt, für physikalisch ungleichwertige Richtungen verschiedene Form, müssen also für verschiedene Ausbreitungsrichtungen getrennt bestimmt werden. Numeriert man die verschiedenen Frequenzzweige durch einen oberen Index (i), so hat das *Dispersionsgesetz* die allgemeine Form

$$\omega = \omega^{(i)}(\mathfrak{q}), \qquad i = 1, \ldots, 3s. \tag{8.40}$$

Zu jedem $\mathfrak{q}$-Vektor gehören also $3s$ Frequenzen.

Die Berechnung der *Eigenwellen* im dreidimensionalen Raumgitter ist völlig analog dem bei der AB-Kette angewandten Verfahren. Den $s = 2$ linearen Bewegungsgleichungen (8.2), (8.3)[28] entsprechen $3s$ lineare *Bewegungsgleichungen* für die $3s$ Koordinaten der s Basisatome der Gitterzelle. Den $s = 2$ vektoriellen Wellen (8.4'')[28] längs der Kette entsprechen jetzt s vektorielle räumliche Wellen

$$\mathfrak{u}_{\mathfrak{t}n} = \mathfrak{U}_n\, e^{-i(\omega t - \mathfrak{q}\mathfrak{t})}, \tag{8.41}$$

wobei jetzt $n = 1, \ldots, s$ nur die Basisatome numeriert, $\mathfrak{q}$ der räumliche Wellenvektor mit den Komponenten q_a, q_b, q_c in die Zellenkanten $\mathfrak{a}, \mathfrak{b}, \mathfrak{c}$ und $\mathfrak{t}$ der Translationsvektor

$$\mathfrak{t} = t_1\,\mathfrak{a} + t_2\,\mathfrak{b} + t_3\,\mathfrak{c} \tag{8.42}$$

mit ganzzahligen t_i ist. $\mathfrak{u}_{\mathfrak{t}n}$ ist die Amplitude des n-ten Atoms in der von der Nullzelle um den Vektor $\mathfrak{t}$ verschobenen Zelle. Die Amplituden $\mathfrak{u}_{\mathfrak{t}n}$ und die Eigenfrequenzen müssen wieder als Funktion von $\mathfrak{q}$ aus den Bewegungsgleichungen und der zugehörigen Säkulargleichung bestimmt werden, analog zu (8.7) und (8.9). Wegen Gl. (3.20) ändert der Übergang von $\mathfrak{q}$ zu $\mathfrak{q}' = \mathfrak{q} + m\,\mathfrak{g}_{hkl}$ durch Addition eines beliebigen reziproken Gittervektors (Gl. (3.18)) die Schwingun-

---

[27] Von denen im allgemeinsten Fall keine parallel $\mathfrak{q}$ zu liegen braucht!

[28] In beiden Gleichungen werden nur longitudinale Wellen behandelt, d. h. es wurden nur die s x-Komponenten der Amplitudenvektoren hingeschrieben, zu denen allgemein noch je s y- und z-Komponenten von den Transversalwellen hinzukommen.

gen (8.41) nicht, d.h. man erhält bereits alle möglichen Eigenschwingungen (8.41), wenn man q auf den Bereich (das reduzierte Volum)

$$
\begin{aligned}
-\pi \leqq q\,\mathfrak{a} = q_a\,a \leqq \pi \\
-\pi \leqq q\,\mathfrak{b} = q_b\,b \leqq \pi \\
-\pi \leqq q\,\mathfrak{c} = q_c\,c \leqq \pi ,
\end{aligned}
\qquad (8.43)
$$

d.h. die von $\mathfrak{g}_{100}$, $\mathfrak{g}_{010}$, $\mathfrak{g}_{001}$ aufgespannte *Einheitszelle des reziproken Gitters* beschränkt und q von der Mitte dieser Zelle aus mißt. Mißt man q von einer Ecke aus, so läuft das Intervall von 0 bis 2π. Es ist also wieder erlaubt, einen Wellenvektor q′, dessen Spitze

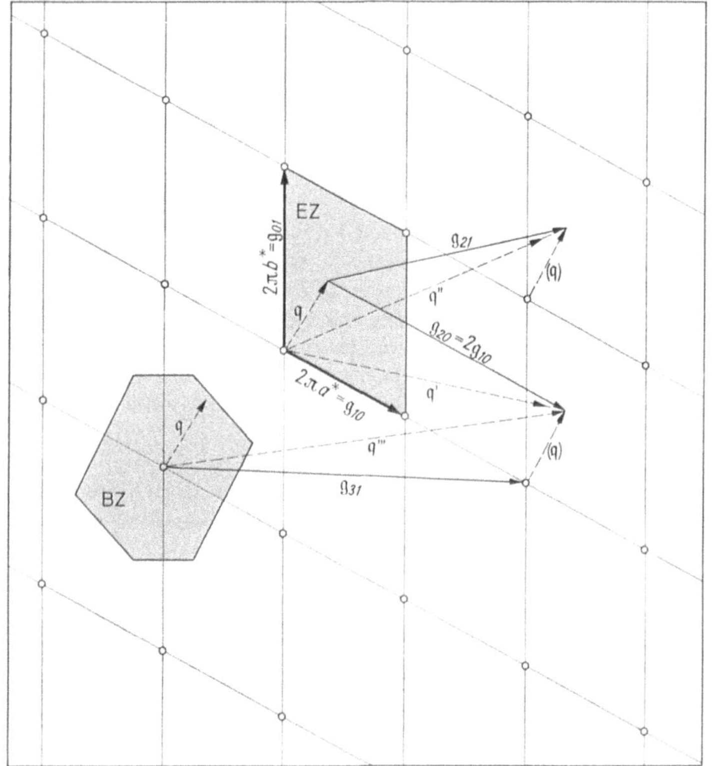

Abb. 8.5. Reziprokes Gitter zu dem zweidimensionalen Ortsgitter von Abb. 3.10. Die Einheitszelle EZ wird aufgespannt von den Vektoren $\mathfrak{g}_{10}$, $\mathfrak{g}_{01}$. Transformation (Reduktion) der Wellenvektoren q′ und q″ auf den Vektor q der Einheitszelle durch die Gittervektoren $\mathfrak{g}_{20} = 2\mathfrak{g}_{10}$ und $\mathfrak{g}_{21}$. Reduktion des Vektors q‴ auf den Vektor q im Innern einer ebenfalls eingezeichneten Brillouinzone BZ durch den Vektor $\mathfrak{g}_{31}$. (Gelegentlich wird auch die EZ symmetrisch um den Koordinatennullpunkt gelegt, so daß auch in ihr sowohl −q wie +q liegen. Dieser Lage entsprechen die Gl. (8.43)).

außerhalb dieser Zelle liegt, durch einen beliebigen Gittervektor nach Gl. (3.18) in einen Vektor $\mathfrak{q}$ dieser Zelle zurück zu transformieren:

$$\mathfrak{q}' = \mathfrak{q} + m\,\mathfrak{g}_{hkl}\,. \tag{8.44}$$

Es ändert sich physikalisch gar nichts, wenn man den $\mathfrak{q}$-Vektor statt auf eine Einheitszelle des reziproken Gitters auf die *1. Brillouinzone* beschränkt, vgl. Abb. 8.5, da diese dasselbe Volum wie die Einheitszelle hat und deshalb ebenfalls alle Wellenvektoren enthält. Wegen der verschiedenen geometrischen Form der beiden Bereiche müssen allerdings die Ungleichungen (8.43) sinngemäß geändert werden.

Aufgabe 8.8. Gib den Wertebereich von $|\mathfrak{q}| = q$ für Wellen parallel [100], [110] und [111] im einatomigen kubisch-flächenzentrierten Gitter an, wenn als reduziertes Volum

a) die Einheitszelle des reziproken Gitters,

b) die 1. Brillouinzone benutzt wird. Diskutiere diese Frage sowohl für die kubische ($s = 4$) wie für die primitive ($s = 1$) Zelle des Raumgitters.

Auch die *Verteilung* der $3sN$[29] Eigenschwingungen eines endlichen Kristallvolums soll hier nicht ausgerechnet werden. Man wendet die schon oben für die lineare Kette durchgeführte Methode der periodischen Fortsetzung von räumlichen Großperioden aus N Elementarzellen an, deren jede der Zelle ähnlich ist, also die Kanten $N^{1/3}\mathfrak{a}$, $N^{1/3}\mathfrak{b}$, $N^{1/3}\mathfrak{c}$ hat, und wählt analog zu dem Verfahren bei der linearen Kette durch die Periodizitätsbedingung aus den unendlich vielen Wellen (8.41) $3sN$ Eigenwellen (Zustände) der Großperiode mit N diskreten $\mathfrak{q}$-Werten aus, deren reelle Bewegungsformen man wie bei der linearen Kette entweder als laufende oder als stehende Wellen auffassen kann[30]. Beide bilden je ein vollständiges Orthogonalsystem zur Darstellung der allgemeinsten Bewegung der Großperiode. Wie bei der linearen Kette ergibt sich, daß die Form der Dispersionszweige von den Massen der Atome und den Kräften zwischen den Atomen abhängt. Die *Zustandsdichte* $\overset{(i)}{Z}(\omega)$ im i-ten Zweig ist wieder am größten dort, wo der Dispersionszweig über q horizontal verläuft ($d\omega^{(i)}/dq = 0$), also z. B. am Rand der Brillouinzone und bei $q = 0$. Die gesamte Zustandsdichte erhält man durch Summation über alle Zweige:

$$Z(\omega) = \sum_{i=1}^{3s} \overset{(i)}{Z}(\omega)\,. \tag{8.45}$$

Macht man für die Kräfte vernünftige Ansätze, etwa durch Anpassung an die makroskopisch gemessenen elastischen Konstanten, so kann

---

[29] N Zellen mit je s Atomen. Zu jedem $\mathfrak{q}$ gehören $3s$ Frequenzen.

[30] Für den Grenzfall des isotropen Kontinuums wird diese Aufgabe in Ziffer 10.2 durchgeführt werden.

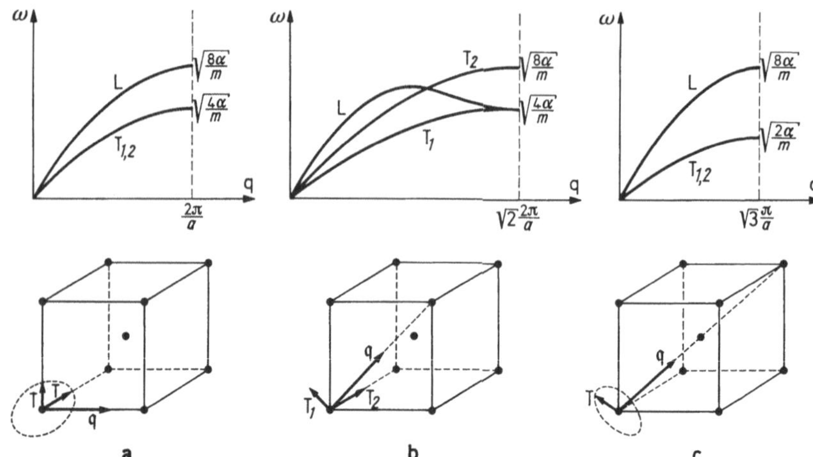

Abb. 8.6. Dispersionszweige des einatomigen kubisch-flächenzentrierten Gitters der Zellenlänge a, aufgetragen über $|q| = q$. Der q-Vektor läuft in der angegebenen Wellenrichtung im reziproken kubisch-raumzentrierten Gitter (Zellenlänge $2\pi/a$) vom linken unteren bis zum jeweils benachbarten Gitterpunkt.

a $q \,||\, [100]$, $\{q_{x*}, q_{y*}, q_{z*}\} = q\,\{1, 0, 0\}$, $q \leqq 2\pi/a$,

b $q \,||\, [101]$, $\{q_{x*}, q_{y*}, q_{z*}\} = q\,\{1, 0, 1\}$, $q \leqq \sqrt{2} \cdot 2\pi/a$,

c $q \,||\, [111]$, $\{q_{x*}, q_{y*}, q_{z*}\} = q\,\{1, 1, 1,\}$, $q \leqq \sqrt{3}/2 \cdot 2\pi/a$.

Die Polarisation der entarteten und einfachen Transversalwellen im Raumgitter ist relativ zu q angezeichnet. Da im kubischen Fall Raumgitter und reziprokes Gitter gleich orientierte Würfelkanten haben, sind diese Richtungen der Einfachheit halber ins reziproke Gitter gezeichnet

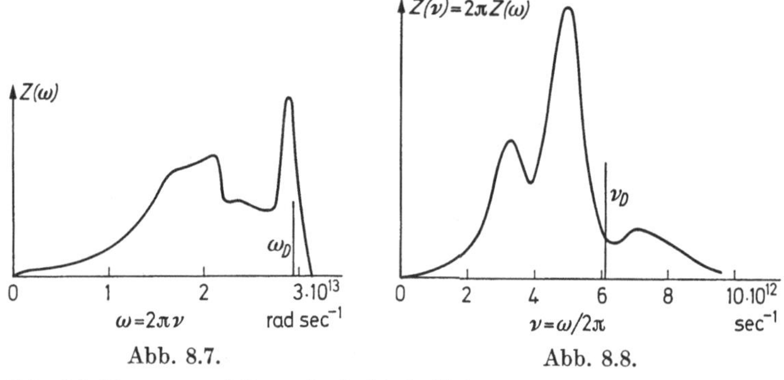

Abb. 8.7.   Abb. 8.8.

Abb. 8.7. Frequenzspektrum des kubisch-flächenzentrierten Ag-Kristalls. Berechnet mit den Dispersionszweigen aus Abb. 8.6 mit angepaßten Kraftkonstanten. Debye-Frequenz $\omega_D = 2{,}95 \cdot 10^{13}$ rad sec^{-1} für spätere Zwecke eingezeichnet

Abb. 8.8. NaCl, kubisch-flächenzentriert. Frequenzspektrum, berechnet mit angepaßten Kraftkonstanten. Die Debye-Frequenz $\nu_D = \omega_D/2\pi$ $= 6{,}1 \cdot 10^{12}$ sec^{-1} ist eingezeichnet

man die Dispersionszweige und damit $Z(\omega)$ für einfache Kristalle berechnen. Die Abb. 8.6 gibt einige Beispiele für *berechnete Dispersionszweige*.

Die Abb. 8.6 zeigt deutlich, daß die nur auf Symmetrie beruhende Polarisation und Entartung der Wellen in einem A-Kristall ($s = 1$, nur 3 Zweige) denen der elastischen Wellen im Kontinuum entsprechen, vgl. Ziffer 7.2. Ferner sind die Dispersionszweige im Grenzfall $q \to 0$, d. h. bei langwelligen elastischen Wellen linear, d. h. die Phasengeschwindigkeit $\omega/q = v$ ist unabhängig von ω (*Dispersionsfreiheit*). Ferner erkennt man in Abb. 8.7, daß die für denselben Fall gerechneten Maxima von $Z(\omega)$ tatsächlich bei den häufigsten Frequenzen $\sqrt{8\alpha/m}$ und $\sqrt{4\alpha/m}$ liegen. Abb. 8.8 zeigt noch das berechnete Frequenzspektrum des $NaCl$, d.h. eines AB-Kristalls ($s = 2$), bei dem 3 akustische und 3 optische Zweige unterschieden werden müssen, und Abb. 8.9 das des *Diamanten*.

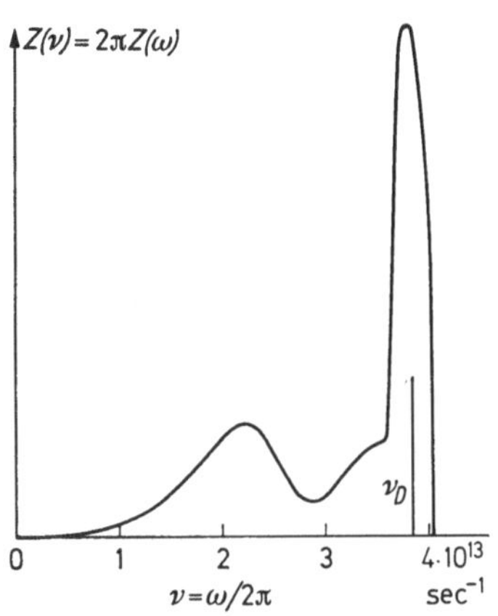

Abb. 8.9. Diamant. Mit angepaßten Kraftkonstanten berechnetes Frequenzspektrum. Debye-Frequenz $\nu_D = \omega_D/2\pi = 3{,}88\cdot10^{13}\,sec^{-1}$

Man sieht, daß die Grenzfrequenzen des Diamanten, der sich durch sehr leichte Atome und gleichzeitig große Kräfte auszeichnet, etwa eine Zehnerpotenz höher liegen als die des $NaCl$.

Aufgabe 8.9. Führe die Berechnung von $Z(\omega)$ für ein kubisch primitives Gitter wirklich durch (Primitives Gitter = kubische Zelle mit $s = 1$ Atom in einer Ecke). Hinweis: Auswahl diskreter q durch periodische Randbedingung an Großperioden.

Aufgabe 8.10. Zeige, daß eine Eigenwelle (8.41) vom Bloch-Typ ist, d. h. daß sie sich bei Durchführung einer Symmetrietranslation (Verschiebung des Koordinatensystems um t) bis auf einen Phasenfaktor $e^{i\delta}$ in sich transformiert. Berechne $e^{i\delta}$ für den Fall periodischer Randbedingungen mit Großperioden aus N Gitterzellen. Hinweis: Hierzu müssen die Komponenten q_a, q_b, q_c von q nach den Richtungen $\mathfrak{a}$, $\mathfrak{b}$, $\mathfrak{c}$ angegeben werden.

8.4. Quantelung der Gitterschwingungen. Phononen

Solange lineares Kraftgesetz angenommen werden kann, sind die Eigenfrequenzen ω scharf und die Energie der Eigenschwingungen ist gequantelt:

$$W_v = (v + \tfrac{1}{2})\,\hbar\,\omega. \tag{8.46}$$

Dabei nimmt die Schwingungsquantenzahl die Werte $v = 0, 1, 2, \ldots$ an. Das Schallenergiequantum $\hbar\omega$ wird *Phonon* genannt, in Analogie zum Photon, dem Energiequant des Lichtfeldes. Ist eine Schwingung mit der Quantenzahl v angeregt, so trägt sie v Phononen zur *thermischen Energie* des Gitters bei, zu der die noch bei $T = 0\,°\mathrm{K}$ vorhandene Nullpunktsenergie $W_0 = \frac{1}{2}\hbar\omega$ nicht mitgerechnet wird.

Auch bei Energieumwandlungsprozessen, z.B. bei der Umwandlung von Schwingungsenergie in elektrische oder magnetische Anregungsenergie wird immer (mindestens) ein Phonon umgesetzt. Insofern besteht volle Analogie zum Verhalten des Photons (Lichtquants). Diese Analogie versagt jedoch beim *Impuls*: Einem Photon im Vakuum mit dem Wellenvektor $\mathfrak{k}$ kann der Impuls $\mathfrak{p} = \hbar\mathfrak{k}$ zugeschrieben werden. Dagegen hat ein Phonon mit dem Wellenvektor $\mathfrak{q}$ *nicht* den Impuls $\hbar\mathfrak{q}$, schon deswegen nicht, weil $\mathfrak{q}$ nach Gl. (8.44) nur bis auf Vektoren $m\,\mathfrak{g}_{hkl}$ des reziproken Gitters, also mehrdeutig definiert ist. Tatsächlich hat ein Phonon den Impuls Null, da mit einer Gitterwelle keine Bewegung des Massenschwerpunktes verbunden ist. Trotzdem wird irreführenderweise $\hbar\mathfrak{q}$ oft als Phononenimpuls oder *Quasiimpuls* bezeichnet, was wir nach Möglichkeit vermeiden wollen.

8.5. Nichtlineare Kräfte

Wir haben bisher die Amplituden der Gitterschwingungen als so klein vorausgesetzt, daß die Gitterkräfte noch linear von den Verschiebungen $\mathfrak{u}_{tn}$ der Atome abhängen, d.h. die potentielle Energie eine quadratische Funktion der $\mathfrak{u}_{tn}$ ist[31]. Nur solange diese Näherung gilt, ist die allgemeinste Bewegung des Gitters in orthogonale, d.h. entkoppelte Eigenschwingungen separierbar und existieren also die Phononen mit beliebig großer Lebensdauer. Diese Näherung ist im allgemeinen so gut, daß man zunächst immer von ihr ausgehen kann. Bei größeren Amplituden müssen dann Glieder höherer als 2. Ordnung bei der Entwicklung der potentiellen Energie nach den $\mathfrak{u}_{tn}$ berücksichtigt werden.

Dadurch werden die Gitterschwingungen untereinander *gekoppelt*, so daß Energie zwischen ihnen übergehen kann. Im Teilchenbild heißt dies, daß Phononen in andere *umgewandelt* werden können, etwa nach dem Schema

$$\hbar\omega \leftrightarrows \hbar\omega_1 + \hbar\omega_2, \tag{8.47}$$

wobei der Prozeß in beiden Richtungen ablaufen kann[32]. Es zerfällt

---

[31] Im Grenzfall der makroskopischen elastischen Deformationen entspricht dem das elastische Potential Gleichung (7.9) der linearen Elastizitätstheorie.

[32] Derartige Prozesse mit 3 Phononen werden bereits durch die kubischen Glieder der potentiellen Energie erzeugt. Es kommen auch Prozesse mit höherer Phononenzahl vor, auf die wir jedoch nicht näher eingehen können.

also entweder ein Phonon $\hbar\omega$ nach endlicher Lebensdauer in zwei kleinere Phononen, oder zwei Phononen $\hbar\omega_1$ und $\hbar\omega_2$ stoßen zusammen und es entsteht ein größeres Phonon. In beiden Fällen fordert der *Energiesatz* für die Frequenzen den Erhaltungssatz

$$\omega = \omega_1 + \omega_2 \,. \tag{8.48}$$

Auch für die q-Vektoren gilt ein *Erhaltungssatz* [33]

$$\mathfrak{q} = \mathfrak{q}_1 + \mathfrak{q}_2 + m\,\mathfrak{g}_{hkl}\,, \qquad m = 0, \pm 1, \pm 2, \ldots, \tag{8.49}$$

allerdings wegen ihrer Mehrdeutigkeit wieder bis auf beliebige Vektoren des reziproken Gitters, die so zu wählen sind, daß $\mathfrak{q}$, $\mathfrak{q}_1$, $\mathfrak{q}_2$ alle drei in der 1. Brillouinzone liegen. Ist dies mit $m = 0$ der Fall, so spricht man mit PEIERLS von einem *Normalprozeß* (N-Prozeß), weil die q-Vektoren sich so zusammensetzen, als ob $\hbar\mathfrak{q}$ wirklich der Impuls eines Teilchens wäre. Ist dagegen $m \neq 0$, so werden die Richtungen der Vektoren gegenüber denen beim N-Prozeß umgeklappt und man spricht von *Umklapp-* oder *U-Prozessen* [34]. Abb. 8.10 gibt ein Beispiel in einem zweidimensionalen quadratischen Gitter.

Da die Frequenzen mit den Wellenvektoren durch die Dispersionsgleichungen (8.40): $\omega = \omega^{(i)}(\mathfrak{q})$ verknüpft sind, ist die simultane Erfüllung der beiden Erhaltungssätze für ω und $\mathfrak{q}$ eine stark einschränkende Bedingung für das Auftreten von 3-Phononen-Prozessen.

Aufgabe 8.11. Diskutiere die Möglichkeit von 3-Phononen-Umwandlungen in einer eindimensionalen AB- und AA-Kette anhand von Abb. 8.2 (nur longitudinale Wellen).

Die Kopplung zwischen den Phononen ist auch die Voraussetzung dafür, daß die Energieniveaus $W_v(\omega)$ aller verschiedener Eigenschwingungen nach Maßgabe eines Boltzmann-Faktors

$$\exp\left(-\,W_v/k\,T\right) \tag{8.50}$$

mit einer und derselben *Schwingungstemperatur* T besetzt werden. Die Definition einer einheitlichen Temperatur ist also überhaupt nur bei nichtlinearen Kräften möglich. Zum Beispiel wäre es sonst möglich, durch Absorption von ultraroter Strahlung (s. Ziffer 9.1) eine einzige Schwingung hoch anzuregen, d.h. auf eine hohe Temperatur aufzuheizen, ohne daß sich ein thermisches Gleichgewicht mit den anderen Schwingungen einstellen könnte. Tatsächlich findet jedoch ein ständiger Energieaustausch zwischen allen Eigenschwingungen statt, der einerseits zum Gleichgewicht (mit statistischen

---

[33] Er folgt mathematisch exakt aus der Berechnung des Einflusses des kubischen Potentialanteils. Letzten Endes beruht er auf der Translationssymmetrie mit endlichen Translationsvektoren $\mathfrak{t}$ des Kristallgitters. Siehe [C13]
[34] Diese sind z. B. entscheidend für den Wärmewiderstand.

Schwankungen der Phononenzahlen um den durch den Boltzmann-Faktor bestimmten Gleichgewichtswert) führt, andererseits die mittlere Lebensdauer τ_v der Energiezustände W_v aller Eigenschwingungen herabsetzt. Die Energieniveaus sind also nicht scharf, sondern

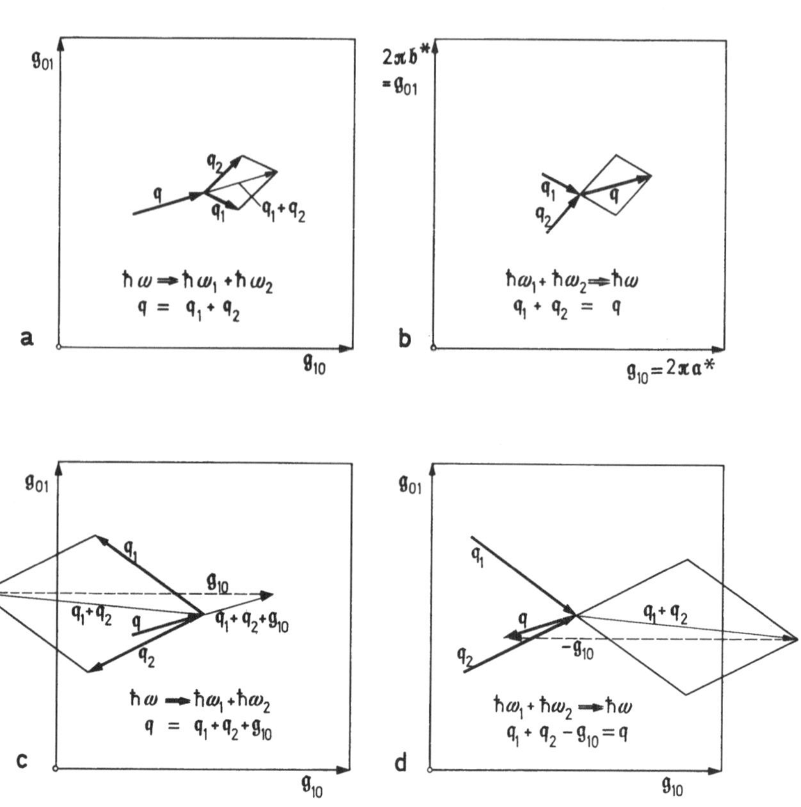

Abb. 8.10. 3-Phononen-Prozesse im quadratischen zweidimensionalen Gitter. Die quadratische 1. Brillouinzone im reziproken Gitter wird aufgespannt durch die Vektoren $\mathfrak{g}_{10} = 2\pi\,\mathfrak{a}/a^2$ und $\mathfrak{g}_{01} = 2\pi\,\mathfrak{b}/a^2$ und hat die Breite $2\pi\,a^*$ $= 2\pi\,b^* = 2\pi/a$. Bild a) Normaler Zerfallsprozeß, Bild b) normaler Zusammenstoß, Bild c) Zerfall, Umklapp-Prozeß mit $\mathfrak{g}_{10}$, Bild d) Zusammenstoß, Umklapp-Prozeß mit $\mathfrak{g}_{10}$

haben nach der Unbestimmtheitsrelation eine energetische *Breite* der Größenordnung

$$\Delta W_v \sim \frac{\hbar}{\tau_v}, \tag{8.51}$$

worauf wir später zurückkommen werden (Ziffer 9.1).

Nichtlineare Kräfte bedeuten eine asymmetrische Potentialkurve, wie in Abb. 8.11 über dem Abstand zweier Nachbaratome
dargestellt. Die Anregung höherer Schwingungsquanten bei höherer
Temperatur führt in diesem Fall zu einer Vergrößerung des über
die Bewegung gemittelten Atomabstandes. Somit ist die *thermische
Ausdehnung* von Kristallen (s. Ziffer 12.1) auf die Nichtlinearität
der Gitterkräfte zurückzuführen.

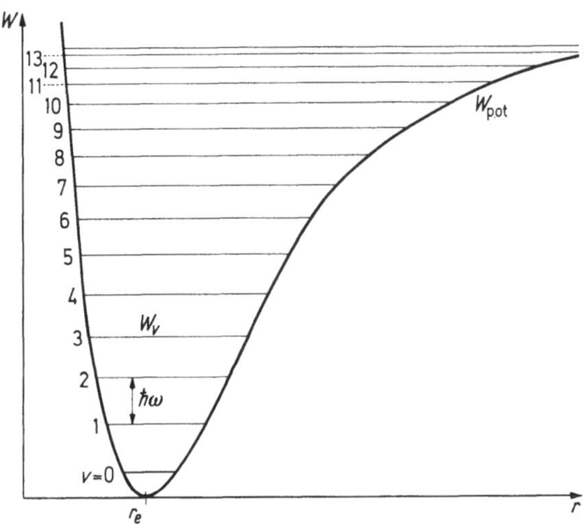

Abb. 8.11. Wechselwirkungspotential zwischen zwei Nachbaratomen als Funktion des Abstands mit eingezeichneten Schwingungsniveaus. Infolge der Un-
symmetrie des Potentials (Nichtlinearität der Kraft) werden bei zunehmender
Schwingungsanregung die Schwingungsquanten kleiner und der über die
Schwingung gemittelte Atomabstand größer: $\langle r \rangle > r_e$

Auch die *Wärmeleitung* eines Kristalls kann nur mit Hilfe der
nichtlinearen Anteile im Kraftgesetz erklärt werden. Der Wärme-
strom ist dem Temperaturgradienten proportional. Dieser aber kann,
wie die Temperatur selbst, nur mit Hilfe der oben erläuterten Energie-
umwandlungsprozesse verstanden werden. Einzelheiten werden später
behandelt.

Schließlich sei noch ohne Beweis bemerkt, daß die Nichtlinearität
des Kraftgesetzes (wie schon im einfachsten Fall einer zweiatomigen
Molekel) zu einer *Verstimmung* der Schwingungsfrequenzen $\omega^{(i)}$
(s. Abb. 8.11) und zum Auftreten von *Kombinationsfrequenzen*

$$\omega = n_1 \omega^{(1)} + n_2 \omega^{(2)} + \cdots, \qquad n_i \gtrless 0, \text{ ganz,} \qquad (8.52)$$

z.B. in den optischen Spektren von Kristallen führen kann (s. z.B.
Ziffer 9.1).

9. Experimentelle Bestimmung von Eigenschwingungen

Für die experimentelle Bestimmung von Eigenschwingungen eines Kristalls stehen als Sonden elektromagnetische Wellenstrahlung sowie Teilchenstrahlen zur Verfügung. Gemessen werden:

1. die Absorption (URA) und Reflexion (URR) von ultrarotem Licht,
2. die unelastische Streuung von Röntgenquanten und Neutronen[34a],
3. die unelastische Streuung von Lichtquanten (Raman- und Brillouinstreuung),
4. die Elektronenschwingungsspektren im sichtbaren und ultravioletten Spektralbereich.

Wir behandeln die Verfahren in der angegebenen Reihenfolge[35] und setzen dabei zunächst lineares Kraftgesetz, d.h. ungekoppelte Phononen (scharfe Eigenfrequenzen) voraus. Ferner beschränken wir uns auf die Beschreibung im Teilchenbild, d.h. wir behandeln *elastische* und *unelastische Stoßprozesse* zwischen *Phononen, Lichtquanten* und *Neutronen* nach den Erhaltungssätzen für Energie und Wellenvektor. Die dabei wirksamen Wechselwirkungen werden nur soweit erläutert, daß das Auftreten derartiger Prozesse verständlich wird.

Zunächst geben wir aber in Tabelle 9.1 eine Übersicht über die Wellenzahlen und Energien, die von den als Sonden benutzten Teilchen- und Wellenstrahlen angeboten werden. Der Vergleich mit den entsprechenden Größen der Phononen (Spalte 2) gibt schon deutliche Hinweise auf die bei den Experimenten zu erwartenden Effekte. Z.B. liegen nur die Energien von ultraroten Photonen und thermischen Neutronen im oder dicht am Energiebereich der Phononen, während die übrigen Sonden viel energiereicher sind. Energieaustausch zwischen ultrarotem Licht oder thermischen Neutronen mit den Phononen muß also zu prozentisch großen Energieänderungen der Sonden führen, während die analogen Prozesse bei sichtbarem oder Röntgenlicht nur relativ kleine Energieänderungen bringen. Auch der Betrag der Wellenvektoren von Licht und thermischen Neutronen liegt im (oder nahe am) Wellenvektorbereich der Phononen.

9.1. Ultrarotspektren von Kristallen

Wir denken uns eine linear polarisierte elektromagnetische Welle der Kreisfrequenz ω_0 mit dem Wellenvektor $\mathfrak{k}_0$ durch einen Ionenkristall, z.B. NaCl, laufen. Dann wird durch das elektrische Lichtfeld eine transversale optische[36] (TO) Schwingung des Gitters an-

---

[34a] Weniger häufig auch die Energieverluste unelastisch gestreuter Elektronen.

[35] Die Abb. 9.1 erläutert allerdings die Prozesse 1, 3 und 4 gemeinsam.

[36] Benachbarte positive und negative Ionen werden in entgegengesetzte Richtung gezogen.

Tabelle 9.1. *Energie und Wellenvektor von Wellen und Teilchen im Kristall* (nur Größenordnungen)

	Phononen	Licht			Elektronen		thermische Neutronen		
		UR	sichtbar	Röntgen	langsame	mittel-schnelle			
Wellenlänge λ [Å]	$\infty \cdots 10$	$6 \cdot 10^6 \cdots 6 \cdot 10^4$	$6 \cdot 10^3$	$2 \cdots 0,1$	$1,2$	$0,06$	5	$1,5$	$0,75$
Wellenvektor $\|\mathfrak{k}\|, \|q\|$, [rad Å^{-1}]	$0 \cdots 1$	$10^{-6} \cdots 10^{-4}$	10^{-3}	$3 \cdots 60$	5	110	$1,2$	$3,8$	$8,5$
Kreisfrequenz $\omega = 2\pi\nu$ [rad sec^{-1}]	$0 \cdots 5 \cdot 10^{13}$	$3 \cdot 10^{12} \cdots 3 \cdot 10^{14}$	$3 \cdot 10^{15}$	$1 \cdot 10^{19} \cdots 2 \cdot 10^{20}$	$1,5 \cdot 10^{16}$	$7,5 \cdot 10^{20}$	$5 \cdot 10^{13}$	$5 \cdot 10^{14}$	$2 \cdot 10^{15}$
Energie [e Volt] $\hbar\omega,\ \hbar^2 k^2/2m$	$0 \cdots 5 \cdot 10^{-2}$	$2 \cdot 10^{-3} \cdots 0,2$	2	$5 \cdot 10^3 \cdots 10^5$	10^2	$5 \cdot 10^4$	$3 \cdot 10^{-3}$	$3 \cdot 10^{-2}$	$1,5 \cdot 10^{-1}$

geregt, die dieselbe Richtung und Wellenlänge wie die Lichtwelle im Kristall, d.h. denselben Wellenvektor hat:

$$\mathfrak{k}_0 = \mathfrak{q} \, . \tag{9.1}$$

Bei diesem Prozeß absorbiert das Gitter Strahlungsenergie, und zwar maximal bei Resonanz, d.h. wenn die Lichtfrequenz gleich der Eigenfrequenz einer ultrarotaktiven optischen Schwingung ist, d.h. wenn die Photonen und Phononen gleich groß sind:

$$\hbar \, \omega_0 = \hbar \, \omega^{\mathrm{TO}}(\mathfrak{q}) \, . \tag{9.2}$$

Bei jedem Absorptionsakt wird also ein Photon in ein Phonon gleicher Energie und gleichen Wellenvektors umgewandelt. Für diesen *Direktprozeß* 1. Ordnung gilt neben dem Energiesatz (9.2) die Gl. (9.1) als Auswahlregel für die Wellenvektoren.

    Die absorbierte Strahlung liegt im ultraroten Spektralbereich. Bei NaCl z.B. (vgl. Abb. 9.2) ist ihre Wellenlänge im Vakuum gleich

$$\lambda_{\mathrm{vac}} = 61 \ \mu\mathrm{m} = 6{,}1 \cdot 10^{-3} \ \mathrm{cm} \, ,$$

also sehr viel größer als die Gitterkonstante

$$a = 2 \, d = 5{,}65 \cdot 10^{-8} \ \mathrm{cm} \, .$$

Vernachlässigen wir die Dispersion des Lichtes im Kristall, setzen also $\lambda_0 \sim \lambda_{\mathrm{vac}}$, so ist

$$k_0 = |\mathfrak{k}_0| \approx \frac{2\,\pi}{\lambda_{\mathrm{vac}}} = 10^3 \ \mathrm{cm}^{-1}$$

gegenüber

$$q_R = \frac{\pi}{a} = 0{,}55 \cdot 10^8 \ \mathrm{cm}^{-1}$$

am Rand der Brillouinzone, d.h. es ist größenordnungsmäßig nur

$$q = |\mathfrak{q}| = k_0 \sim 10^{-4} \cdot q_R \tag{9.3}$$

d.h. praktisch

$$q = |\mathfrak{q}| = 0 \, . \tag{9.4}$$

Man mißt also in URA die Grenzfrequenzen $\omega^{(i)}(0)$ der UR-aktiven optischen Zweige [37]. Für NaCl ist

$$\omega_0 = \omega^{\mathrm{TO}}(0) = \frac{2\,\pi\,c}{\lambda_{\mathrm{vac}}} = 3{,}1 \cdot 10^{13} \ \mathrm{rad \ sec}^{-1} = 2\,\pi \cdot 4{,}85 \cdot 10^{12} \ \mathrm{sec}^{-1} \, ,$$
$$\tag{9.5}$$

---

[37] In komplizierter gebauten Ionenkristallen gibt es optische Grenzschwingungen, bei denen sich aus Symmetriegründen kein Dipolmoment ändert; diese sind UR-inaktiv. Beim NaCl sind alle optischen Schwingungen UR-aktiv.

d. h. die Phononenenergie gleich

$$\hbar\,\omega^{(\mathrm{TO})}(0) = \hbar\,\omega_0 = 3{,}25 \cdot 10^{-21}\,\mathrm{Watt\,sec} = 2 \cdot 10^{-2}\,\mathrm{eVolt} \quad (9.6)$$
$$= k \cdot 236\,^\circ\mathrm{K}\,.$$

Wie zu erwarten liegt die absorbierte Frequenz in einem Bereich maximaler Zustandsdichte, vgl. Abb. 8.8.

Aufgabe 9.1. Bestimme die elastische Federkonstante α einmal aus der Grenzfrequenz $\omega_+(0)$ unter sinngemäßer Anwendung der Formeln für die AB-Kette und zweitens aus den elastischen Konstanten c_{ik} des Steinsalzes.

Im *Termschema* eines Kristalls, von dem in Abb. 9.1 nur der Elektronengrundzustand W_{el}'' und ein angeregter Elektronenzustand

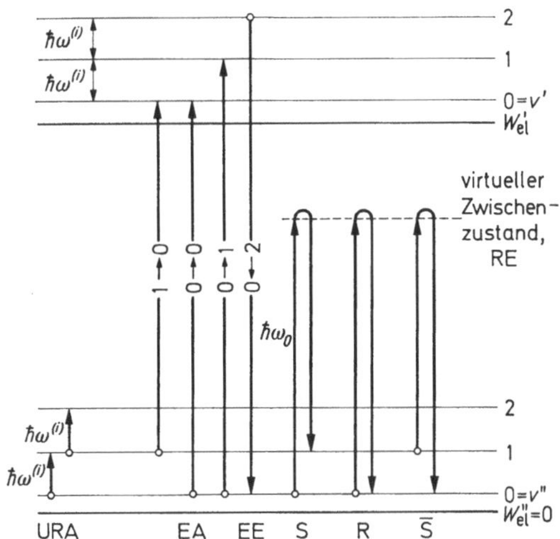

Abb. 9.1. Termschema eines Kristalls mit zwei Elektronenzuständen W_{el}'' und W_{el}', denen die Schwingungsenergie $W_v(\omega^{(i)})$ einer Gitterschwingung überlagert ist. Dazu ein virtueller Zwischenzustand zur Beschreibung der Streuung von Licht. URA: UR-Absorption, E: Elektronenschwingungsübergänge $\hbar\omega = \varDelta W_{el} + (v' - v'')\,\hbar\omega^{(i)}$ in Absorption (EA) und Emission (EE), RE: Raman-Streuung, S Stokes-, R Rayleigh- und $\overline{\mathrm{S}}$ anti-Stokes-Linie

W_{el}' und die der Elektronenenergie überlagerten Schwingungs-niveaus nur eines harmonischen Oszillators mit den Phononen $\hbar\omega^{(i)}$ gezeichnet sind, stellen sich die UR-Absorptionsprozesse (URA) als Übergänge zwischen benachbarten Schwingungstermen mit den Schwingungsquantenzahlen v und $v + 1$ des Elektronen-grundzustandes W_{el}'' dar, die für alle $v = 0, 1, 2, \ldots$ denselben Abstand $\hbar\omega^{(i)} = \hbar\,\omega^{\mathrm{TO}}(0)$ haben. Es gibt also die Auswahlregel $\varDelta v = 1$.

Berücksichtigt man jetzt nach Gl. (8.51) die endliche Breite der Schwingungsniveaus, so bekommt auch die Absorptionsbande eine endliche Breite, s. Abb. 9.2 für NaCl. Sie rührt also von den nicht-linearen Kräften her.

Wie aus der Kristalloptik bekannt ist und in Ziffer 11 noch einmal diskutiert wird, ist ein *kubischer* Kristall *optisch isotrop*, d.h. die

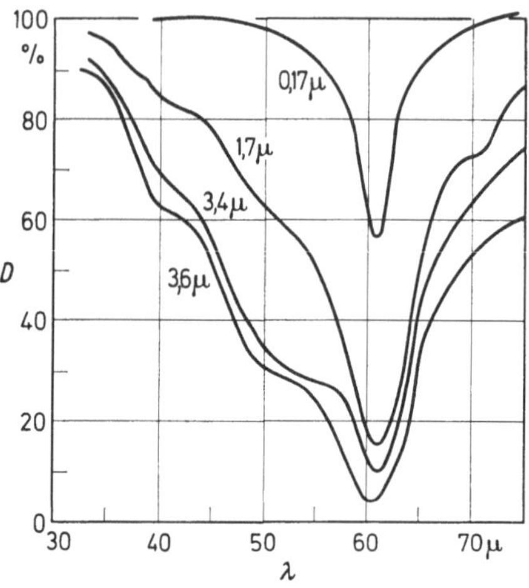

Abb. 9.2. Ultrarotabsorption durch die transversale optische Grenzschwingung $\omega^{TO}(0) = 3{,}1 \cdot 10^{13}$ rad s^{-1} an aufgedampften NaCl-Schichten. Die Zahlen geben die Schichtdicke in μm an. Das Hauptmaximum bei $\lambda = 61$ μm ist reell, die kurzwelligen Nebenmaxima können auf Interferenzen in der Kristallschicht beruhen. Nach BARNES 1932

in Abb. 9.2 gezeigte Absorptionskurve ist unabhängig von der Richtung und der Polarisation der Lichtwelle. Daraus folgt aber, daß auch die Grenzfrequenzen $\omega^{TO}(0)$ der transversalen optischen Zweige unabhängig von der Richtung der Welle sein müssen (Entartung)[38]. Wie ein Blick auf Abb. 9.15 zeigt, fallen tatsächlich für $q = 0$ alle transversalen optischen Zweige eines A^+B^--Kristalls zusammen, während für $q > 0$ die Entartung aufgespalten wird.

Die Absorption in der Grenzschwingungsbande ist sehr stark; man hat die Absorptionskonstante an sehr dünnen Schichten zu bestimmen. Es ist deshalb bequemer, das *Reflexionsspektrum* an polierten oder durch Spalten eines Einkristalls erzeugten Kristallflächen zu

---

[38] Da longitudinale Wellen von fortschreitenden Lichtwellen nicht angeregt werden, kann dieses Argument dort nicht benutzt werden. Tatsächlich fallen die Grenzfrequenzen der longitudinalen Wellen nicht mit denen der transversalen zusammen, siehe Abb. 9.15. Die neuerdings beobachtete Absorption durch LO-Schwingungen beruht auf der Erzeugung eines longitudinal schwingenden Lichtfeldes durch Interferenz der von einem Spiegel reflektierten Welle mit der eingestrahlten. Siehe BERREMANN, Phys. Rev. 1963.

messen. Da aber das Reflexionsvermögen eines Festkörpers außer von der Absorptionskonstanten $\varkappa$ auch vom Brechungsindex abhängt,

$$R = R(n, \varkappa), \qquad (9.7)$$

fällt schon nach der klassischen Optik (den Fresnelschen Formeln) das Maximum von R nicht mit dem von $\varkappa$ zusammen, sondern liegt bei kürzeren Wellen; bei NaCl z.B. ist $\lambda_{\text{Refl}} = 52$ μm gegenüber $\lambda_{\text{Abs}} = 61$ μm. Während also die uns interessierende Grenzfrequenz $\omega^{\text{TO}}(0)$ aus dem Absorptionsspektrum unmittelbar bestimmt werden kann, ist das aus dem Reflexionsspektrum nicht möglich, sondern erfordert eine komplizierte Auswertung, auf die wir hier nicht eingehen können. Doch gibt das Reflexionsspektrum einen sehr guten Überblick, da die Reflexionsmaxima im allgemeinen sehr stark ($R \sim 95\%$) sind. Deshalb sind auch die ersten UR-Spektren von Kristallen in Reflexion gemessen worden (*Rubenssche Reststrahlenmethode*).

Die Stärke der Wechselwirkung zwischen Lichtwelle und TO-Gitterwelle hat in der Gitterdynamik die Konsequenz, daß die hoch aufgeschaukelte Gitterwelle ihrerseits ein elektrisches Wechselfeld erzeugt, das sich der eingestrahlten Welle überlagert und diese stark verändert. Die Situation in der Nähe der Resonanzstelle kann also mit zwei unabhängigen Wellen (Licht- und Gitterwelle) im Grunde nicht mehr richtig beschrieben werden, sondern nur mit einer gemischten Transversalwelle. Diese enthält sowohl einen elektromagnetischen wie einen Gitteranteil, die sich mit wachsendem Abstand von der Resonanzstelle wieder entmischen. Von dieser Wechselwirkung rührt dann auch die Frequenzverschiebung der Reflexion her, doch können wir auf diese Zusammenhänge erst später näher eingehen (s. [C 13]).

Aufgabe 9.2. Versuche, die Verschiebung des Reflexionsmaximums gegen die Eigenfrequenz $\omega^{\text{TO}}(0)$ des Gitteroszillators durch dessen Wechselwirkung mit der Lichtwelle, insbesondere seine Phasenänderung beim Durchgang der Lichtfrequenz durch $\omega^{\text{TO}}(0)$, anschaulich zu erklären.

Aufgabe 9.3. Wie wäre die Reflexion eines Photons im Teilchenbild, also als Phonon-Photon-Wechselwirkung, zu beschreiben? Ordnung des Prozesses?

Die nächsten Abbildungen zeigen eine Reihe von Ergebnissen der UR-Spektroskopie als typische *Beispiele*.

Die Abb. 9.3 zeigt eine Auswahl von Reflexionsspektren aus den klassischen Untersuchungen von LIEBISCH und RUBENS an kubischen AB-Gittern. Wie zu erwarten, verschiebt sich das Reflexionsmaximum bei steigender Masse der Ionen zu niedrigeren Frequenzen, d.h. größeren Wellenlängen. Dasselbe wird in Abb. 9.4 noch einmal für eine größere Anzahl von Substanzen dargestellt. Der Verlauf der

Kurven in Abhängigkeit von der reduzierten Masse entspricht etwa dem in Gl. (8.18) für die AB-Kette angegebenen[39].

Im Fall nichtkubischer Kristalle spalten die Grenzfrequenzen infolge der oben in Ziffer 8.3 behandelten Aufspaltung symmetrieentarteter Frequenzzweige in maximal 3 auf, im trigonalen Kalkspat $CaCO_3$, dessen optische Konstanten nach Kapitel D durch ein

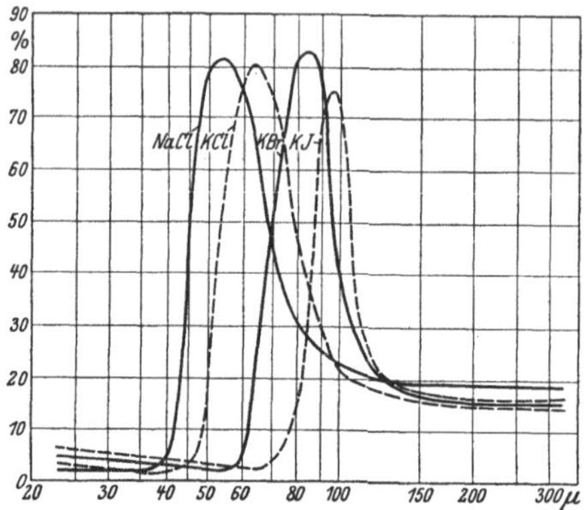

Abb. 9.3. Langwellige Reflexionsspektra an Alkalihalogeniden. Klassische Messungen von RUBENS und Mitarbeitern 1900—1910

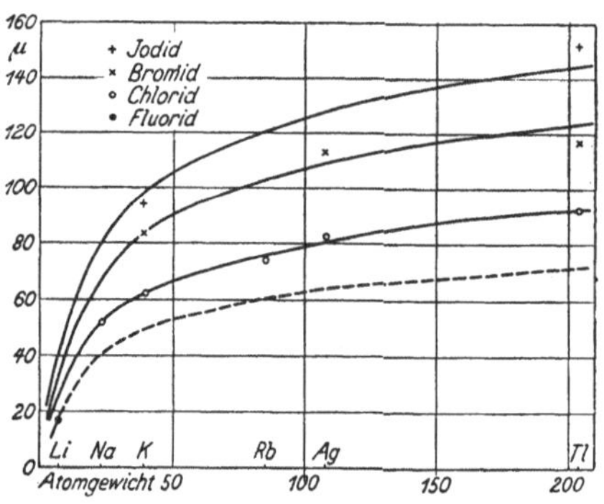

Abb. 9.4. Verschiebung des Reststrahlmaximums mit den Massen der Ionen in einfachen Halogeniden. RUBENS 1910

Rotationsellipsoid dargestellt werden, z.B. in zwei, bei deren einer (zweifach entarteten) das Dipolmoment senkrecht, bei der anderen (einfachen) parallel zur optischen Achse schwingt, siehe Abb. 9.5.

---

[39] Ein exakter Vergleich ist nicht möglich, da die Reflexionsmaxima nicht genau bei den Eigenfrequenzen liegen.

Dieselbe Erscheinung des *Dichroismus* zeigt noch einmal Abb. 9.6 für einen Ausschnitt aus dem Reflexionsspektrum des ebenfalls optisch einachsigen (trigonalen) Eisenspats ($FeCO_3$). Dagegen zeigt der

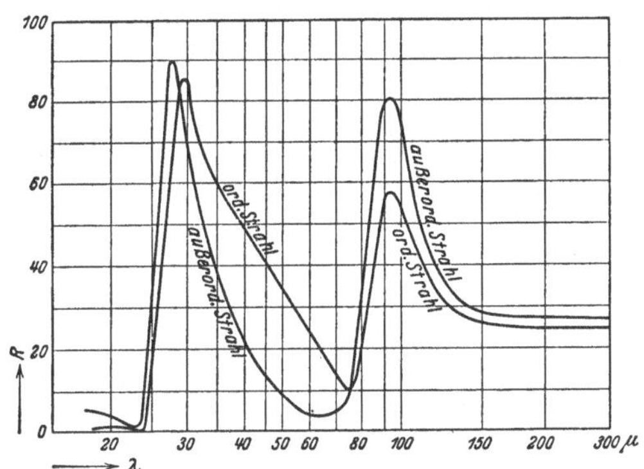

Abb. 9.5. Dichroismus im langwelligen URR-Spektrum des Kalkspats $CaCO_3$. Ordentlicher (außerordentlicher) Strahl: elektrischer Lichtvektor senkrecht (parallel) zur trigonalen Kristallachse. Die Maxima entsprechen Grenzfrequenzen von äußeren Gitterschwingungen

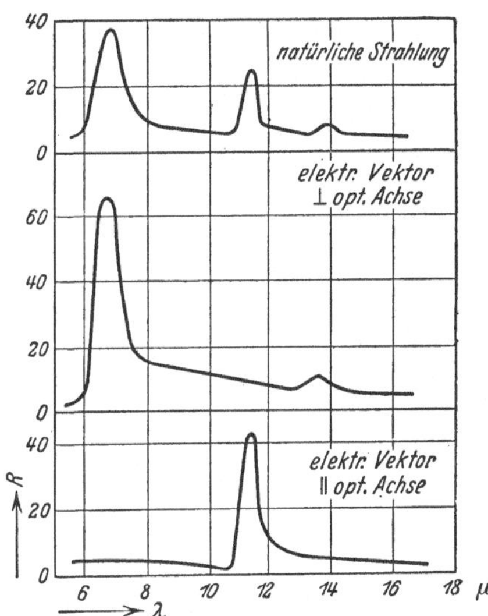

Abb. 9.6. Dichroismus im kurzwelligen URR-Spektrum von Eisenspat $FeCO_3$ (Kalkspat-Typ). Die Maxima entsprechen Grenzfrequenzen von inneren CO_3-Schwingungen. Nach SCHAEFER und SCHUBERT 1916

optisch zweiachsige (orthorhombische) Cerussit ($PbCO_3$) *Trichroismus*, d.h. drei verschiedene Spektren, wenn der elektrische Lichtvektor parallel zu einer der drei rhombischen Achsen schwingt, siehe Abb. 9.7. Hier haben wir also schon in der Grenze $q = 0$ drei ge-

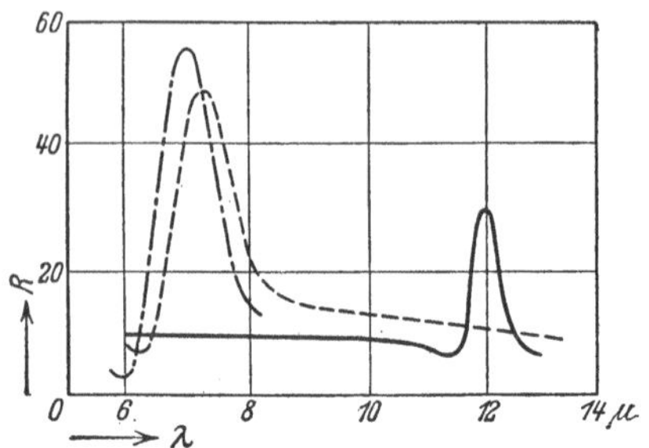

Abb. 9.7. Trichroismus im kurzwelligen URR-Spektrum des orthorhombischen Cerussit PbCO₃. Polarisation jeweils parallel zu einer der drei orthogonalen Achsen. Nach SCHAEFER und SCHUBERT 1916

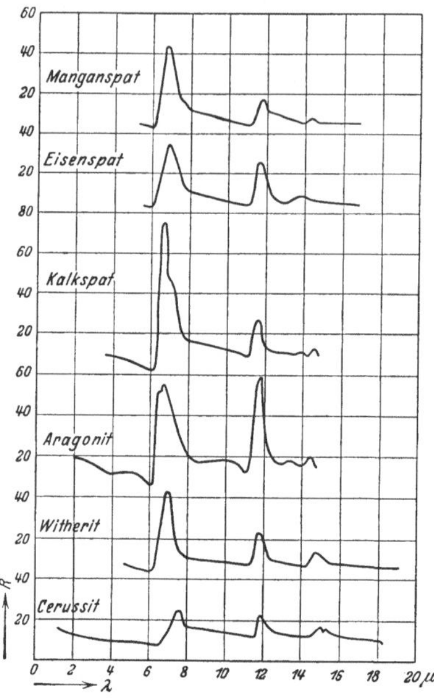

Abb. 9.8. UR-aktive Grenzschwingungen des CO_3^{--}-Ions in verschiedenen Karbonaten MCO₃ (M = Mn, Fe, Ca, Ca, Ba, Pb). Nach SCHAEFER und SCHUBERT 1916

trennte transversale optische Zweige, in denen jeweils der absorbierende elektrische Dipol parallel zu einer der drei orthogonalen Kristallachsen schwingt.

In Abb. 9.8 sind die im kurzwelligen UR beobachteten Reflexionsspektren mehrerer Karbonate zusammengestellt.

Vergleicht man die drei letzten Abbildungen mit Abb. 9.5, so lassen sich sehr deutlich zwei Gruppen von UR-Banden unterscheiden: solche im langwelligen und solche im kurzwelligen Gebiet. Letztere sind für alle Karbonate dieselben, kommen also dem CO_3^{--}-Komplex zu. Sie liegen bei $\lambda = 7\ \mu m$, $11\ \mu m$ und $14\ \mu m$. Entsprechende Eigenfrequenzen beobachtet man bei den Sulfaten, Nitraten usw. Diese Gitterschwingungen kann man in erster Näherung als innere Schwingungen dieser Komplexe beschreiben; man nennt sie deshalb *innere* Gitterschwingungen. Die Banden im langwelligen UR dagegen gehören zu Schwingungen, bei denen die Komplexe (Inseln) als Ganze gegen das übrige Gitter schwingen; man nennt sie deshalb *äußere* Gitterschwingungen. Innere und äußere UR-aktive Schwingungen gehören natürlich zu optischen Frequenzzweigen des Raumgitters.

Da die inneren Schwingungen mit praktisch denselben Frequenzen auch in Lösungen vorkommen, ist zu schließen, daß derartige Komplexe auch im Kristall viel fester in sich gebunden sind als an die Umgebung. Dem entspricht in der Struktur, daß die Abstände innerhalb der Inseln kleiner als die Abstände zwischen den Inseln sind (vgl. Abb. 9.9).

Im Kristall hat man es nun aber nicht, wie im Gas oder in einer statistisch isotropen Flüssigkeit, mit den inneren Schwingungen von unabhängigen oder sogar freien Komplexen (Molekeln, Inseln) zu tun. Vielmehr sind folgende typischen *Gittereinflüsse* zu beachten:

1. Da wir bei UR-Absorption praktisch Grenzschwingungen $\omega^{TO}(0)$ beobachten, schwingen homologe Komplexe in allen Zellen in guter Näherung in Phase ($q = 0$). Es genügt also, nur *eine* Zelle zu betrachten.

2. Ein in isolierter Lage hochsymmetrisches Gebilde wie z.B. ein SO_4^{--}-Tetraeder oder ein gleichseitiges CO_3^{--}-Dreieck kann in einem Kristall auf einen Gitterplatz niedrigerer Symmetrie kommen, d.h. es wird *deformiert*. Hierbei spalten alle symmetrieentarteten inneren Schwingungen auf nach Maßgabe der Größe der Deformation und der Symmetrie des Gitterplatzes. Erstere kann aus der Größe der Aufspaltung abgeschätzt, letztere aus der Zahl der entstehenden (einfachen oder geringer entarteten) Komponenten bestimmt werden. Ein Beispiel zeigt Abb. 9.10. Wir betrachten von jetzt an nur noch eine einzelne einfache Aufspaltungskomponente.

3. Sind in einer Zelle mehrere (p) gleiche Komplexe an gleichwertigen Plätzen (z.B. p NO_3^--Ionen auf unsymmetrischen Plätzen um eine p-zählige Achse) vorhanden, so sind sie als gekoppelte mechanische Pendel gleicher Eigenfrequenz aufzufassen. Die Kopplung wird durch die chemischen Kräfte („Anstoßen der Nachbarn")

und durch das elektrische Feld der schwingenden Dipole („Dipol-Dipol-Kopplung") bewirkt. Man hat also die Gesamtheit der p Komplexe als ein physikalisches System mit p-facher Zahl von Freiheitsgraden zu behandeln. Vor Einschalten der Kopplung ist die Schwingungsfrequenz die der einzelnen Komplexe, aber p-fach entartet, und

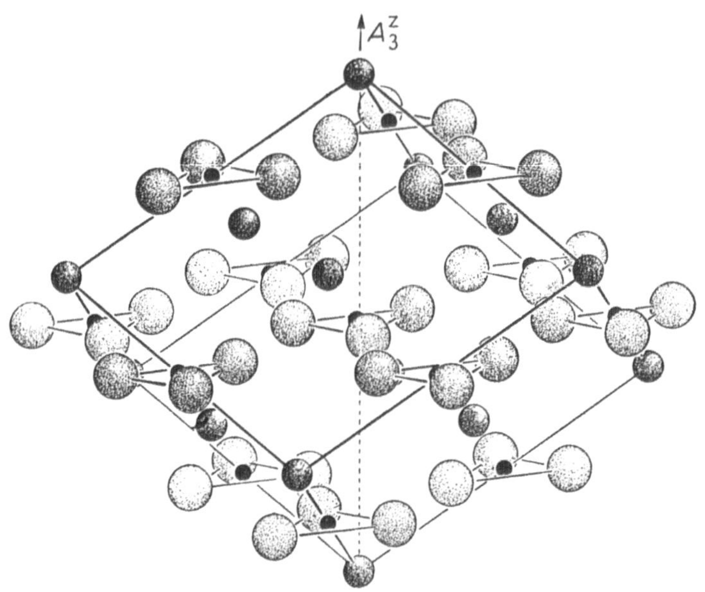

Abb. 9.9. Kalkspatgitter. Trigonaler GO1-Typ. CO_3^{--}-Inseln mit Abständen $d_{c\cdots o} = 1{,}29$ Å. Dagegen ist der Abstand des Ca^{++}-Ionen zu den 6 benachbarten O-Atomen gleich $d_{ca\cdots o} = 2{,}37$ Å. Optisch einachsig: ordentliche Welle $\mathfrak{E} \perp A_3^z$, außerordentliche Welle $\mathfrak{E} \| A_3^z$ bei Poyntingvektor $\mathfrak{S} \perp Å_3^z$

es bestehen keine Phasenbeziehungen zwischen den einzelnen Komplexen. Nach Einschalten der Kopplung spaltet aber die p-fache Eigenfrequenz der Gesamtheit auf in p verschiedene einfache Frequenzen. Die zu diesen gehörenden Schwingungen sind dadurch gekennzeichnet, daß bei jeder von ihnen eine feste Phasenverschiebung zwischen den inneren Schwingungen zweier benachbarter Komplexe besteht. Diese konstante Phasenverschiebung hat bei jeder der p verschiedenen Eigenschwingungen des Gesamtsystems einen anderen Wert, und zwar kommen die und nur die p verschiedenen Phasenverschiebungen

$$\Delta\varphi = 0, \frac{2\pi}{p}, \quad 2\frac{2\pi}{p}, \ldots, (p-1)\frac{2\pi}{p} \tag{9.8}$$

vor. Diese Aufspaltung heißt *Resonanz-Aufspaltung* [40]. Ist das Gesamtsystem der p Komplexe sehr symmetrisch (mindestens dreizählig) aufgebaut, so können von den p Eigenschwingungen einige frequenzgleich sein (z. B. die mit der Phasenverschiebung

$$1 \cdot \frac{2\pi}{p} \quad \text{und} \quad (p-1)\frac{2\pi}{p} \triangleq (-1)\frac{2\pi}{p},$$

die sich nur durch „rechtsherum" und „linksherum" unterscheiden), d. h. es gibt Symmetrieentartung, und man beobachtet weniger als p Komponenten. Dabei ist ferner zu berücksichtigen, daß nicht alle Komponenten UR-aktiv sind. In Abb. 9.10 ist gezeigt, wie eine drei-

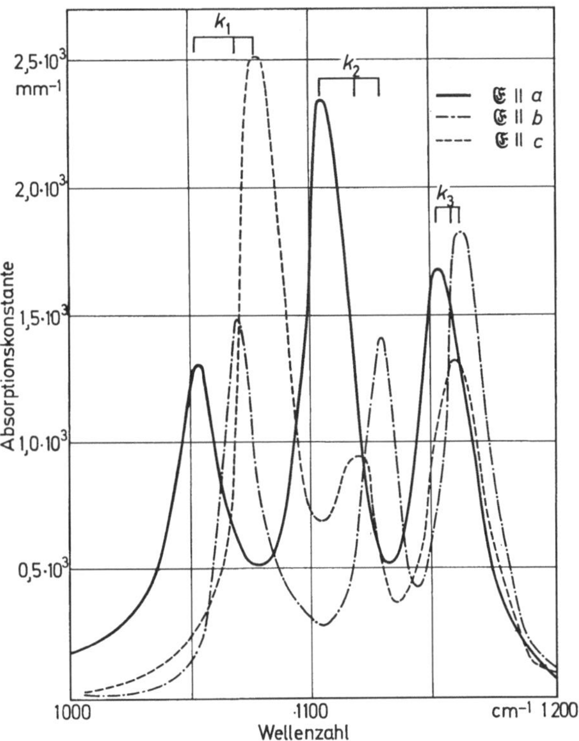

Abb. 9.10. Absorptionsspektrum des orthorhombischen Bittersalzes $MgSO_4 \cdot 7H_2O$ im Bereich der 3-fach entarteten UR-aktiven Schwingung des SO_4^{--}-Tetraeders bei $\tilde{\nu} = 1100 \text{ cm}^{-1}$. Infolge der Deformation des Tetraeders auf einem Gitterplatz der Symmetrie C_1 spaltet die Schwingung auf in drei einfache Komponenten K_1, K_2, K_3. Jede davon wird durch Resonanz in 4 Zellenschwingungen aufgespalten. Die 3 UR-aktiven davon liefern 3 Absorptionsmaxima. Sie sind parallel zu den drei Zellenachsen polarisiert (Trichroismus)

---

[40] Es handelt sich um nichts anderes als um das schon in der Mechanik behandelte Problem von p gekoppelten gleichen Pendeln.

fach symmetrieentartete Schwingung des SO_4^{--}-Tetraeders durch den Einbau in das nur orthorhombische $Mg(SO_4) \cdot 7\,H_2O$ in drei einfache Komponenten aufspaltet. Da die Zelle vier gleichwertige SO_4^{--}-Ionen enthält, spaltet jede dieser SO_4^{--}-Schwingungen noch einmal durch Resonanz in 4 Schwingungen der Zelle auf, von denen eine UR-inaktiv ist. Die drei UR-aktiven sind in der Abb. 9.10 zu erkennen.

Aufgabe 9.4. Realisiere die Resonanzkopplung am Beispiel von 2 und 3 längs x schwingenden mechanischen Pendeln. Gib die Bewegungsformen und die Phasenverschiebungen anschaulich an. Vergleiche das Ergebnis mit den Bewegungen einer Großperiode von $N = 2$ und $N = 3$ Zellen der A-Kette ($s = 1$), vgl. Ziffer 8.2.

Neben den starken *Hauptmaxima* der Ultrarotspektren, die den Grenzfrequenzen ($\mathfrak{k}_0 = \mathfrak{q} = 0$) der UR-aktiven optischen Dispersionszweige entsprechen, beobachtet man noch sehr viel schwächere *Nebenmaxima*. Auch hier sind die Lichtwellenlängen so groß, daß der Wellenvektor $\mathfrak{k}$ noch praktisch Null ist. Man muß die Maxima aber wegen der geringen Intensität auf Mehrphononenprozesse nach dem Schema (8.52) zurückführen, bei denen zwei Phononen $\hbar\omega'$ und $\hbar\omega''$ mit entgegengesetzt gleichem Wellenvektor bei der Absorption eines Photons $\hbar\omega$ mit $\mathfrak{k} \approx 0$ erzeugt werden. Die Übergänge erfolgen wie bei den Hauptmaxima bei Gitterfrequenzen maximaler Zustandsdichte, d.h. im allgemeinen an der Grenze der Brillouinzone. Die absorbierten Frequenzen sind nach (8.48) die Kombinationsfrequenzen[41] $\omega = \omega' + \omega''$, d. h. man hat die Summe der Phononen zweier Zweige am Rand der Brillouinzone gemessen s. Abb. 9.11 und 9.12.

Zu dem Mechanismus dieser Absorption muß noch bemerkt werden, daß die Schwingungen an der Grenze der Brillouinzone im räumlichen Mittel kein Dipolmoment haben, da sie stehende Wellen mit gegen die Lichtwellenlänge sehr kleiner Wellenlänge sind und also streng genommen nicht absorbieren können. Jedoch ist die aus Gleichung (8.51) resultierende Breite

$$\Delta\omega = \frac{\Delta W_v}{\hbar} \sim \frac{1}{\tau_v} \tag{9.9}$$

des ultrarotaktiven Hauptmaximums bei $\omega^{TO}(0)$ so groß, daß diese Bande bis in den Bereich $\omega' + \omega''$ hineinreicht. Dies bedeutet aber auch, daß der Frequenz $\omega' + \omega''$ von $\omega^{TO}(0)$ her ein Dipolmoment beigemischt ist, das diese Absorption bewirkt. Wie Abb. 9.11 zeigt, liegt das Nebenmaximum[42] tatsächlich auf der Flanke des Hauptmaximums.

Der absorbierende Übergang ist in Abb. 9.12 schematisch in die transversalen Zweige der linearen AB-Kette eingezeichnet, und zwar,

---

[41] Sie treten hier wie in der klassischen Mechanik nur infolge der Nichtlinearität der Gitterkräfte auf.

[42] Dieselbe Frequenz hat auch die in Fußnote 38 auf Seite 110 erwähnte LO-Absorption, so daß das beobachtete Nebenmaximum bei schiefer Reflexion die Überlagerung von 2 Banden ist.

um die Durchmischung der Zustände anzudeuten, von $q = 0$ schräg zu $q\mathfrak{a} = \pm\,\pi$.

In komplizierteren Kristallen mit Inselstruktur treten naturgemäß auch *Ober*schwingungen und *Kombinations*schwingungen zwi-

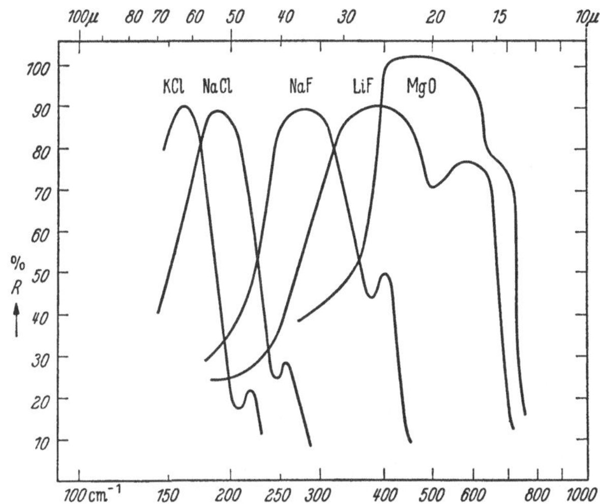

Abb. 9.11. Ultrarotreflexion einiger einfacher AB-Ionenkristalle: Hauptmaximum $\triangleq$ Grundschwingung (Einphononen-Prozeß) $\omega^{\text{TO}}(0)$ und Nebenmaximum $\triangleq$ Kombinationsschwingung (Zwei-Phononen-Prozeß)
$$\omega^{\text{TO}}(\pi/a) + \omega^{\text{TA}}(\pi/a)$$

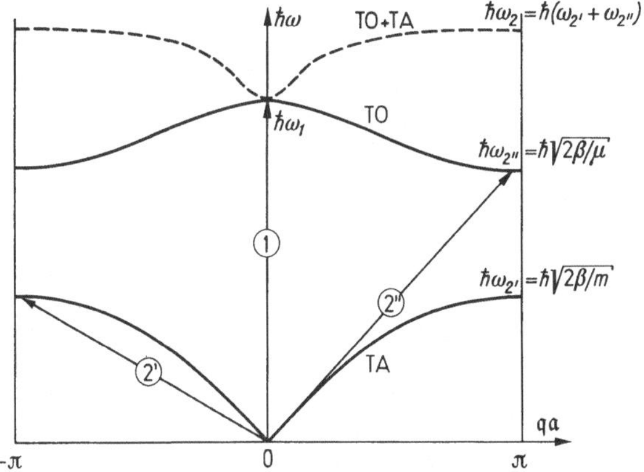

Abb. 9.12. Übergangsschema im Termschema der AB-Kette unter Einhaltung der q-Auswahlregel. Grundschwingung (1), Kombinationsschwingung $(2') + (2'')$ mit der Energie $\hbar\omega_2$. $\beta = $ Kraftkonstante für Transversalschwingungen

schen verschiedenen inneren Eigenschwingungen, aber auch zwischen inneren und äußeren optischen und akustischen Schwingungen auf. Dadurch werden die Spektren und ihre Deutung kompliziert, vgl. Abb. 9.13. Jedoch erhält man so mit relativ einfachen spektroskopischen Hilfsmitteln Aufschluß nicht nur über die UR-aktiven

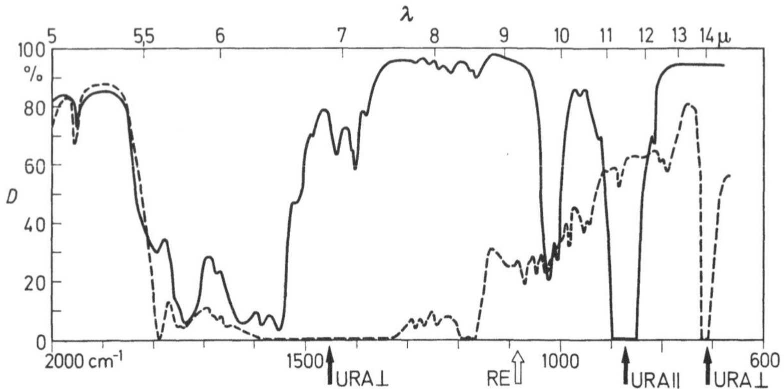

Abb. 9.13. Absorptionsspektrum von Kalkspat $CaCO_3$ im kurzwelligen Ultrarot. Aufgetragen ist die Durchlässigkeit einer Schicht der Dicke $d = 250\ \mu m$ bei $T = 14\,°K$. Die drei UR-aktiven ($\tilde{\nu} = 706;880;1470$ cm⁻¹) und die Ramanaktive, UR-nichtaktive Schwingung ($\tilde{\nu} = 1090$ cm⁻¹) sind durch Pfeile gekennzeichnet. Gestrichelt: o. Spektrum, $\mathfrak{E} \perp A_3^z$. Ausgezogen: a. o. Spektrum, $\mathfrak{E} \parallel A_3^z$. Kombinationen zwischen inneren und zwischen diesen und äußeren Gitterschwingungen ergeben die übrigen Durchlässigkeitsminima

Grenzfrequenzen ($q = 0$), sondern auch über die UR-inaktiven Zweige und über die Frequenzen am Rand der Brillouinzone, die sonst nur durch aufwendige Neutronenstreuungsexperimente zu bestimmen sind.

Aufgabe 9.5. Zeige mittels der Dispersionsformeln (8.9) für die lineare AB-Kette, daß das Nebenmaximum für alle in Abb. 9.11 enthaltenen Kristalle bei $\omega^{TO}(\pi/a) + \omega^{TA}(\pi/a) \sim 1{,}4 \cdot \omega^{TO}(0)$ zu erwarten ist.

9.2. Unelastische Streuung von Neutronen und Röntgenquanten

Nach Tabelle 9.1 haben thermische Neutronen ebenso wie Röntgenstrahlen Wellenlängen von der Größenordnung der Netzebenenabstände. Es werden also beide Strahlenarten *elastisch* nach der Bragg-Gleichung (4.18) im Gitter reflektiert. Bei der ebenfalls vorkommenden *unelastischen* Streuung geht Schwingungsenergie des Gitters in die Bilanz ein, indem entweder ein Phonon erzeugt oder vom gestreuten *Neutron*[43] mitgenommen wird. In diesen Fällen ist die Bragg-Gleichung zu erweitern und man hat[44]

$$\mathfrak{k}_0 - \mathfrak{k}' = \mathfrak{q} + m\,\mathfrak{g}_{\tilde{h}\tilde{k}\tilde{l}}\,. \tag{9.10}$$

$\mathfrak{q}$, $\mathfrak{k}_0$, $\mathfrak{k}'$ sind die Wellenvektoren von Phonon, eingestrahltem und unelastisch gestreutem Neutron, $m\,\mathfrak{g}_{hkl}$ ist ein geeigneter Vektor im reziproken Gitter. Diese Gleichung wirkt als Auswahlregel für die vorkommenden Streuprozesse, die außerdem noch den Energiesatz

$$\frac{\hbar^2\,\mathfrak{k}'^2}{2\,m_n} = \frac{\hbar^2\,\mathfrak{k}_0^2}{2\,m_n} \mp \hbar\,\omega^{(i)}(\mathfrak{q}) \qquad (m_n = \text{Neutronenmasse}) \tag{9.12}$$

für die Erzeugung $(-)$ oder Vernichtung $(+)$ des Phonons $\hbar\,\omega^{(i)}(\mathfrak{q})$ erfüllen müssen. Die Impulsänderung $\hbar(\mathfrak{k}_0 - \mathfrak{k}')$ des Neutrons wird, da das einzelne Phonon keinen Impuls transportiert, wie auch beim elastischen Stoß, auf das ganze Gitter übertragen[45].

Nur in die durch die beiden Erhaltungssätze festgelegten Richtungen können Neutronen unelastisch gestreut werden. Strahlt man also monochromatische Neutronen in einer bestimmten Richtung ein (festes $\mathfrak{k}_0$) und mißt die Richtung und die Energieänderung der gestreuten Neutronen, so kann man die Wellenvektoren $\mathfrak{q}$ und Energien $\hbar\,\omega^{(i)}(\mathfrak{q})$ der Phononen, d.h. ihre Dispersionskurven durch alle Zweige bestimmen. Mit $\omega^{(i)}(\mathfrak{q})$ und $|\mathfrak{q}|$ ist dann auch die Phasengeschwindigkeit $v^{(i)}(\mathfrak{q}) = \omega^{(i)}(\mathfrak{q})/|\mathfrak{q}|$ bestimmt. Die Experimente erfordern ziemlich großen Aufwand (starke Kernreaktoren als Neutronenquellen, große 2- oder 3-achsige Goniometer). Da aber die Phononenenergie, d.h. der Energieverlust der Neutronen nach Tabelle 9.1 von derselben Größenordnung ist wie die Neutronenenergie selbst, sind die Effekte sehr deutlich meßbar und der Aufwand ist vertretbar. Einige Ergebnisse siehe in Abb. 9.14 und 9.15.

Bei *Röntgenquanten* dagegen liegt die Energie nach Tabelle 9.1 mehrere Zehnerpotenzen über der Phononenenergie, so daß die nach dem Energiesatz

$$\hbar\,\omega' = \hbar\,\omega_0 \mp \hbar\,\omega^{(i)}(\mathfrak{q}) \tag{9.13}$$

unelastisch gestreuten Quanten $\hbar\,\omega'$ im Spektrometer wegen der endlichen Linienbreite nur schwer von den elastisch gestreuten

---

[43] Die unelastische Streuung von Röntgenquanten siehe am Schluß dieses Abschnitts.

[44] Diese Gleichung erfaßt mit nur einem Vorzeichen von $\mathfrak{q}$ alle vorkommenden Fälle: Vernichtung und Erzeugung von Phononen beliebiger Richtung. Dabei sollen alle $\mathfrak{q}$ in der 1. Brillouinzone oder der Einheitszelle am Koordinatenanfang liegen.

[45] Dasselbe gilt später auch für den Photonenimpuls bei der unelastischen Streuung von Licht. Wir gehen deshalb auf die Frage der Impulsbilanz im folgenden nicht mehr ein.

Quanten $\hbar\omega_0$ getrennt werden können. Trotzdem sind auch mit dieser Methode gute Ergebnisse erzielt worden.

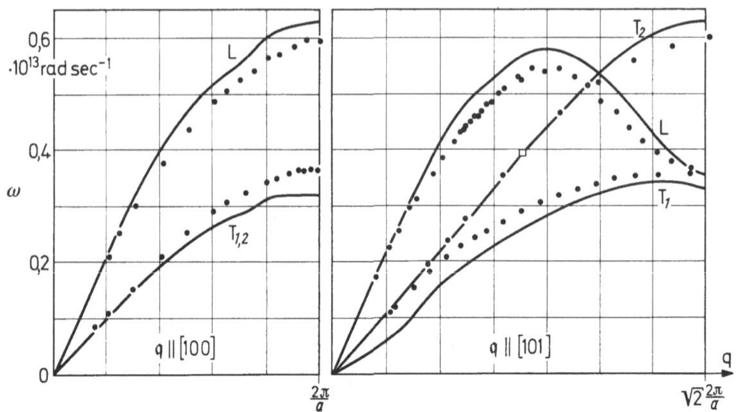

Abb. 9.14. Phononen-Dispersionszweige des kubisch-flächenzentrierten Aluminiums. Kurve: gerechnet (vgl. auch Abb. 8.6). Punkte: gemessen durch unelastische Neutronenstreuung (Anpassung von Theorie und Experiment bei dem Punkt □). Darstellung wie in Abb. 8.6. Nach HARRISON, Phonons, 1966

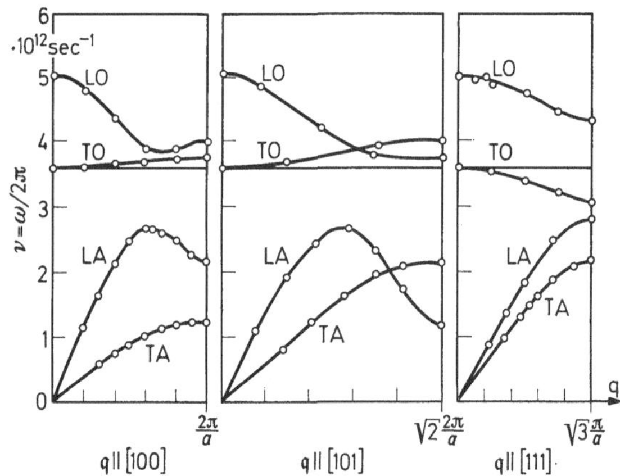

Abb. 9.15. Durch Neutronenstreuung bestimmte Phononen-Dispersionszweige des kubisch-flächenzentrierten KBr. Man beachte, daß wegen der optischen Isotropie die UR-aktiven TO-Zweige bei $q = 0$ unabhängig von der q-Richtung dieselbe Frequenz haben (vgl. Ziffer 9.1). Darstellung wie in Abb. 8.6

In Abb. 9.16 sind in das *reziproke Gitter* von Abb. 8.5 Wellenvektoren für elastische und unelastische Streuung von Neutronen oder Röntgenquanten nach Gl. (9.10) eingezeichnet. Der Nullpunkt 0 der Vektoren liegt in der Mitte der Einheitszelle. Die Vektoren q_i

sind jeweils von der Spitze des Streuwellenvektors $\mathfrak{k}'_i$ zur nächstbenachbarten Zellenmitte gezeichnet, d.h. sie sind auf die Einheitszelle reduziert. Nur solche Streuprozesse in Richtung $\mathfrak{k}'$, d.h. nur solche

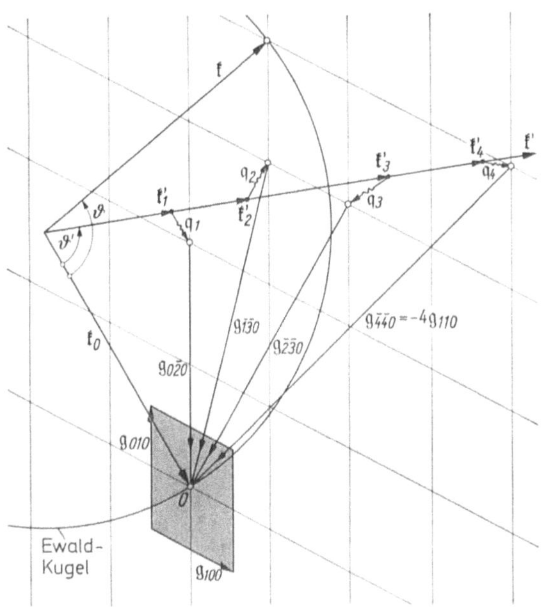

Abb. 9.16. Elastische und unelastische Neutronen- oder Röntgenstreuung, dargestellt im reziproken Gitter nach Abb. 8.5. $\mathfrak{k}_0$ = Wellenvektor der eingestrahlten, $\mathfrak{k}$ der der elastisch gestreuten, $\mathfrak{k}'_i$ ($i = 1, \ldots, 4$) der der unelastisch gestreuten Teilchen. Die gestreuten Teilchen werden alle in derselben Richtung beobachtet, aber mit verschiedenen Energien und Impulsen $\hbar\mathfrak{k}'_i$. q_i sind Wellenvektoren von Phononen, die Gl. 9.10 mit Vektoren $m\,g_{\bar{h}\bar{k}\bar{l}}$ des reziproken Gitters erfüllen.

Vektoren $\mathfrak{k}'_i$ und q_i werden wirklich beobachtet, von denen auch der Energiesatz (9.12) erfüllt wird, der das gesuchte Dispersionsgesetz (8.40) enthält. Phononenerzeugung kommt danach nur vor, wenn $\mathfrak{k}'_i$ innerhalb, Phononenvernichtung, wenn $\mathfrak{k}'_i$ außerhalb der Ewald-Kugel für elastische Reflexion endet.

Aufgabe 9.6. Zeichne die Abb. 9.16 um auf das Raumgitter. Wie liegen die Vektoren $\mathfrak{k}_0, \mathfrak{k}'_i, q_i$ zu den Netzebenenscharen ($\hbar\mathfrak{k}0$), und wie liegen diese zu den Basisvektoren $\mathfrak{a}, \mathfrak{b}, \mathfrak{c}$?

9.3. Brillouin- und Ramanstreuung

Bei sichtbarem und ultraviolettem Licht ist die Wellenlänge groß gegen die Gitterkonstanten und Netzebenenabstände. Im idealen ruhenden Gitter gibt es deshalb keine Lichtstreuung; der einzige Effekt der Materie auf die Lichtwellen ist die Änderung der Wellenlänge nach Maßgabe des anisotropen Brechungsindex. Durch eine Gitterschwingung wird dieser[46] aber zeitlich mit der Phononenfrequenz und räumlich mit der Wellenlänge, d.h. nach Maßgabe von q moduliert. Wegen der räumlichen Schwankung tritt jetzt Lichtstreuung auf, und wegen der zeitlichen Modulation mit der Frequenz $\omega^{(i)}(q)$ treten im Streulicht neben einer Spektrallinie mit der eingestrahlten Frequenz ω_0 (Rayleighstreuung[47]) auch Linien mit den um die Gitterschwingungs(= Phononen)-Frequenz verschobenen Frequenzen $\omega' = \omega_0 \pm \omega^{(i)}(q)$ auf. Das gestreute Photon hat also ein Phonon übernommen oder im Gitter erzeugt. Dieser Effekt heißt *Ramanstreuung*, wenn das Phonon in einem optischen Zweig, *Brillouinstreuung*, wenn es in einem akustischen Zweig des Schwingungsspektrums liegt.

Aufgabe 9.7. Beschreibe den Streumechanismus klassisch nach Cabannes und Rocard: Der Vektor $\mathfrak{E}$ des eingestrahlten Lichtes erzeugt einen induzierten Dipol $p = \alpha_e \mathfrak{E}$. Die Polarisierbarkeit α_e schwankt um den Gleichgewichtswert mit der Phononenfrequenz. Gib die Zeitabhängigkeit der Streuwelle (d.h. des Dipols) an. Welche Frequenzen sieht ein Spektrometer (= Fourieranalysator)? Vergleiche die Streuung durch den Gleichgewichtswert α_e eines fehlerfreien Kristalles mit der eine statistisch ungeordneten Molekelgases.

Es gilt also der Erhaltungssatz (9.10)[48]

$$\mathfrak{k}_0 - \mathfrak{k}' = q \tag{9.14}$$

für die Wellenvektoren, aber ohne Beteiligung eines reziproken Gittervektors[49], und der Energiesatz

$$\hbar\omega' = \hbar\omega_0 \mp \hbar\omega^{(i)}(q), \tag{9.15}$$

siehe Abb. 9.17. Aus ihr geht hervor, daß die entsprechend den beiden Vorzeichen in Gl. (9.15) erzeugten oder vernichteten Phononen trotz gleichem Streuwinkel ϑ nicht denselben Wellenvektor haben. Ihre Richtungen stimmen auch nicht mit der Richtung des bei der elastischen Rayleighstreuung auf den Kristall übertragenen Impulses $\hbar(\mathfrak{k}_0 - \mathfrak{k})_R$ überein.

Das wird berücksichtigt durch die Dispersionsgleichungen für Licht (hier nur für optische Isotropie, also kubische Kristalle an-

---

[46] Oder, was dasselbe ist, die elektrische Polarisierbarkeit α_e.

[47] Für die Rayleighstreuung sind nicht die Phononen, sondern nur Baufehler im Realkristall verantwortlich. Sie verschwindet im Idealkristall. Vgl. Aufgabe 9.7.

[48] Hierbei gilt wieder das in Fußnote 44, Seite 121 Gesagte.

[49] Da die langen Wellen „die Gitterstruktur nicht sehen können". Oder anders gesagt: mit $\mathfrak{k}_0$ und $\mathfrak{k}'$ liegt auch $\mathfrak{k}_0 - \mathfrak{k}' = q$ dicht am Zentrum der Brillouinzone, ein Reduktionsvektor $m\,\mathfrak{g}_{hkl}$ wird nicht gebraucht.

geschrieben)

$$\omega_0 = \frac{c}{n_0}\, k_0\,, \qquad \omega' = \frac{c}{n'}\, k'$$

$$(n_0,\, n' = \text{Brechungsindizes}) \tag{9.16}$$

$$k_0 = |\,\mathfrak{k}_0\,|\,, \qquad k' = |\,\mathfrak{k}'\,|\,, \qquad q = |\,\mathfrak{q}\,|$$

und für die Gitterwellen

$$\omega^{(i)}(\mathfrak{q}) = v^{(i)}(\mathfrak{q})\, q\,, \tag{9.17}$$

wobei $v^{(i)}(\mathfrak{q})$ die Schallgeschwindigkeit ist, die in den einzelnen Zweigen von der Frequenz und der Richtung der Phononen abhängt [50]. Es ist evident, daß aus Ablenkung und Frequenz des Streu-

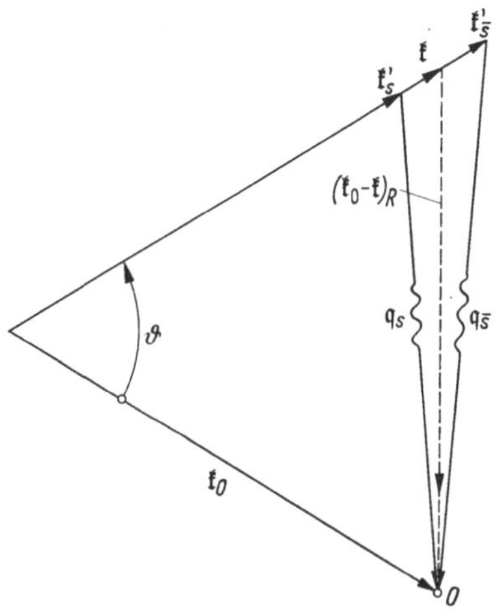

Abb. 9.17. Vektorendiagramm für die Streuung von langwelligem Licht unter dem Streuwinkel ϑ. $\mathfrak{k}_0$ = Wellenvektor der eingestrahlten, $\mathfrak{k}$, $\mathfrak{k}'$ = Wellenvektor der gestreuten Photonen. S: Stokes-, $\overline{S}$: anti-Stokes-, R: Rayleigh-Streuung. q_S = Wellenvektor des erzeugten, $q_{\bar{S}}$ des vernichteten Phonons

lichtes Richtung und Frequenz des Phonons und damit auch die Phononen-(Schall-)geschwindigkeit bestimmt sind. Zum Beispiel folgt aus jedem der Vektorendreiecke (s. Abb. 9.17) (ϑ = Streuwinkel,

$$q^2 = k_0^2 + k'^2 - 2\,k_0\,k'\cos\vartheta\,, \tag{9.18}$$

$$\omega^{(i)}(\mathfrak{q}) = |\,\omega' - \omega_0\,|\,. \tag{9.19}$$

---

[50] In den akustischen Zweigen, die linear aus dem Nullpunkt herauskommen, ist nahe bei $q=0$, $\omega=0$ die Geschwindigkeit eine Konstante $v=\omega/q$, so daß hier wie bei Licht $\omega=vq$.

Umrechnen der ersten Gleichung auf Frequenzen gibt (wir schreiben vorübergehend $\omega = \omega^{(i)}(\mathfrak{q})$, $v = v^{(i)}(\mathfrak{q})$)

$$\frac{\omega^2}{v^2} = \left(\frac{n_0}{c}\right)^2 \omega_0^2 + \left(\frac{n'}{c}\right)^2 \omega'^2 - 2\,\frac{n_0\,n'}{c^2}\cos\vartheta\,. \tag{9.20}$$

Da weiterhin

$$\omega_0,\,\omega' \gg \omega\,, \quad \omega_0 \approx \omega' \tag{9.21}$$

und wegen der Einstrahlung von Licht außerhalb von Absorptionsstellen auch

$$n_0 \sim n' \tag{9.22}$$

kann die rechte Seite mit guter Näherung[51] gleich

$$2\,\frac{n_0^2}{c^2}\,\omega_0^2(1 - \cos\vartheta) = 4\,\frac{n_0^2}{c^2}\,\omega_0^2 \sin^2\frac{\vartheta}{2} \tag{9.23}$$

gesetzt werden, so daß schließlich die Phononenfrequenz durch

$$\omega^{(i)}(\mathfrak{q}) = 2\,\frac{n_0}{c}\,\omega_0 \cdot v^{(i)}(\mathfrak{q})\sin\frac{\vartheta}{2} \tag{9.24}$$

mit dem Streuwinkel und der Schallgeschwindigkeit näherungsweise verknüpft ist. Man kann also aus Streuwinkel und Frequenzabstand $|\omega' - \omega_0|$ die Phasengeschwindigkeit $v^{(i)}(\mathfrak{q})$ bestimmen. Da für sichtbares Licht $|\mathfrak{k}_0|$ und $|\mathfrak{k}'|$ weit vom Rand der Brillouinzone nahe bei Null, d.h. auch die $|\mathfrak{q}|$ nahe bei Null liegen, werden nur Frequenzen in der Nähe der Grenzfrequenzen bestimmt. Für den *akustischen* Zweig ist dann auch $\omega^{(i)}(\mathfrak{q})$ sehr klein. Um also für diesen Fall $\omega^{(i)}(\mathfrak{q})$ messen zu können, braucht man extrem monochromatisches Licht, z.B. von einem Laser, und sehr hoch auflösende Spektrographen. Bei der Streuung an Phononen der *optischen* Frequenzzweige sind die Linienabstände $|\omega' - \omega_0| = \omega^{(i)}(\mathfrak{q} \approx 0)$ im allgemeinen so groß, daß gewöhnliche Lichtquellen und Spektrographen verwendet werden können.

Umrechnung der Gl. (9.24) auf Wellenlängen gibt

$$\frac{\omega^{(i)}(\mathfrak{q})}{v^{(i)}(\mathfrak{q})} = 2\,\frac{\omega_0}{c/n_0}\sin\frac{\vartheta}{2}\,, \tag{9.25}$$

$$q = 2\,k_0 \sin\frac{\vartheta}{2}\,, \tag{9.26}$$

$$\lambda_0 = 2\,\lambda_q \cdot \sin\frac{\vartheta}{2}\,, \quad \lambda_q = \frac{2\,\pi}{q}\,. \tag{9.27}$$

Das aber ist die Bragg-Gleichung (4.13) für die Reflexion 1. Ordnung an einer Schallwelle der Periode λ_q. Da bei Transversalwellen die

---

[51] In dieser Näherung fallen in Abb. 9.17 die Vektoren $\mathfrak{q}_s$, $\mathfrak{q}_{\bar{s}}$ und $(\mathfrak{k}_0 - \mathfrak{k})_R$ zusammen.

optische Periode gleich $\lambda_q/2$ wäre, können also nur Longitudinalwellen zur Streuung beitragen.

Streuversuche müssen mit Licht gemacht werden, das nicht absorbiert wird[52], dessen Lichtquanten also nicht in das Termschema der untersuchten Substanz passen. Um trotzdem das Termschema zur Beschreibung heranziehen zu können, pflegt man einen *virtuellen* angeregten Term oder *Zwischenzustand* einzuzeichnen[53], zu dem keine Absorption führt, der also auch nicht einmal für kurze Zeit wirklich existiert. Man zeichnet den Streuvorgang dann als *einen* spontanen Übergang ein, der zu dem Zwischenzustand und sofort zum Ausgangsterm oder einem benachbarten Schwingungsterm zurückführt, siehe Abb. 9.1. Da die nach der kurzwelligen Seite verschobenen Streulinien $\omega' = \omega + \omega^{(i)}(q)$ hiernach von angeregten Schwingungsniveaus ausgehen, sind sie bei normalen Temperaturen wesentlich schwächer als die vom tiefsten Zustand ausgehenden Streulinien $\omega'' = \omega_0 - \omega^{(i)}(q)$ auf der langwelligen Seite der Erregerlinie[54].

Die Bedeutung der Raman- und Brillouinstreuung für die Bestimmung der Phononenspektren liegt vor allem darin, daß sie aus Symmetriegründen häufig gerade die UR-inaktiven Schwingungen und auch die akustischen Wellen liefern. Es ist also möglich, durch parallele Untersuchung der Ultrarot- und der Raman-Spektren einen

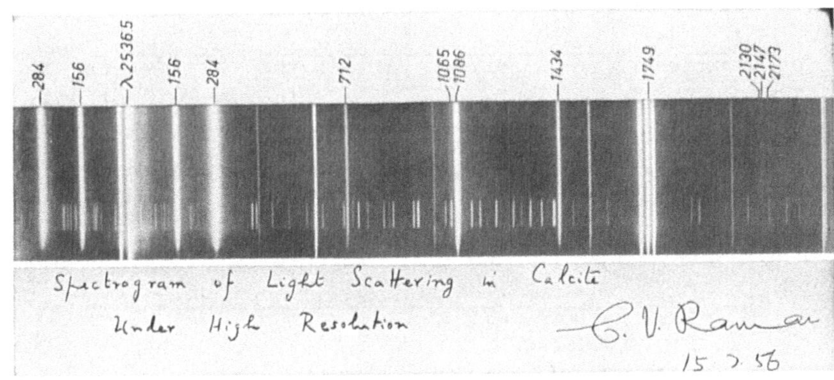

Abb. 9.18. Raman-Spektrum des Kalkspats. Erregung durch eine Quecksilberlampe, $\lambda = 2536$ Å. Wellenzahlen der Eigenschwingungen am oberen Bildrand, $\tilde{\nu} < 700$ cm⁻¹ $\triangleq$ äußere, $\tilde{\nu} > 700$ cm⁻¹ $\triangleq$ innere Schwingungen. Nach einer Originalaufnahme von RAMAN (aus BRANDMÜLLER und MOSER, Einführung in die Ramanspektroskopie, Darmstadt 1962)

---

[52] Dasselbe gilt natürlich für Neutronen.

[53] In Anlehnung an die quantentheoretische Rechnung.

[54] Aus rein historischen Gründen wird ω'' die Stokessche, ω' die anti-Stokessche Linie genannt.

vollständigen Überblick über alle optischen Zweige eines Kristalls zu erhalten und durch Brillouinstreuung den Anfang der akustischen Zweige zu bestimmen. Die Abb. 9.18 bis 9.20 geben einige Beispiele.

Abb. 9.18 zeigt den oben beschriebenen *Raman-Effekt 1. Ordnung* am Kalkspat, der sowohl im Spektrum der äußeren wie inneren Gitterschwingungen Raman-aktive Grundschwingungen im Bereich von 156 bis 2200 cm^{-1} hat. Abb. 9.19 zeigt den *Raman-Effekt 2. Ordnung* von Steinsalz, dessen UR-aktive TO-Grundschwingung Raman-inaktiv ist, so daß nur Ober- und Kombinationsschwingungen auftreten. In beiden Abbildungen ist Quecksilberlicht als Erregerstrah-

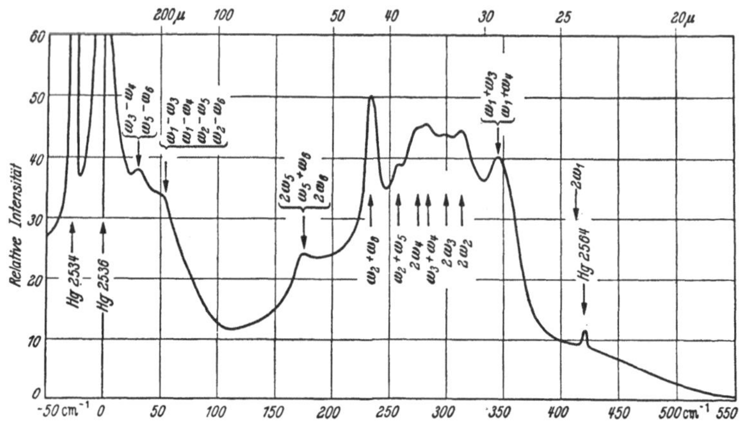

Abb. 9.19. Raman-Spektrum 2. Ordnung an Steinsalz. Nach WELSH u. a., 1949

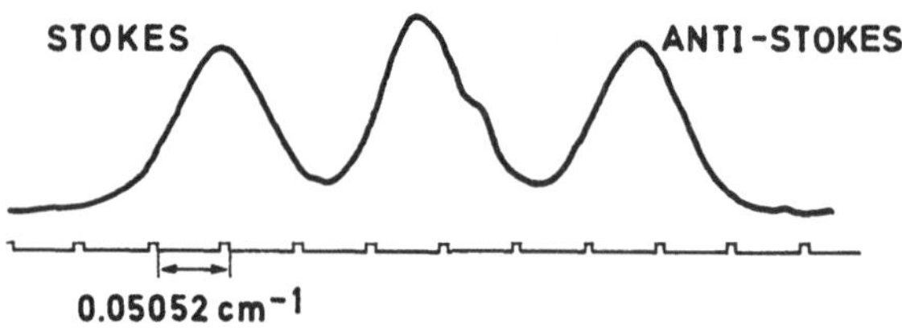

Abb. 9.20. Brillouinstreuung an Wasser. Die Zentrallinie ist zum größten Teil nichtkohärente Streuung an statistisch verteilten Trübungen. Die „Linienbreite" ist die Apparatbreite des Spektrographen und viel breiter als die Frequenzbreite der zur Anregung benutzten Laser-Strahlung. (Nach BENEDEK u. a. 1964)

lung benutzt. Abb. 9.20 zeigt *Brillouinstreuung* mit Laser-Licht (allerdings an flüssigem Wasser). Der Verschiebung von nur 0,14 cm^{-1} entspricht eine Schwingungsfrequenz $\nu = 4{,}3 \cdot 10^9$ sec^{-1} und eine Schallgeschwindigkeit $v = 1{,}6 \cdot 10^5$ cm sec^{-1}.

Aufgabe 9.8. Erkläre klassisch (vgl. Aufgabe 9.7), warum die TO-Grundschwingung des NaCl nicht mit der Frequenz $\omega^{TO}(0)$, sondern nur mit $2\,\omega^{TO}(0)$ (der Oberschwingung) im Raman-Effekt auftritt.

9.4. Elektronen-Schwingungsspektren [55]

Diese Methode ist beschränkt auf Kristalle mit scharfen elektronischen Absorptions- und Emissionsspektren, vorwiegend im sichtbaren und ultravioletten Spektralbereich. Den Elektronentermen addieren sich gemäß Abb. 9.1 die Schwingungsterme des Gitters, so daß neben dem rein elektronischen Übergang ($v' = v''$) mit der Photonenenergie

$$\hbar\,\omega_0 = \Delta W_{el} = W'_{el} - W''_{el} \tag{9.28}$$

auch Übergänge mit Änderung des Schwingungszustandes, d.h. mit der Photonenenergie

$$\begin{aligned} \hbar\,\omega &= W'_{el} + (v' + \tfrac{1}{2})\hbar\,\omega^{(i)} - W''_{el} - (v'' + \tfrac{1}{2})\hbar\,\omega^{(i)} \\ &= \hbar\,\omega_0 + \Delta v\,\hbar\,\omega^{(i)} \end{aligned} \tag{9.29}$$

möglich sind. Dabei ist $\Delta v = v' - v''$ die Änderung der Schwingungsquantenzahl. Die Übergänge mit positivem (negativem) Δv führen zur Anregung (Vernichtung) von Phononen. Die zugehörigen optischen Spektrallinien (Frequenzen) liegen im Abstand $\Delta v \cdot \hbar\omega^{(i)}$ rechts und links neben der rein elektronischen Linie. Aus diesen Abständen können die Schwingungsfrequenzen bestimmt werden. In Abb. 9.1 sind die Fälle $\Delta v = 0, \pm 1$ für Absorption und $\Delta v = 2$ für Emission eingezeichnet. Ein Beispiel gibt Abb. 9.21.

Es handelt sich um Spektralaufnahmen mit sehr großer Dispersion (0,8 Å/mm) an trigonalen Kristallen von

$$Pr_2Zn_3(NO_3)_{12} \cdot 24\,H_2O \quad \text{und} \quad Nd_2Zn_3(NO_3)_{12} \cdot 24\,H_2O,$$

die sich in flüssigem H_2 befanden. Wegen der hohen Symmetrie der Zelle kommen einfache (A) und zweifach entartete (E) Schwingungen vor. Sie werden durch das ordentliche und außerordentliche Spektrum (polarisiertes Licht, $\mathfrak{E}\perp$ und $\mathfrak{E}\|$ optische Achse) getrennt. Beobachtet werden die äußeren optischen Schwingungen des Gitters und die inneren optischen Schwingungen der NO_3-Ionen (und auch der H_2O-Molekeln). Bei den NO_3-Schwingungen sind die Aufspaltung von Entartung durch Symmetrie-Erniedrigung und die Resonanzaufspaltung deutlich zu sehen. Die in Abb. 9.21 b gezeigte Pulsationsschwingung ist einfach, hier erscheint nur die Resonanzaufspaltung.

Anschaulich können die „Seitenbänder" rechts und links neben der schwingungsfreien Linie wie folgt verstanden werden: Die Frequenz der dem optischen

---

[55] Aus dem Englischen bürgert sich die Kurzform „vibronic" für *vibration-electronic* ein.

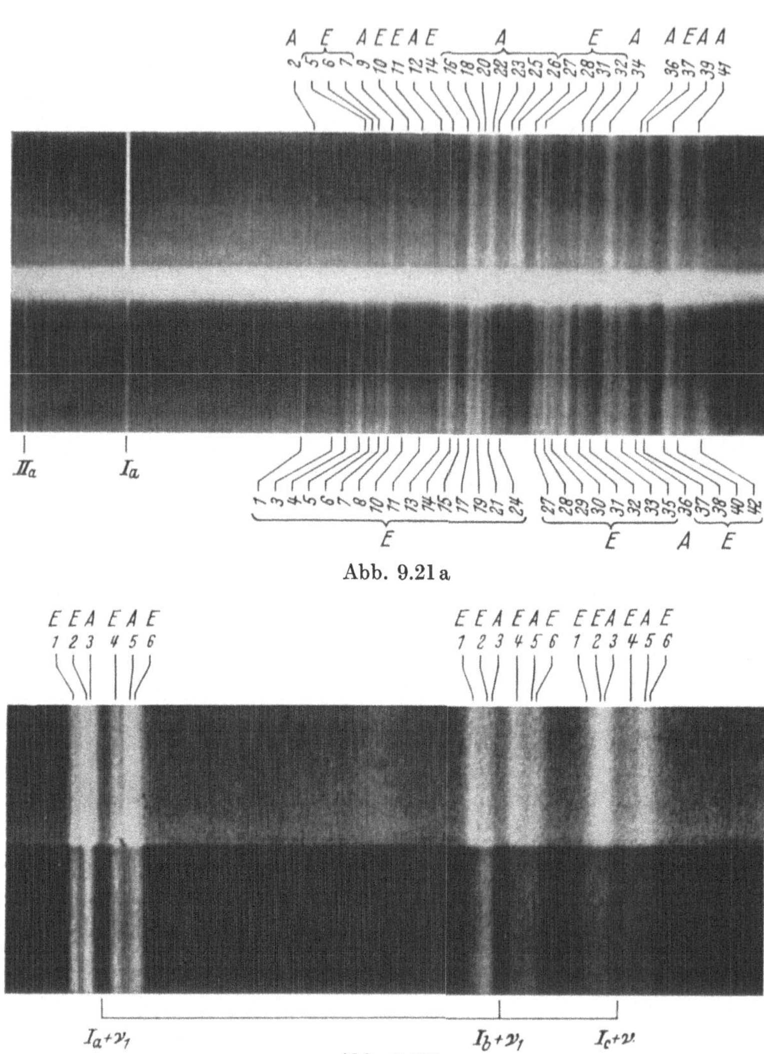

Abb. 9.21 a

Abb. 9.21 b

Abb. 9.21. Ausschnitte aus dem $(0 \to 1)$-Elektronenschwingungsspektrum von $(SE)_2\,Zn_3\,(NO_3)_{12}\cdot 24\,H_2O$ (trigonal, SE = Seltene Erde). Frequenz wächst nach rechts. a) SE = Pr^{3+}. Addition einfacher (A) und zweifach entarteter äußerer Gitterschwingungen zum Elektronenübergang I $^3H_4 \to a\,^3P_0$. Durchstrahlung senkrecht, Polarisation ($\mathfrak{E}$) oben senkrecht, unten parallel zur Hauptachse. b) SE = Nd^{3+}. Addition der Pulsationsschwingung $\tilde{\nu}_1 = 1045$ cm^{-1} des NO_3 zu den drei Elektronenübergängen I a, I b, I c. Die Resonanzaufspaltung der Schwingungsfrequenz in mindestens 6 Koppelfrequenzen der Zelle ist deutlich sichtbar. Durchstrahlung senkrecht, $\mathfrak{E}$-Vektor parallel (oben) und senkrecht (unten) zur Hauptachse

Übergang nach Bohr korrespondierenden Elektronenschwingung wird vom Abstand der Elektronen zu den Kernen, in deren Feld sie sich bewegen, bestimmt. Die Elektronenschwingung wird also durch die (viel langsamere) Gitterschwingung frequenzmoduliert; die Fourieranalyse liefert die Seitenbänder (vgl. die Verhältnisse beim Raman-Effekt; Aufgabe 9.7). Es handelt sich also um nichts anderes als die Schwingungsstruktur der Bandenspektren von Molekeln, außer daß im Kristall noch eine Abhängigkeit vom Wellenvektor zu berücksichtigen ist.

10. Das Schwingungssystem im thermischen Gleichgewicht

10.1. Statistische Grundlagen

Denkt man sich alle Eigenschwingungen eines Kristallgitters experimentell bestimmt, so kann man seine thermische Schwingungsenergie als Funktion der Temperatur leicht angeben. Ein harmonischer Oszillator der Kreisfrequenz ω hat die Energien (s. Ziffer 8.4)

$$W_v(\omega) = (v + \tfrac{1}{2})\hbar\omega, \quad v = 0, 1, 2, \ldots, \tag{10.1}$$

d.h. bei der Temperatur T die Zustandssumme

$$Z(\omega, T) = \sum_v e^{-(v+\frac{1}{2})\hbar\omega/kT}$$

$$= \frac{e^{-\hbar\omega/2kT}}{1 - e^{-\hbar\omega/kT}}. \tag{10.2}$$

Man überzeugt sich leicht, daß die mittlere Anregungsenergie des Oszillators bei der Temperatur T gegeben ist durch

$$\overline{W}(\omega, T) = \sum_v \frac{n_v}{n} W_v$$

$$= -\frac{d\ln Z}{d(1/kT)} = -\frac{1}{Z}\frac{dZ}{d(1/kT)}, \tag{10.3}$$

wobei

$$\bar{n} = \frac{n_v}{n} = \frac{e^{-W_v/kT}}{Z} \tag{10.4}$$

die Anregungswahrscheinlichkeit (= mittlere Besetzungszahl) des Niveaus W_v bei der Temperatur T ist. Mit (10.2) wird (10.3) zu

$$\overline{W}(\omega, T) = \frac{\hbar\omega}{e^{\hbar\omega/kT} - 1} + \tfrac{1}{2}\hbar\omega \tag{10.5}$$

oder

$$\overline{W}(\omega, T) = (\bar{v} + \tfrac{1}{2})\hbar\omega, \tag{10.6}$$

wobei

$$\bar{v} = \bar{v}(\omega, T) = \frac{1}{e^{\hbar\omega/kT} - 1} \tag{10.7}$$

die im Mittel bei der Temperatur T angeregte Schwingungsquantenzahl ist. Die Funktion auf der rechten Seite dieser Gleichung heißt

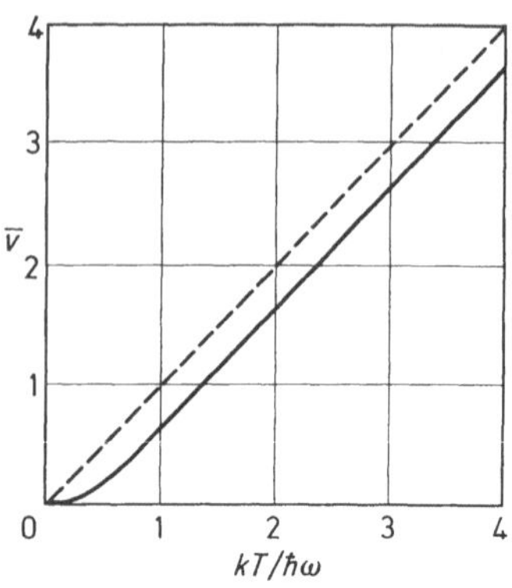

Abb. 10.1. Bose-Einstein-Verteilungsfunktion eines harmonischen Oszillators

die *Planck-* oder *Bose-Einstein-Verteilungsfunktion*. Sie ist in Abb. 10.1 dargestellt.

Aufgabe 10.1. Zeige, daß bei hohen Temperaturen $\bar{v}$ und damit $\overline{W}$ wie in der klassischen Physik proportional zu T werden. Wie groß wird der Fehler bei $kT \simeq \hbar\omega$?

Eine sehr wichtige Größe erhält man durch Multiplikation von $\bar{v}$ mit der Zustandsdichte[56] $Z(\omega)$: das Produkt

$$\bar{v}(\omega, T) \cdot Z(\omega)\, d\omega = \frac{Z(\omega)\, d\omega}{e^{\hbar\omega/kT} - 1}$$

(10.8)

gibt an, wieviel Phononen mit Energien zwischen $\hbar\omega$ und $\hbar(\omega + d\omega)$ in einem Volum von N Gitterzellen bei der Temperatur T thermisch angeregt sind und also auch für die Wechselwirkung z. B. mit Elektronen, Leuchtzentren, orientierten Spins usw. zur Verfügung stehen. Sie ist demnach eine wichtige Größe bei der Berechnung der Temperaturabhängigkeit von Leitfähigkeit, Lumineszenz, Magnetisierung und anderen makroskopischen Größen.

Für $T = 0$ verschwindet das erste Glied in (10.5), es bleibt nur die Nullpunktsenergie übrig:

$$\overline{W}(\omega, 0) = W_0(\omega) = \tfrac{1}{2}\hbar\omega.$$

(10.9)

Die gesamte Schwingungsenergie im Kristall erhält man durch Summation von (10.5) über alle Eigenfrequenzen $\omega = \omega^{(i)}(\mathfrak{q})$. Leider ist heute erst für wenige Kristalle das Frequenzspektrum experimentell genügend gut bekannt (Ziffer 9). Man ist also auf theoretische Berechnungen angewiesen, die, wie in Ziffer 8 gezeigt, für einfache Kristalle die Frequenzzweige in recht guter Näherung liefern. In allen übrigen Fällen ist man noch heute auf die Kontinuumstheorie von DEBYE angewiesen, obwohl sie schwerwiegende und prinzipielle Mängel aufweist.

10.2. Die Debyesche Theorie der Schwingungswärme

In dieser Theorie wird der Kristall zunächst als Kontinuum, und zwar als *isotropes Kontinuum*, aufgefaßt. Dann ist die Berechnung

---

[56] Unglücklicherweise werden in der deutschen Literatur Zustandsdichte und Zustandssumme beide mit dem Buchstaben Z bezeichnet. Die Zustands*dichte* ist aber nicht explizit temperaturabhängig.

der Eigenschwingungen nicht mehr ein Problem der Gittertheorie, sondern eines der Elastizitätstheorie. Dabei werden noch folgende einschränkende Voraussetzungen gemacht: a) *lineares* Kraftgesetz, d.h. orthogonale, nicht untereinander gekoppelte elastische Wellen und b) *Dispersionsfreiheit*, d.h. die Phasengeschwindigkeit v soll nicht von der Kreisfrequenz ω abhängen. Alle diese Annahmen stehen im Widerspruch zur Gitterdynamik, d.h. der Gültigkeitsbereich der Theorie muß später diskutiert werden.

Wir betrachten also einen Würfel von der Kantenlänge L und in ihm eine ebene elastische Welle, die gemäß Abb. 10.2 in der xy-Ebene auf die zx-Ebene auftritt und an ihr reflektiert wird[57]. Die Überlagerung von einfallender und reflektierter Welle gibt eine parallel zur

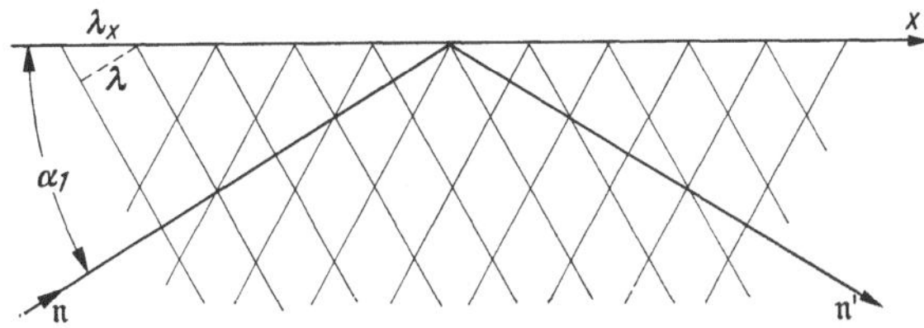

Abb. 10.2. Entstehung einer längs x laufenden Welle durch Spiegelung einer ebenen Welle in der Zeichenebene

x-Achse laufende Welle mit der Wellenlänge $\lambda_x = \lambda/\cos\alpha_1$, wobei λ die Wellenlänge und $\cos\alpha_1$ der Richtungscosinus der Wellennormale gegen die x-Achse ist. Die längs x laufende resultierende Welle wird an der Würfelfläche $\perp x$ reflektiert, und es bildet sich eine stehende Welle längs der x-Achse aus. Entsprechendes gilt für die y- und die z-Richtung infolge der Reflexion der ursprünglich betrachteten Welle an den zu y und z parallelen Würfelflächen. Man kann also alle durch den Würfel laufenden und an den Begrenzungen reflektierten Wellen darstellen durch ein System von *stehenden Wellen* parallel zu den drei Koordinatenachsen. Damit diese Wellen aber wirklich Eigenschwingungen des Würfels sind, muß jeweils die halbe Wellenlänge in die Würfelkanten hineinpassen, d.h. es müssen simultan die drei Bedingungen

$$L = z_1 \frac{\lambda_x}{2} = z_1 \frac{\lambda}{2\cos\alpha_1},$$

$$L = z_2 \frac{\lambda_y}{2} = z_2 \frac{\lambda}{2\cos\alpha_2}, \qquad (10.10)$$

$$L = z_3 \frac{\lambda_z}{2} = z_3 \frac{\lambda}{2\cos\alpha_3}$$

$(z_1, z_2, z_3 > 0$ und ganze Zahlen)

---

[57] Wir benutzen also hier die stehenden Wellen statt der laufenden, was für das folgende keine Einschränkung bedeutet.

von den Richtungswinkeln α_1, α_2, α_3 der Wellennormale der dann mehrfach an den Wänden des Würfels reflektierten Welle erfüllt werden. Wegen der Normiertheit der Richtungskosinus gibt Quadratur und Summation der Gl. (10.10)

$$z_1^2 + z_2^2 + z_3^2 = \left(\frac{2L}{\lambda}\right)^2 = \left(\frac{2Lv}{v}\right)^2 \qquad (10.11)$$

oder

$$z_1^2 + z_2^2 + z_3^2 = \left(\frac{qL}{\pi}\right)^2 = \left(\frac{\omega L}{\pi v}\right)^2 , \qquad (10.12)$$

wenn q die Wellenzahl und v die Phasengeschwindigkeit der Welle ist.

Aufgabe 10.2. Schreibe in komplexer Schreibweise die ebene Welle hin, deren Normale mit den Achsen (= Würfelkanten) die Richtungswinkel α_1, α_2, α_3 hat. Schreibe die an der yz-Ebene reflektierte, sowie die durch Überlagerung der reflektierten mit der eingestrahlten entstehende Welle an und diskutiere diese. Dieser Welle überlagere die nach Reflexion an der zx-Ebene entstehende. Die so entstehende Welle werde mit der an der xy-Ebene reflektierten überlagert. Zeige, daß das Ergebnis ein System von stehenden Wellen mit Normalen in den Achsenrichtungen ist, und daß die Randbedingung $L = z_i \cdot \dfrac{\lambda_i}{2}$ zu den Gln. (10.10) führt.

Die Gl. (10.12) stellt im z_1, z_2, z_3-Raum die Gleichung einer Kugel dar, auf deren Oberfläche die erlaubten Frequenzen ω liegen müssen. Größeren z_i entsprechen höhere Frequenzen und kleinere Wellenlängen, wenn v unabhängig von ω angenommen wird. Da jeder Frequenz wegen der Ganzzahligkeit der z_i ein Gitterpunkt in einem kubischen Raumgitter entspricht, ist die Zahl der Eigenschwingungen im Frequenzbereich zwischen ω und $\omega + d\omega$ gleich der Zahl der Gitterpunkte in der Kugelschale zwischen den Radien $\dfrac{L}{\pi v}\, \omega$ und $\dfrac{L}{\pi v}\, (\omega + d\omega)$, d.h. gleich dem Volum dieser Kugelschale, dividiert durch das dem einzelnen Gitterpunkt zur Verfügung stehende Volum. Letzteres hat den Zahlenwert 1, also ist die genannte Anzahl der Eigenschwingungen gleich

$$\begin{aligned}
dZ = Z(\omega)\, d\omega &= \frac{1}{8} \cdot \frac{4\pi}{3} \left(\frac{L}{\pi v}\right)^3 [(\omega + d\omega)^3 - \omega^3] \\
&= \frac{V}{2\pi^2 v^3}\, \omega^2\, d\omega ,
\end{aligned} \qquad (10.13)$$

wobei $Z(\omega)$ die Verteilungsfunktion oder *Zustandsdichte*, $V = L^3$ das Würfelvolum ist, und wir durch den Faktor 1/8 berücksichtigt haben, daß die z_i alle positiv sind, die in Betracht kommenden Gitterpunkte also in einem Kugeloktanten liegen.

Diese einfache, in ω *quadratische Verteilungsfunktion* gilt für *eine* Art von elastischen Wellen, etwa die Longitudinalwellen mit $v = v_L$.

In dem hier behandelten isotropen Kontinuum gibt es nach Ziffer 7.2 noch zwei miteinander entartete orthogonal zueinander polarisierte Transversalwellen mit $v = v_T$, d.h. wir haben die obige Verteilungsfunktion sinngemäß wie folgt zu erweitern (vgl. Ziffer 8.3):

$$\begin{aligned} dZ = Z(\omega)\,d\omega &= dZ_L + dZ_T \\ &= \frac{V}{2\,\pi^2}\left(\frac{1}{v_L^3} + \frac{2}{v_T^3}\right)\omega^2\,d\omega \\ &= \frac{V}{2\,\pi^2}\left(q_L^2\,dq_L + 2\,q_T^2\,dq_T\right), \end{aligned} \qquad (10.14)$$

wobei $q_L = \omega/v_L$ und $q_T = \omega/v_T$ die Wellenzahlen der longitudinalen und der transversalen Wellen mit der Frequenz ω sind.

Aufgabe 10.3. Beweise im Anschluß an Aufgabe 8.9, daß die dort abgeleitete Verteilungsfunktion $Z(\omega)$ der Gitterdynamik, wie es sein muß, für lange akustische Wellen ($q \to 0$, $\omega \to 0$) in die hier für elastische Kontinuumswellen abgeleitete quadratische Funktion übergeht. (Dieser Beweis zeigt auch die Unabhängigkeit der Abzählung von der Wahl der Randbedingungen auf der Oberfläche der Großperiode $V = L^3$.)

Dabei ist, wie für das folgende noch einmal betont sei, Dispersionsfreiheit vorausgesetzt, d.h. die v_L und v_T sollen von ω nicht abhängen (s. unten S. 142). Dann existieren in dem Kontinuum unendlich viele Eigenschwingungen bis zu beliebig hohen Frequenzen, d.h. beliebig kleinen Wellenlängen der stehenden Wellen:

$$0 \leqq \omega \leqq \infty, \quad \infty \geqq \lambda \geqq 0. \qquad (10.15)$$

Tatsächlich haben wir in einer Großperiode des Kristalls mit sN Teilchen aber nur $3sN$ Eigenschwingungen. An dieser Stelle wird der atomistische Aufbau des Kristalls zum ersten Mal berücksichtigt, und zwar dadurch, daß die höchsten Kontinuumsfrequenzen oberhalb einer *Debyeschen Grenzfrequenz* ω_D einfach durch die Forderung

$$\int dZ = \int_0^{\omega_D} Z(\omega)\,d\omega = \frac{V}{2\,\pi^2}\left(\frac{1}{v_L^3} + \frac{2}{v_T^3}\right)\int_0^{\omega_D}\omega^2\,d\omega = 3\,sN \qquad (10.16)$$

abgeschnitten werden, so daß die Beziehungen

$$0 \leqq \omega \leqq \omega_D, \quad \infty \geqq \lambda \geqq \lambda_D \qquad (10.17)$$

an die Stelle von (10.15) treten. Ausführen des Integrals liefert

$$\frac{V}{2\,\pi^2}\left(\frac{1}{v_L^3} + \frac{2}{v_T^3}\right)\frac{\omega_D^3}{3} = 3\,sN, \qquad (10.18)$$

d.h. es ist

$$\omega_D^3 = \frac{18\,\pi^2}{\left(\dfrac{1}{v_L^3} + \dfrac{2}{v_T^3}\right)}\cdot\frac{sN}{V}, \qquad (10.19)$$

so daß sich die Verteilungsfunktion auch einfach

$$\frac{dZ}{d\omega} = Z(\omega) = \frac{9\,s\,N\,\omega^2}{\omega_D^3} \qquad (10.20)$$

schreiben läßt. Dabei ist die Debyesche Grenzfrequenz ω_D weder von ω noch vom gewählten Volum V abhängig, sie ist also eine Materialkonstante, die nach (10.19) von den Schallgeschwindigkeiten, also den elastischen Konstanten bestimmt ist. Die Gesamtzahl der Schwingungen ist natürlich proportional zur Teilchenzahl sN. Das Spektrum (10.20) ist für $s = 1$ in Abb. 10.3a dargestellt.

Die im *thermischen Gleichgewicht* in den Frequenzbereich $d\omega$ bei ω fallende Schwingungsenergie ist also nach (10.20) und (10.5) gegeben durch

$$dU(\omega,\,T) = dZ\,\overline{W}(\omega,\,T) = Z(\omega)\,\overline{W}(\omega,\,T)\,d\omega \qquad (10.21)$$

$$= \frac{9\,s\,N\,\hbar\,\omega^3}{\omega_D^3}\left(\frac{1}{2} + \frac{1}{e^{\hbar\omega/kT} - 1}\right) d\omega$$

und die *Energiedichte* durch

$$\frac{dU(\omega,\,T)}{V} = u(\omega,\,T)\,d\omega\,. \qquad (10.22)$$

Im folgenden betrachten wir nur noch den *thermischen*, d.h. den temperaturabhängigen Anteil der Energie, ziehen also die Nullpunktsenergie ab, so daß

$$[u(\omega,\,T) - u(\omega,\,0)]\,d\omega = \frac{1}{2\,\pi^2}\left(\frac{1}{v_L^3} + \frac{2}{v_T^3}\right)\frac{\hbar\,\omega^3\,d\omega}{e^{\hbar\omega/kT} - 1}\,. \qquad (10.23)$$

Dividiert man das noch durch die Phononenenergie $\hbar\omega$, so erhält man die Phononendichte, die angibt, wieviel Phononen der Energien $\hbar\omega$ bis $\hbar(\omega + d\omega)$ in der Volumeinheit als Schwingungswärme gespeichert sind. Sie ist nach Multiplikation mit dem Volum von N Gitterzellen der Debyesche Grenzfall der allgemein für jedes Modell gültigen Formel (10.8).

Die im gesamten Frequenzspektrum enthaltene *thermische Schwingungsenergie* ergibt sich durch Integration von Gl. (10.21):

$$U(T) - U(0) = \int_0^{\omega_D} (dU(\omega,\,T) - dU(\omega,\,0)) \qquad (10.24)$$

also

$$U(T) - U(0) = \frac{9\,s\,N\,k\,T}{\varepsilon_D^3} \int_0^{\varepsilon_D} \frac{\varepsilon^3\,d\varepsilon}{e^\varepsilon - 1}\,, \qquad (10.25)$$

wobei

$$\varepsilon = \frac{\hbar\,\omega}{k\,T}\,, \qquad \varepsilon_D = \frac{\hbar\,\omega_D}{k\,T} = \frac{\Theta}{T} \qquad (10.26)$$

bedeutet.

Das vorkommende Integral läßt sich nicht elementar auswerten. Führt man die Funktion

$$\Psi(x) = \frac{1}{x^3} \int\limits_0^x \frac{y^3 \, dy}{e^y - 1} \qquad (10.27)$$

ein, deren Werte in Tabellen aufgesucht werden können [C 21], so ist

$$U(T) - U(0) = 9\,s\,N\,k\,T\,\Psi\!\left(\frac{\Theta}{T}\right). \qquad (10.28)$$

Dabei ist die charakteristische *Debye-Temperatur* definiert durch die Debyesche Grenzfrequenz gemäß

$$\hbar\,\omega_D = k\,\Theta\,, \qquad (10.29)$$

hat also einen um so höheren Wert, je höher im Mittel die Schwingungsfrequenzen eines Kristallgitters liegen, d.h., je leichter die Atome und je stärker die Bindungskräfte sind. Den höchsten bekannten Wert von Θ hat Diamant. — $U(T/\Theta)$ ist für $s=1$ in Abb. 10.3 b dargestellt.

Aus Gl. (10.28) folgt für die *Wärmekapazität* bei konstantem Volum eines Kristalls der Masse M

$$M\,C_V = \left(\frac{\partial U}{\partial T}\right)_V = 9\,s\,N\,k\left[\Psi\!\left(\frac{\Theta}{T}\right) + T\,\frac{d}{dT}\,\Psi\!\left(\frac{\Theta}{T}\right)\right], \quad (10.30)$$

deren Temperaturabhängigkeit für $s=1$ in Abb. 10.3 c dargestellt ist. Im Gegensatz zur klassischen Boltzmann-Statistik ist die Wärmekapazität nicht konstant gleich $3\,s\,N\,k$, sondern fällt unterhalb der Debye-Temperatur $(T < \Theta)$ auf Null ab. Innere Energie und Wärmekapazität sind bei gleichen Teilchenzahlen $s\,N$ universelle Funktionen der relativen Temperatur T/Θ; sie hängen also von der Anzahl $(3\,s\,N)$ und der Frequenz (über Θ!) der Gitteroszillatoren ab.

Für Ψ ergeben sich folgende *asymptotische Entwicklungen*:
1. für sehr hohe Temperaturen $T \gg \Theta$, d.h. $\Theta/T \ll 1$:

$$\Psi\!\left(\frac{\Theta}{T}\right) = \frac{1}{3} - \frac{1}{8}\left(\frac{\Theta}{T}\right) + \frac{1}{60}\left(\frac{\Theta}{T}\right)^2 \mp \cdots \qquad (10.31)$$

$$\lim_{\Theta/T \to 0} \Psi\!\left(\frac{\Theta}{T}\right) = \frac{1}{3}\,.$$

Hier ist also

$$U(T) - U(0) = 3\,s\,N\,k\,T \qquad (10.32)$$

und somit die *spezifische Wärme* bei konstantem Volum gleich

$$C_V = \frac{1}{M}\left(\frac{\partial U}{\partial T}\right)_V = 3\,k\,\frac{s\,N}{M}\,, \quad (M = \text{Masse})\,, \qquad (10.33)$$

oder die *Molwärme* bei einer Substanz aus n-atomigen Molekeln gleich (N_L = Loschmidt-Konstante)

$$C_V^* = \frac{1}{M^*}\left(\frac{\partial U}{\partial T}\right)_V = n \cdot 3\,k\,N_L \quad (M^* = \text{Stoffmenge in Mol})\,. \quad (10.34)$$

Wegen

$$k \cdot N_L = 1{,}985 \text{ cal Mol}^{-1} \text{ grad}^{-1} \quad\quad\quad (10.35)$$

ist also

$$C^* \approx n \cdot 6 \text{ cal Mol}^{-1} \text{ grad}^{-1}\,. \quad\quad\quad (10.36)$$

Dies Ergebnis ist identisch mit dem auch aus der klassischen Boltzmannschen Statistik ohne Berücksichtigung der Quantentheorie folgenden *Dulong-Petitschen Gesetz*, nach dem bei einatomigen Substanzen die Molwärmen (gleiche Teilchenzahlen N_L) verschiedener Stoffe gleich groß und zwar gleich 6 cal Mol^{-1} grad^{-1} sind. Die thermische Energie und die spezifische Wärme hängen also nur von der Anzahl der Freiheitsgrade, nicht von der Art der schwingenden Teilchen ab. Dies Ergebnis *muß* herauskommen, da bei genügend hohen Temperaturen die Schwingungsenergien $\overline{W}(\omega, T)$ groß sind gegenüber den einzelnen Schwingungsquanten $\hbar\omega$, die

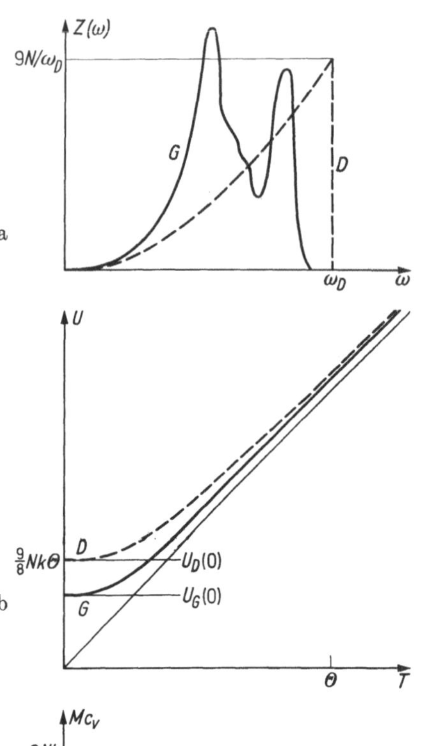

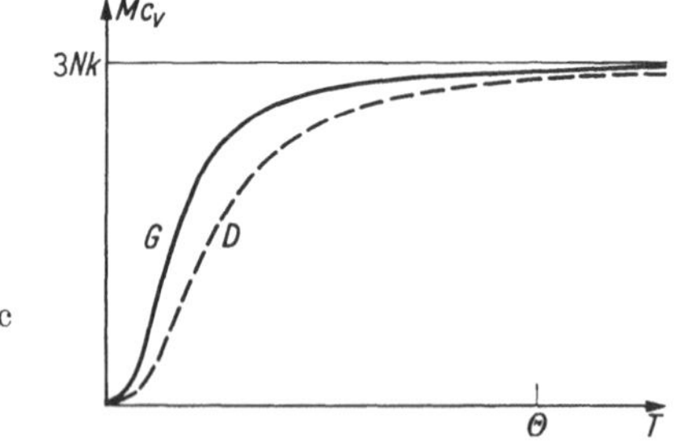

Abb. 10.3. Spektrum $Z(\omega)$, Energieinhalt $U(T)$ und Wärmekapazität nach Debye (······*D*······) und nach der Gittertheorie (———*G*———) für Wolfram ($s \equiv 1$). Θ ist die aus den elastischen Konstanten bestimmte Debye-Temperatur. Die Kurven nach DEBYE haben universellen, die nach der Gittertheorie individuellen Charakter

Quantenphysik also in die klassische Physik einmündet (Korrespondenzprinzip).

2. für sehr niedrige Temperaturen $T \ll \Theta$, $\Theta/T \gg 1$:

$$\Psi\left(\frac{\Theta}{T}\right) = 6\left(\frac{T}{\Theta}\right)^3\left(1 + \frac{1}{2^4} + \frac{1}{3^4} + \cdots\right) = \frac{\pi^4}{15}\left(\frac{T}{\Theta}\right)^3. \qquad (10.37)$$

Hier ist also

$$U(T) - U(0) = \frac{3}{5}\,\frac{\pi^4\,s N\,k}{\Theta^3}\cdot T^4, \qquad (10.38)$$

d.h. die Molwärme wird

$$C_V^* = \frac{1}{M^*}\left(\frac{\partial U}{\partial T}\right)_V = \frac{12}{5}\,\pi^4 k\,n\,N_L\left(\frac{T}{\Theta}\right)^3. \qquad (10.39)$$

Dies ist das berühmte Debyesche T^3-*Gesetz*. Es gilt erst bei sehr tiefen Temperaturen $T \lesssim \Theta/100$.

In Abb. 10.3 sind für $s = 1$ die drei *universellen Funktionen*: Spektrum $Z(\omega)$, innere Energie $U(T/\Theta)$ und Wärmekapazität MC_V (T/Θ) nach DEBYE gestrichelt eingetragen. Man erkennt deutlich die Abweichungen gegenüber den gleichen Größen aus der Gitterdynamik, die für den speziellen Fall des *Wolframs* maßstabsgerecht mit eingezeichnet sind. Θ ist die nach Gl. (10.26) und (10.19) aus den elastischen Konstanten bestimmte Debye-Temperatur, von der wir später auf andere Weise bestimmte Θ-Temperaturen unterscheiden werden (Ziffer 10.4).

10.3. Vergleich mit der Planckschen Hohlraumstrahlung

Nur aus methodischen Gründen sei hier angemerkt, daß die dargestellte Theorie sich exakt auf den mit *Strahlung* erfüllten spiegelnden *Hohlraum* anwenden läßt. Lichtwellen im Vakuum erfüllen die Grundvoraussetzungen des Modells, nämlich Isotropie und Kontinuität des Raumes sowie Orthogonalität und Dispersionsfreiheit der Wellen exakt. Insofern können alle geometrisch für Schallwellen abgeleiteten Formeln ohne weiteres auf Lichtwellen übertragen werden[58]. Aus der spezifischen Natur des Strahlungsfeldes folgen jedoch zwei Änderungen:

a) es gibt nur transversale Lichtwellen, und es ist $v_T = c$.

b) es handelt sich um ein echtes Kontinuum, d.h. es gibt keine obere Frequenzschranke, alle Frequenzen kommen vor.

Damit ergeben sich sofort die richtigen Strahlungsformeln für das Photonengas. Insbesondere wird

$$dZ = Z(\omega)\,d\omega = \frac{V\,\omega^2}{\pi^2 c^3}\,d\omega \qquad (10.40)$$

---

[58] Insbesondere gilt in beiden Fällen die Plancksche (oder Bose-Einsteinsche) Verteilungsfunktion (10.7).

und unter Weglassung der Nullpunktsenergiedichte

$$u(\omega, T) - u(\omega, 0) = \frac{\hbar\,\omega^3}{\pi^2 c^3 (e^{\hbar\omega/kT} - 1)}\,. \tag{10.41}$$

Das ist die *Plancksche Strahlungsformel*. Ferner läßt sich das Integral über das ganze Spektrum von $\omega = 0$ bis $\omega = \infty$ explizit auswerten. Man erhält

$$\begin{aligned}
U(T) - U(0) &= \frac{\hbar}{\pi^2 c^3} \int\limits_0^\infty \frac{\omega^3\,d\omega}{e^{\hbar\omega/kT} - 1} \\
&= \frac{\pi^2}{15(\hbar c)^3}(k\,T)^4 = \sigma\,T^4
\end{aligned} \tag{10.42}$$

als gesamte Energiedichte im Strahlungsfeld. Das ist das *Stefan-Boltzmannsche Gesetz*.

Zur Definition der Temperatur muß eine Kopplung zwischen den an sich unabhängigen Eigenschwingungen in das Modell eingeführt werden. Das geschieht bei PLANCK durch das in den Hohlraum eingebrachte „schwarze Stäubchen", im Kristall bei DEBYE durch die natürlichen Abweichungen vom linearen Kraftgesetz.

10.4. Experimentelle Prüfung der Debyeschen Theorie

Wie Abb. 10.3c zeigt, stimmt die nach DEBYE berechnete spezifische Wärme zwar in ihrem prinzipiellen Verlauf, nicht aber quantitativ mit der sicher richtigeren Kurve nach der Gittertheorie überein. Sie kann aber mit ihr recht gut zur Deckung gebracht werden, wenn man nicht das nach Gl. (10.19/26) aus der Elastizität bestimmte Θ, sondern ein kleineres $\overline{\Theta} < \Theta$ benutzt, wodurch die Kurve nach links verschoben wird. Derartige *kalorimetrische* $\overline{\Theta}$-Werte werden so bestimmt, daß mit ihrer Hilfe die gemessene Temperaturabhängigkeit der spezifischen Wärme[59] C_V^* über den gesamten Temperaturbereich im Mittel am besten durch die Debye-Formel wiedergegeben werden kann. Einige Messungen sind in Abb. 10.4, die aus ihnen abgeleiteten $\overline{\Theta}$-Werte in Tabelle 10.1 zusammengestellt.

Besonders bei hochsymmetrischen (kubischen) und einfachen (einatomigen) Kristallen, die dem von DEBYE vorausgesetzten isotropen Kontinuum am nächsten stehen, läßt sich die spezifische Wärme pro Atom im Mittel durch Angabe eines $\overline{\Theta}$-Wertes gut beschreiben. $\overline{\Theta}$ hängt in der erwarteten Weise von den Atommassen und den Gitterkräften ab.

---

[59] Gemessen wird nicht C_V^*, sondern $C_P^* > C_V^*$. Die für die thermische Ausdehnung des Kristalls verbrauchte Wärme muß als Korrektur abgezogen werden.

Bestimmt man aber nicht im Mittel über einen größeren Temperaturbereich einen $\overline{\Theta}$-Wert, sondern berechnet für jede Temperatur aus $C_V^*(T)/n$ das zugehörige $\Theta(T)$, so ergibt sich keineswegs ein konstanter Wert, sondern eine Abhängigkeit von der Temperatur. Für

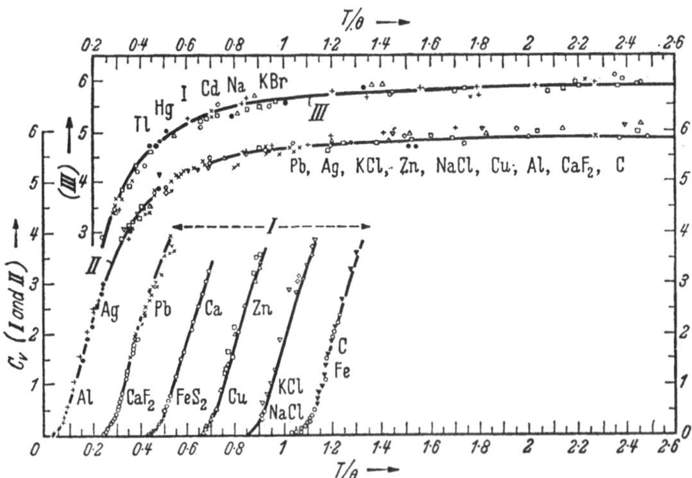

Abb. 10.4. Auf ein Atom bezogene spezifische Molwärme C_V^*/n einiger einfacher Kristalle in cal Mol^{-1} grad^{-1}, aufgetragen über relativen Temperaturen $T/\overline{\Theta}$. Alle Meßpunkte werden bei geeigneter Wahl von individuellen $\overline{\Theta}$-Werten für alle Substanzen recht gut durch die universelle Debye-Funktion wiedergegeben. (Aus Gründen der Übersichtlichkeit sind die Kurven I in horizontaler, die Kurven III in vertikaler Richtung verschoben.) $\overline{\Theta}$ sind kalorimetrisch über größere Temperaturbereiche bestimmte mittlere Debye-Temperaturen (in der Abb. fälschlich Θ geschrieben)

Tabelle 10.1. *Kalorimetrisch aus Abb. 10.4 bestimmte mittlere Debye-Temperaturen* (nach MacDonald 1952)

Substanz	Temperaturbereich °K	$\overline{\Theta}$ °K
Pb	14— 573	88
Hg	31— 232	97
Na	50— 240	172
KBr	79— 417	177
Ag	35— 873	215
KCl	23— 550	230
NaCl	25— 664	281
Cu	14— 773	315
Al	19— 773	398
Fe	32— 95	453
CaF₂	17— 328	474
FeS₂	22— 57	645
Diamant	30—1169	1860

die *Alkalihalogenide* ist diese Abhängigkeit in Abb. 10.5 wiedergegeben. Hier zeigt sich, daß, wie zu erwarten, die Debyesche Theorie
zu summarisch vorgeht, z. B. weil die einfache quadratische Zustandsdichte $Z(\omega) \sim \omega^2$ schon die verbotene Frequenzzone zwischen den
akustischen und den optischen Zweigen nicht enthält ($s = n = 2$).

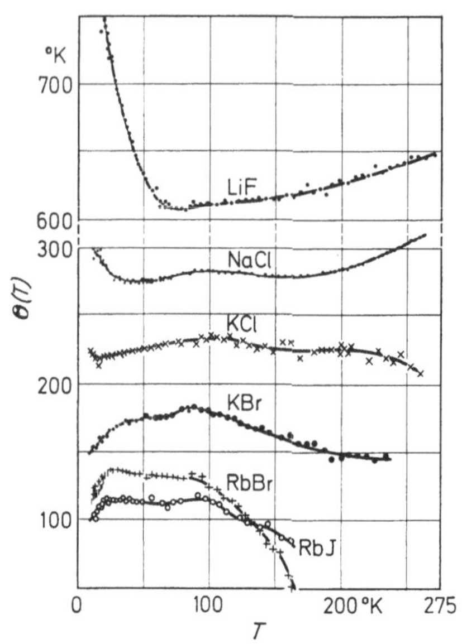

Abb. 10.5. Abhängigkeit der kalorimetrischen Debye-Temperatur $\Theta(T)$ von
der absoluten Temperatur

Bei sehr kompliziert gebauten Kristallen, z. B. mit Inselstruktur
und sehr verschiedenen Atommassen und Federkonstanten, läßt sich
das kalorische Verhalten noch weniger gut durch eine einzige Konstante $\overline{\Theta}$ beschreiben. —Ferner ergeben sich in allen Fällen Änderungen bei Berücksichtigung der nichtlinearen Kräfte und der Dispersion der Schallwellen: Damit wird aber die summarische Debye-
Theorie im Grunde bereits verlassen und ein Übergang zur früher
behandelten Gitterdynamik wieder hergestellt.

10.5. Vielkörperproblem und modifiziertes Einatom-Modell von
EINSTEIN

Die Gitterdynamik ist ein typisches Vielkörperproblem: alle
Atome sind durch Federkräfte aneinander gebunden, d.h. ihre Bewegungen sind nicht unabhängig voneinander, sondern miteinander

gekoppelt. In der Bornschen Gitterdynamik und in der Debyeschen Kontinuumstheorie wird das durch Zerlegung der allgemeinsten Bewegung in Eigenschwingungen (Gitterwellen) berücksichtigt. Da diese orthogonal, d. h. voneinander unabhängig sind, kann die thermische Energie $U(T)$ nach der Boltzmann-Statistik auf die gequantelten Eigenschwingungen verteilt werden. Im konkreten Fall ist das, wie wir in Ziffer 8 angedeutet haben, eine schwierige und umfangreiche Aufgabe.

Aus diesem Grund hat EINSTEIN versucht, das Vielkörperproblem auf ein *modifiziertes Einatommodell* zurückzuführen. Hierbei wird die Bewegung eines einzelnen Atoms betrachtet. Die Kopplung an alle anderen Atome wird sehr summarisch durch die Vorstellung ersetzt, daß das betrachtete Atom durch das starr gedachte Restgitter an seinem Gitterplatz eingesperrt ist und hier Schwingungen um die Gleichgewichtslage ausführt. Alle gleichen Atome sollen dabei dieselbe, durch das umgebende Gitter bestimmte Frequenz ω_E haben und als unabhängige Oszillatoren behandelt werden, deren mittlere thermische Energie unter Berücksichtigung des Entartungsgrades durch Gl. (10.5) gegeben ist.

Bei sehr hohen Temperaturen, wenn $kT \gg \hbar\omega^{(i)}(\mathfrak{q})$ oder $kT \gg \hbar\omega_E$ wird, liefert auch dieses Modell wie jedes andere den klassischen Dulong-Petitschen Wert der spezifischen Wärme, der nur von der Anzahl der Freiheitsgrade abhängt.

Dem hier geschilderten Versuch, ein schwieriges Vielatomproblem des Festkörpers durch summarische Behandlung der Wechselwirkung auf ein modifiziertes Einatomproblem zurückzuführen, werden wir im folgenden noch öfter begegnen.

Aufgabe 10.4. Berechne Energieinhalt und spezifische Wärme eines einatomigen A-Kristalls nach EINSTEIN mit der Zustandsdichte (zeichnen!)

$$Z_E(\omega) = 3N\,\delta(\omega - \omega_E)\,.$$

Diskutiere die Grenzfälle $\hbar\omega_E \gg kT$ und $\hbar\omega_E \ll kT$.

D. Kristalle in äußeren Feldern. Makroskopische Beschreibung

Wir denken uns einen Einkristall in ein homogenes *Vektorfeld*, z. B. ein elektrisches oder magnetisches Feld gebracht. Diese Vektoren erzeugen in der Materie eine elektrische oder magnetische *Polarisation*, d. h. neue Vektorfelder. Um von Oberflächenladungen, d. h. von dem Problem der Entelektrisierung oder Entmagnetisierung an speziellen Proben freizukommen, denken wir uns den Kristall zunächst beliebig ausgedehnt[1]. Ferner betrachten wir zunächst nur schwache Felder, so daß die Polarisationen als lineare Funktionen der Feldstärken behandelt werden dürfen[2]. In diesem Abschnitt interessiert uns allein das Symmetrieverhalten derartiger linearer Vektor-Vektor-Beziehungen, ganz ohne Rücksicht auf die atomistischen Modelle, die erst später behandelt werden. Als anschauliches Beispiel stellen wir die dielektrische Polarisation an den Anfang. Die hier gewonnenen Ergebnisse lassen sich später auf viele andere Fälle von linearen Vektor-Vektor-Beziehungen übertragen. — Als Beispiel einer Vektor-Tensorbeziehung behandeln wir kurz die Piezoelektrizität.

11. Kristalle im elektrischen Feld

11.1. Grundlagen. Statische Dielektrizitätskonstante

Wir betrachten zunächst einen isotropen Körper, in dem eine dielektrische Verschiebung $\mathfrak{D}$ durch eine homogene elektrische Feldstärke $\mathfrak{E}$ erzeugt wird. Ist die Feldstärke nicht zu groß, so ist der Zusammenhang linear:

$$\mathfrak{D} = \varepsilon^* \mathfrak{E}, \tag{11.1}$$

wobei die Dielektrizitätskonstante (DK) ε^* wegen der Isotropie nicht von der Richtung von $\mathfrak{E}$ abhängt. $\mathfrak{D}$ und $\mathfrak{E}$ sind also parallel und ε^* ist ein Skalar. Jedoch kann ε^* auch als Diagonalmatrix geschrieben werden: Gl. (11.1) ist identisch mit

$$\mathfrak{D} = (\varepsilon^*) \, \mathfrak{E}, \tag{11.2}$$

wenn

$$(\varepsilon^*) = \begin{pmatrix} \varepsilon^* & 0 & 0 \\ 0 & \varepsilon^* & 0 \\ 0 & 0 & \varepsilon^* \end{pmatrix}. \tag{11.3}$$

In anisotropen Körpern ist die elektrische Polarisierbarkeit a priori nicht isotrop, d.h. ε^* ist kein Skalar.

Aufgabe 11.1. Wie sieht der Zusammenhang aus für den hypothetischen Grenzfall, daß eine Polarisation nur parallel zur z-Achse möglich ist?

Wir machen deshalb den allgemeinen Tensor-Ansatz

$$\begin{aligned} D_x &= \varepsilon_{11}^* E_x + \varepsilon_{12}^* E_y + \varepsilon_{13}^* E_z \\ D_y &= \varepsilon_{21}^* E_x + \varepsilon_{22}^* E_y + \varepsilon_{23}^* E_z \\ D_z &= \varepsilon_{31}^* E_x + \varepsilon_{32}^* E_y + \varepsilon_{33}^* E_z \end{aligned} \tag{11.4}$$

---

[1] Auf die Behandlung endlich großer Proben kommen wir später zurück.
[2] Damit sind ferroelektrische und ferromagnetische Effekte bereits ausgeschlossen.

oder

$$\mathfrak{D} = (\varepsilon^*)\,\mathfrak{E}, \qquad (11.5)$$

wobei der Tensor (ε^*) durch die Koeffizientenmatrix (ε_{ik}^*) von Gl. (11.4) beschrieben ist. Wir wollen gleich (ohne Beweis) anmerken, daß der Tensor symmetrisch[3], d.h.

$$\varepsilon_{ik}^* = \varepsilon_{ki}^* \qquad (11.6)$$

ist, sodaß er ein System von 6 unabhängigen Komponenten repräsentiert. Bekanntlich kann ein solcher Tensor immer durch Übergang zu einem speziellen Koordinatensystem diagonalisiert werden. In diesem im Kristall festliegenden *dielektrischen Hauptachsensystem* (1, 2, 3) wird also

$$(\varepsilon^*) = \begin{pmatrix} \varepsilon_1^* & 0 & 0 \\ 0 & \varepsilon_2^* & 0 \\ 0 & 0 & \varepsilon_3^* \end{pmatrix}, \qquad (11.7)$$

das heißt

$$D_1 = \varepsilon_1^* E_1, \quad D_2 = \varepsilon_2^* E_2, \quad D_3 = \varepsilon_3^* E_3. \qquad (11.8)$$

$\varepsilon_1^*,\ \varepsilon_2^*,\ \varepsilon_3^*$ heißen die *Hauptdielektrizitätskonstanten* der Substanz. Sie werden gemessen, wenn $\mathfrak{E}$ parallel zu einer Hauptachse 1, 2, 3 liegt. Für isotrope Körper geht (11.7) in (11.3) über.

Hat $\mathfrak{E}$ eine schiefe Richtung mit den Richtungswinkeln α, β, γ zu den Hauptachsen, so definieren wir *die DK in Richtung von* $\mathfrak{E}$ durch die experimentiell bestimmte Komponente D_E von $\mathfrak{D}$ in Richtung von $\mathfrak{E}$:

$$D_E = \varepsilon^*(\alpha\,\beta\,\gamma) \cdot E, \qquad E = |\mathfrak{E}|, \qquad (11.9)$$

d.h.

$$\varepsilon^*(\alpha\,\beta\,\gamma) = \frac{D_E}{E} = \frac{\mathfrak{D}\,\mathfrak{E}}{E^2} = \frac{D_1 E_1 + D_2 E_2 + D_3 E_3}{E^2},$$

$$\varepsilon^*(\alpha\,\beta\,\gamma) = \varepsilon_1^* \cos^2\alpha + \varepsilon_2^* \cos^2\beta + \varepsilon_3^* \cos^2\gamma. \qquad (11.10)$$

Gl. (11.10) führt direkt zu der folgenden geometrischen Veranschaulichung: es ist

$$\frac{1}{r^2} = \frac{1}{a^2}\cos^2\alpha + \frac{1}{b^2}\cos^2\beta + \frac{1}{c^2}\cos^2\gamma \qquad (11.11)$$

die Gleichung eines Ellipsoids im Hauptachsensystem, dessen Oberfläche man beschreibt, wenn man $r = 1/\sqrt{1/r^2}$ in Richtung $(\alpha\,\beta\,\gamma)$ des

---

[3] Dies gilt nicht für optisch aktive Kristalle, d. h. solche, die die Schwingungsebene von linear polarisiertem Licht drehen (Beispiel: Quarz).

Ortsvektors $\mathfrak{r}$ abträgt. Man erhält nach Vergleich mit der vorletzten Gl. (11.10) also ebenfalls ein Ellipsoid, wenn man $1/\sqrt{\varepsilon^*(\alpha\beta\gamma)}$ in Richtung $(\alpha\beta\gamma)$ von $\mathfrak{E}$ abträgt. Dieses Ellipsoid heißt das (ε^*)-*Ellipsoid*, seine Achsen liegen in den dielektrischen Hauptachsen und haben die Längen $1/\sqrt{\varepsilon_1^*}$, $1/\sqrt{\varepsilon_2^*}$, $1/\sqrt{\varepsilon_3^*}$.

Der Verschiebungsvektor $\mathfrak{D} = D\mathfrak{d}$ ergibt sich nach Länge und Richtung[5] mit Hilfe der Tangentialebenen des (ε^*)-Ellipsoids, s. Abb. 11.1.

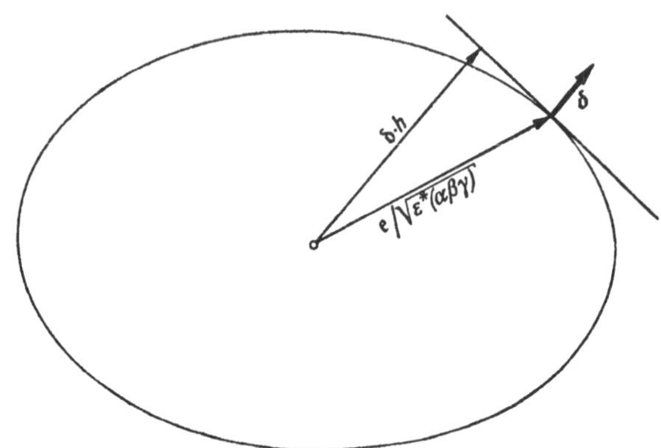

Abb. 11.1. Schnitt durch das (ε^*)-Ellipsoid in einer $\mathfrak{E}$–$\mathfrak{D}$-Ebene. Aufgetragen ist $1/\sqrt{\varepsilon^*(\alpha\beta\gamma)}$ in Richtung von $\mathfrak{E} = E\mathfrak{e}$. Es ist $\mathfrak{D} = D\mathfrak{d}$

Ist $\mathfrak{e}$ der Einheitsvektor in Richtung von $\mathfrak{E}$, so berührt der Vektor $\mathfrak{v} = \mathfrak{e}/\sqrt{\varepsilon^*(\alpha\beta\gamma)}$ die Oberfläche des Ellipsoids. Die Tangentialebene im Berührungspunkt definiert durch ihre Normale $\mathfrak{d}$ die Richtung, durch ihren senkrechten Abstand h vom Mittelpunkt den Betrag von $\mathfrak{D}$:

$$D = \frac{E\sqrt{\varepsilon^*(\alpha\beta\gamma)}}{h} \ . \tag{11.12}$$

Nur wenn das Feld in einer Hauptachse liegt, ist $\mathfrak{D}$ parallel zu $\mathfrak{E}$, und zwar ist jeweils

$$D = D_i = \frac{E_i\sqrt{\varepsilon_i^*}}{1/\sqrt{\varepsilon_i^*}} = \varepsilon_i^* E_i \quad i = 1, 2, 3 \tag{11.13}$$

in Übereinstimmung mit Gl. (11.8).

Mit diesen Beziehungen kann man leicht zu einem zweiten, auf die Richtung des Verschiebungsvektors $\mathfrak{D}$ bezogenen Ellipsoid kommen. Es ist nämlich ($E_D =$ Komponente von $\mathfrak{E}$ in Richtung von $\mathfrak{D}$)

$$\frac{E_D}{D} = \frac{\mathfrak{D}\mathfrak{E}}{D^2} = \frac{D_1 E_1 + D_2 E_2 + D_3 E_3}{D^2} , \tag{11.14}$$

---

[5] Beweis: siehe etwa bei [A 4] oder [D 2].

d.h. wenn α', β', γ' die Richtungswinkel von $\mathfrak{D}$ gegen die dielektrischen Hauptachsen sind und wir die linke Seite zur Definition der *DK in Richtung von* $\mathfrak{D}$ benutzen,

$$\frac{1}{\varepsilon^*(\alpha'\beta'\gamma')} = \frac{1}{\varepsilon_1^*}\cos^2\alpha' + \frac{1}{\varepsilon_2^*}\cos^2\beta' + \frac{1}{\varepsilon_3^*}\cos^2\gamma', \qquad (11.15)$$

und das gibt ein Ellipsoid, wenn man $\sqrt{\varepsilon^*(\alpha'\beta'\gamma')}$ in Richtung von $\mathfrak{D}$ aufträgt. Es hat dieselben Achsenrichtungen wie das ε^*-Ellipsoid und ist als (ε^{*-1})-Ellipsoid zu bezeichnen.

Beide Ellipsoide sind physikalisch gleichwertig; bei der Auswertung von Messungen kommt es darauf an, ob die Richtung von $\mathfrak{E}$ oder die von $\mathfrak{D}$ bekannt ist.

Ganz analog lassen sich auch zwei Ellipsoide für jede andere symmetrische Tensorgröße, die sich aus einer linearen Vektor-Vektor-Beziehung ergibt, konstruieren. Für alle diese Größen kann man a priori folgende Symmetrieeigenschaften feststellen:

1. Die Symmetrie eines Ellipsoids ist mindestens *orthorhombisch* (D_{2h}). Niedrigere Kristall-Symmetrien können also gar nicht als solche erkannt werden[6]. In orthorhombischen Kristallen liegen die Hauptachsen des Ellipsoids in den Kristallachsen, in monoklinen Kristallen liegt eine Hauptachse in der zweizähligen (meist b-Achse genannten) Achse, die beiden anderen Hauptachsen liegen unbestimmt in der monoklinen a c-Ebene. In triklinen Kristallen sind alle drei Hauptachsen unbestimmt.

2. In allen *wirteligen*[7] (Hauptachse mit $p = 3, 4, 6$) Kristallen ist das Ellipsoid ein *Rotationsellipsoid* um die Hauptachse, da das Rotationsellipsoid zugleich trigonal oder tetragonal oder hexagonal ist. Man braucht also nur $\varepsilon_{||}$ und $\varepsilon_\perp$ zu messen. Eine dielektrische Messung kann also trigonale, tetragonale, hexagonale Kristalle weder voneinander noch von einem System mit Rotationssymmetrie ($p = \infty$), z.B. einem gereckten Kunststoff-Stab, unterscheiden.

3. In *kubischen* Kristallen ist das Ellipsoid eine *Kugel*, da die Kugel das einzige Ellipsoid mit drei gleichen aufeinander senkrechten Achsen ist. Kubische Kristalle sind dielektrisch isotrop. Es genügt eine Messung mit beliebiger Feldrichtung. Sie kann kubische Symmetrieklassen weder untereinander noch von der völligen Isotropie unterscheiden[8].

---

[6] Allerdings lassen sich trikline, monokline und orthorhombische Kristalle an der Frequenzabhängigkeit der Achsenrichtungen unterscheiden, siehe „*Achsendispersion*".

[7] Aus der angelsächsischen Literatur bürgert sich hierfür das Wort *axial* ein.

[8] Was z. B., wie wir gesehen haben, mechanische Messungen, die auf linearen Tensor-Tensor-Beziehungen beruhen, durchaus können.

Wegen dieser Zusammenhänge ist es zweckmäßig, von den Richtungswinkeln α, β, γ auf *Polarwinkel* (ϑ, φ) überzugehen. Mit

$$\begin{aligned}
\cos\alpha &= \sin\vartheta\cos\varphi\\
\cos\beta &= \sin\vartheta\sin\varphi\\
\cos\gamma &= \cos\vartheta
\end{aligned} \qquad (11.16)$$

erhält man in Hauptachsen nach (11.10) allgemein:

$$\varepsilon^*(\vartheta\,\varphi) = (\varepsilon_1^*\cos^2\varphi + \varepsilon_2^*\sin^2\varphi)\sin^2\vartheta + \varepsilon_3^*\cos^2\vartheta\,, \qquad (11.17)$$

für das Rotationsellipsoid:

$$\varepsilon^*(\vartheta\,\varphi) = \varepsilon_\perp^*\sin^2\vartheta + \varepsilon_\parallel^*\cos^2\vartheta \qquad (11.18)$$

und für die Kugel:

$$\varepsilon^*(\vartheta\,\varphi) = \varepsilon^*\,. \qquad (11.19)$$

Spaltet man die DK auf in die Maßsystemskonstante[9]

$$\varepsilon_0 = 8{,}854\cdot 10^{-12}\,\text{A}\,\text{s}\,\text{V}^{-1}\,\text{m}^{-1} \qquad (11.20)$$

und die ebenfalls DK (oder relative DK) genannte Materialkonstante (ε), so ist

$$(\varepsilon^*) = \varepsilon_0(\varepsilon)\,. \qquad (11.21)$$

Auf die atomistische Deutung und auf Zahlenwerte von (ε) kommen wir später zurück.

11.2. Materie im elektrischen Wechselfeld. Kristalloptik

Mit (11.21) wird (11.5) zu

$$\mathfrak{D} = (\varepsilon)\,\varepsilon_0\,\mathfrak{E}\,. \qquad (11.22)$$

Durch die *Elektrisierung*

$$\mathfrak{P} = (\varepsilon - 1)\,\varepsilon_0\,\mathfrak{E} = (\xi)\,\varepsilon_0\,\mathfrak{E} \qquad (11.23)$$

ist dann das (ξ)-Ellipsoid der elektrischen *Suszeptibilität* definiert. In Wechselfeldern, z. B. bei der Ausbreitung elektromagnetischer Wellen (Licht) im Kristall, werden diese Größen frequenzabhängig und komplex, z. B.

$$\varepsilon(\omega) = \varepsilon'(\omega) - i\varepsilon''(\omega)\,. \qquad (11.24)$$

Man hat also zwei Tensoren (ε') und (ε''). Ihre Achsenrichtungen stimmen überein, wenn sie durch die Kristallsymmetrie vorgegeben sind, nicht aber a priori in triklinen Kristallen oder in der monoklinen Ebene. Wegen des Faktors i ist ε_{ik}'' gegen ε_{ik}' um $\pi/2$ phasenverschoben, so daß man die beiden Größen mit phasenempfindlichen

---

[9] Der angegebene Wert gilt im hier benutzten Viergrößensystem, im häufig benutzten nichtrationalen symmetrischen CGS-System ist $\varepsilon_0 = 1$.

Verfahren getrennt messen kann. (ε'') wird auch über die dielektrischen Verluste, z. B. den Verlustfaktor

$$\text{tg}\,\delta = \frac{\varepsilon''}{\varepsilon'} \tag{11.25}$$

oder die Absorption einer Welle gemessen. Die Frequenzabhängigkeit beider Tensoren ist Gegenstand der Dispersions- und Relaxations-Theorie, auf die wir später zurückkommen. Neben der Länge der Hauptachsen sind auch deren Richtungen, sofern sie nicht von der Symmetrie festgelegt sind, frequenzabhängig (*Achsendispersion*).

Hat der Kristall eine elektrische *Leitfähigkeit*, so ist wegen der symmetrischen linearen Beziehung zwischen Stromdichte und Feldstärke

$$\mathfrak{j} = (\sigma)\,\mathfrak{E}, \quad (\sigma) = \text{Leitfähigkeit}, \tag{11.26}$$

auch ein (σ)-Ellipsoid definiert. In Wechselfeldern führt (σ) ebenso wie (ε'') zu einer tensoriellen Absorption, kann also formal zu (ε'') addiert, d. h. in (ε'') mit berücksichtigt werden.

Bei Lichtfrequenzen pflegt man die auch hier grundlegenden Tensoren (ε'), (ε'') und (σ) auf die meßbaren Ausbreitungsgrößen *Brechungsindex* $n(\omega)$ und *Absorptionskonstante* $k(\omega)$ der Lichtwellen umzurechnen. Wir können hier die Ausbreitung elektromagnetischer Wellen in absorbierenden Kristallen nicht behandeln, sondern nur einige Ergebnisse der Kristalloptik anführen, die im Grenzfall schwacher Absorption (also z. B. nicht für Metalle) gelten.

Zunächst existiert für jede absorbierte Frequenz $\omega = 2\pi\nu$ ein *Absorptionsellipsoid*

$$k(\alpha'\beta'\gamma') = k_1 \cos^2\alpha' + k_2 \cos^2\beta' + k_3 \cos^2\gamma', \tag{11.27}$$

bei dem $1/\sqrt{k(\alpha'\beta'\gamma')}$ in Richtung ($\alpha'\beta'\gamma'$) des Verschiebungsvektors $\mathfrak{D}$ abgetragen wird. Die Durchlässigkeit einer Kristallplatte hängt also von der Polarisation des Lichtes ab. Haben die Absorptionsellipsoide für verschiedene Frequenzen ein verschiedenes Achsenverhältnis oder gar verschiedene Hauptachsenrichtungen, so muß auch der integrale Farbeindruck von der Polarisationsrichtung des Lichtes abhängen. Diese lange bekannte Erscheinung heißt *Dichroismus* von Platten oder *Trichroismus* von Kristallen.

Ist die Absorption auf scharfe Spektrallinien konzentriert, so ist auch die *Gesamtabsorption*

$$A = \int k(\omega)\,d\omega \tag{11.28}$$

jeder Linie nach dem Absorptionsellipsoid verteilt. Im trigonalen $Nd_2Zn_3(NO_3)_{12} \cdot 24\,H_2O$ z. B. wurde (s. Gl. (11.18))

$$A(\vartheta'\varphi') = A_\perp \sin^2\vartheta' + A_{\parallel} \cos^2\vartheta' \tag{11.29}$$

mit folgenden Werten gemessen:

Linie $\tilde{\nu}$	$A_\perp$	$A_{\parallel}$	Einheit
$17\,322\ \text{cm}^{-1}$	$4{,}2\cdot$	$47{,}9\cdot$	$10^{11}\ \text{cm}^{-1}\,\text{sec}^{-1}$
$17\,372\ \text{cm}^{-1}$	$22{,}4\cdot$	—	$10^{11}\ \text{cm}^{-1}\,\text{sec}^{-1}$
$17\,386\ \text{cm}^{-1}$	—	$39{,}7\cdot$	$10^{11}\ \text{cm}^{-1}\,\text{sec}^{-1}$
$19\,182\ \text{cm}^{-1}$	$12{,}0\cdot$	$15{,}8\cdot$	$10^{11}\ \text{cm}^{-1}\,\text{sec}^{-1}$

Aufgabe 11.2. Es soll die Absorption von linear polarisiertem Licht der Frequenz v in einigen p-zähligen Raumgittern aus unabhängig voneinander absorbierenden elektrischen Dipolen für den Fall schwacher Absorption untersucht werden. Die Gitter lassen sich wie folgt aufbauen:

Aus einem vorgegebenen (erzeugenden), beliebig gegen eine A_p^z geneigten Dipol der Eigenfrequenz v entsteht bei der Drehung um die A_p^z eine Schar von p gleichartigen Dipolen. Diese Schar bestimmt bereits die gesuchte Absorption des p-zähligen Raumgitters, das man durch Translation dieser Schar parallel und senkrecht zu z erhält. Einziges Punktsymmetrieelement ist die (durch die Translation beliebig oft wiederholte) A_p^z.

Berechne das Absorptionsellipsoid für die Fälle $p = 1$ (triklin); 2 (monoklin) 3; 4; 6; (wirtelig) und diskutiere das Ergebnis als Funktion der Neigung ϑ zwischen erzeugendem Dipol und A_p^z. (Zweckmäßig beschreibt man die Dipolschar mit Polarkoordinaten z, ϑ, φ und die Richtung des $\mathfrak{E}$-Vektors des einfallenden Lichtes durch die Richtungskosinus in rechtwinkligen Koordinaten x, y, z.)

Die Ausbreitung des Lichtes wird durch das *Strahlenellipsoid* oder das *Indexellipsoid* bestimmt. Beide Ellipsoide werden aus der reellen DK ε' abgeleitet, und zwar bei fehlender Absorption exakt, bei der hier vorausgesetzten schwachen Absorption in guter Näherung. Wegen

$$n^2(\omega) = \varepsilon'(\omega) \tag{11.30}$$

folgt aus dem (ε')-Ellipsoid nach Gl. (11.10) das *Fresnelsche* oder *Strahlenellipsoid*

$$n^2(\alpha\beta\gamma) = n_1^2 \cos^2\alpha + n_2^2 \cos^2\beta + n_3^2 \cos^2\gamma\,, \tag{11.31}$$

das man erhält, wenn man den reziproken Brechungsindex $1/n(\alpha\beta\gamma)$ in Richtung des $\mathfrak{E}$-Vektors der Lichtwelle abträgt[10]. Andererseits folgt aus dem (ε'^{-1})-Ellipsoid nach Gl. (11.15) das *Indexellipsoid* (die *Indikatrix*) oder das *Normalenellipsoid*

$$\frac{1}{n^2(\alpha'\beta'\gamma')} = \frac{\cos^2\alpha'}{n_1^2} + \frac{\cos^2\beta'}{n_2^2} + \frac{\cos^2\gamma'}{n_3^2}\,, \tag{11.32}$$

dessen Oberfläche durchlaufen wird, wenn man den Brechungsindex $n(\alpha'\beta'\gamma')$ in Richtung des zum Lichtvektor $\mathfrak{E}$ gehörenden Verschiebungsvektors $\mathfrak{D}$ aufträgt. n_1, n_2, n_3 heißen die *Hauptbrechungsindizes* des Kristalls.

---

[10] Dividiert man die Gleichung durch c^2, das Quadrat der Lichtgeschwindigkeit im Vakuum, so ist die Lichtgeschwingidkeit $c/n(\alpha\beta\gamma)$ in Richtung von $\mathfrak{E}$ abzutragen.

Das Strahlenellipsoid gestattet die Bestimmung von $\mathfrak{D}$ aus $\mathfrak{E}$, das Indexellipsoid die Bestimmung von $\mathfrak{E}$ aus $\mathfrak{D}$. Die Richtungen dieser beiden Vektoren sind mit den experimentell leichter feststellbaren Richtungen der Wellennormalen (= Normale auf den Ebenen gleicher Phase, Einheitsvektor $\mathfrak{n}$) und der Energieströmung (= Poyntingvektor, Einheitsvektor $\mathfrak{s}$) gemäß Abb. 11.2 bei der Ausbreitung einer ebenen Welle im Kristall gekoppelt. Es ist also $\mathfrak{n} \perp \mathfrak{D}, \mathfrak{H}$ und $\mathfrak{s} \perp \mathfrak{E}, \mathfrak{H}$. Ein abgegrenztes Stück einer ebenen Wellenfront bewegt sich längs $\mathfrak{s}$, aber „schief", da seine Normale immer parallel $\mathfrak{n}$ bleibt, und $\mathfrak{n}$ und $\mathfrak{s}$ nur in den Spezialfällen (s. Abb. 11.1 und das folgende) parallel stehen, in denen $\mathfrak{D}$ parallel $\mathfrak{E}$ ist. Da Brechungsindizes aus der Ablenkung von Wellen an Grenzflächen bestimmt werden, die Brechungsgesetze aber für die Normale $\mathfrak{n}$ definiert sind und auch die mittels Kollimatoren und

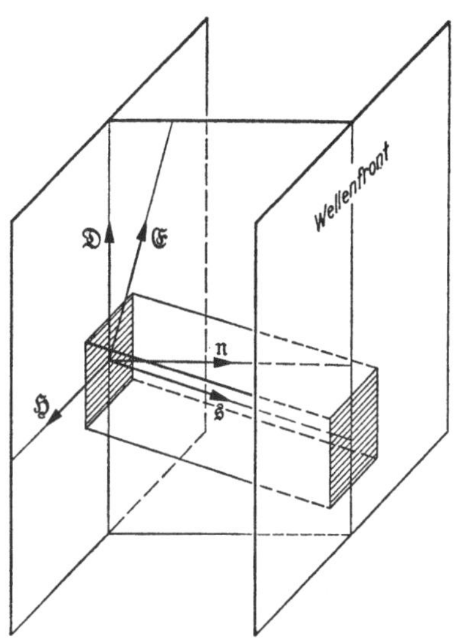

Abb. 11.2. Relative Orientierung von Normalen ($\mathfrak{n}$)- und Strahlen ($\mathfrak{s}$)-Richtung zu $\mathfrak{D}$, $\mathfrak{E}$ und $\mathfrak{H}$ einer ebenen Welle im Kristall

Fernrohren gemessenen Richtungen die von $\mathfrak{n}$ sind, ist im allgemeinen $\mathfrak{D}$ durch die Führung der Experimente gegeben. Wir benutzen im folgenden also das Indexellipsoid, um uns einen Überblick über die Ausbreitung ebener Lichtwellen in Kristallen zu verschaffen (ohne Beweis im einzelnen, s. die Literatur [D2 ... D5]).

Wir denken uns eine senkrecht zur Papierebene stehende Platte *PP* so aus einem Kristall geschnitten, daß das Indexellipsoid die in Abb. 11.3 gezeichnete allgemeine Lage hat. Die Normale $\mathfrak{n}$ einer senkrecht in die Platte eingestrahlten ebenen und linear polarisierten Lichtwelle geht unabgelenkt durch die Oberflächen[11] hindurch, dasselbe gilt für $\mathfrak{D} \perp \mathfrak{n}$, das also in der Schnittellipse aus dem Ellipsoid und der Wellenfront liegt. In der Kristalloptik wird gezeigt, daß diese Welle bei Fortschreiten im allgemeinen nicht linear polarisiert bleibt. Dies ist nur für die beiden Polarisationsrichtungen der Fall, bei denen $\mathfrak{D}$ parallel zu einer Achse der Schnittellipse ist

---

[11] Das gilt nicht auch für $\mathfrak{s}$, das nur außerhalb des Kristalls mit $\mathfrak{n}$ zusammenfällt!

($D = D'$ oder $D = D''$), und zwar haben diese beiden Wellen verschiedene, durch die Achsenlängen gegebene Brechungsindizes n' und n''. Zerlegt man also $\mathfrak{D}$ in zwei Teilwellen mit den Komponenten

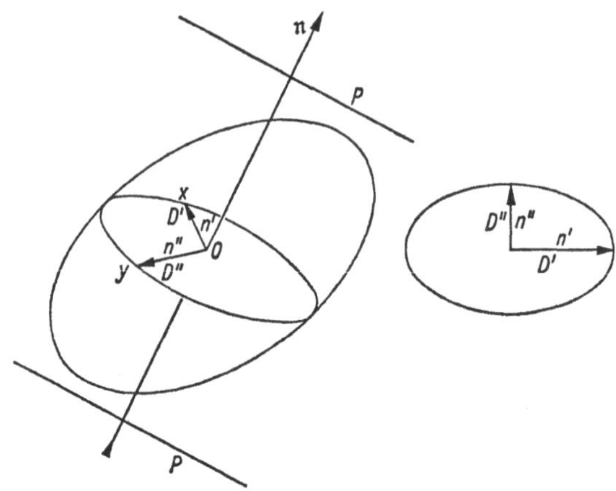

Abb. 11.3. Die beiden durch die Schnittellipse $\perp$ n des Indexellipsoids definierten linear polarisierten Teilwellen $\mathfrak{D}'$ und $\mathfrak{D}''$ bei allgemeiner Orientierung von n zum Kristall. Links perspektivische Ansicht, rechts Aufsicht der Schnittellipse

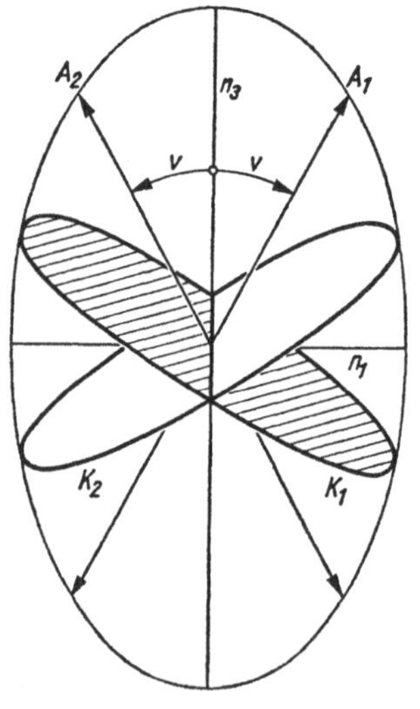

D' und D'', so laufen diese beiden orthogonalen Wellen verschieden schnell, erhalten eine dem Weg proportionale Phasenverschiebung und setzen sich zu einer elliptisch polarisierten $\mathfrak{D}$-Welle zusammen, deren Elliptizität dem zurückgelegten Weg proportional ist [12].

Aufgabe 11.3. Wie würden Sie mit einer planparallelen Kalkspatplatte zirkular polarisiertes Licht aus linear polarisiertem machen?

Abb. 11.4. Zur Definition der optischen Achsen. Der *spitze* Achsenwinkel $2V$ wird von der *längsten* Achse des Indexellipsoids halbiert, der Kristall heißt deshalb *positiv* doppelbrechend

---

[12] Beim Experimentieren mit polarisiertem Licht muß also immer geprüft werden, ob die Lichtwelle im Kristall die gewünschte Polarisation, mit der sie eingestrahlt wird, auch beibehält, oder ob auf diese Forderung verzichtet werden kann.

Wir denken uns jetzt die parallele Platte so aus dem Kristall geschnitten, daß das Indexellipsoid die in Abb. 11.4 gezeichnete spezielle Lage hat: die Hauptachsen 1 und 3 sollen in der Papierebene liegen, die Hauptachse 2 soll senkrecht dazu stehen. Außerdem soll $n_1 < n_2 < n_3$ sein, d.h. n_2 soll der mittlere Wert sein. Die Normale einer senkrecht eingestrahlten Welle liegt also in der $3 - 1$-Ebene und eine der Achsen der Schnittellipse der Wellenfront mit dem Ellipsoid ist die Hauptachse n_2. Da n_2 nach Voraussetzung der mittlere Hauptbrechungsindex ist, kann man durch Drehen von $\mathfrak{n}$ in der Papierebene zwei Richtungen finden, für die die Schnittellipsen Kreise K_1, K_2 mit dem Radius n_2 sind. Diese, in der Ebene der größten und kleinsten Hauptachse und symmetrisch zu diesen Achsen liegenden Richtungen heißen die beiden *Binormalen* N_1, N_2 oder *optischen Achsen* A_1, A_2 des Kristalls. Sie sind dadurch ausgezeichnet, daß der Brechungsindex unabhängig von der Polarisation (der Richtung von $\mathfrak{D}$) denselben Wert $n' = n'' = n_2$ hat.

Ist das Indexellipsoid ein Rotationsellipsoid, so fallen die optischen Achsen in die Rotationsachse, d.h. die kristallographische Hauptachse zusammen: wirtelige (axiale) Kristalle sind optisch einachsig. Hier ist $n'' = n_2 = n_\perp$, und die Teilwelle D'' (Abb. 11.3) heißt die *ordentliche* (o.), die Teilwelle D' die *außerordentliche* (ao.) Welle. Ist das Ellispoid eine Kugel, so ist jede Richtung optische Achse: kubische Kristalle sind wie Gläser optisch isotrop. Die Tabelle 11.1 gibt Zahlenwerte für die Hauptbrechungsindizes von $CaCO_3$ als Funktion der Frequenz (Dispersion).

Tabelle 11.1. *Hauptbrechungsindizes und spitzer Achsenwinkel von $CaCO_3$ als Calcit (Kalkspat, trigonal) und Aragonit (orthorhombisch)*

$\lambda(nm)$	Kalkspat		Aragonit			
	$n_\perp$	$n_{\parallel}$	n_1	n_2	n_3	$2V*$
486	1,66785	1,49074	1,53479	1,69053	1,69515	$-18°22'$
589	1,65835	1,48640	1,53013	1,68157	1,68589	$-18°11'$
656	1,65437	1,48459	1,52820	1,67779	1,68203	$-18°07'$

* Negativer (positiver) Achsenwinkel heißt, daß die Achse des kleinsten (größten) Brechungsindex den spitzen Winkel halbiert.

Auf die atomistische Interpretation der optischen Konstanten wird an späterer Stelle eingegangen werden.

11.3. Multipolstrahlung

Der wesentliche Inhalt von Ziffer 11 ist die Feststellung, daß alle von einer symmetrischen linearen Vektor-Vektor-Beziehung regierten Effekte die Kristallsymmetrie immer als die eines Ellipsoids

„sehen". Alle diese Effekte sind wohl in der Lage, rhombische (Ellipsoid fest), monokline (eine Achse des Ellipsoids fest, zwei Achsen mit Dispersion) und trikline (alle drei Achsen des Ellipsoids mit Dispersion) Kristalle zu unterscheiden. Aber sie verwechseln alle Symmetrie-Achsen A_p oder I_p mit $p > 2$ mit einer A_∞ und alle kubischen Symmetrien mit Isotropie. Dies gilt natürlich auch für alle optischen Untersuchungen, einschließlich der Spektroskopie, und zwar solange, und nur solange die Absorption korrespondenzmäßig auf elektrische (oder magnetische) Dipole zurückgeführt werden kann, die gemäß den linearen Vektorbeziehungen

$$\mathfrak{p}_{ind} = (\alpha_e)\,\mathfrak{E}, \qquad \alpha_e = \text{elektrische Polarisierbarkeit}$$
$$\mathfrak{m}_{ind} = (\alpha_m)\,\mathfrak{H}, \qquad \alpha_m = \text{magnetische Polarisierbarkeit} \tag{11.33}$$

vom elektrischen (magnetischen) Lichtfeld induziert werden und als Operatoren in die quantenmechanischen Übergangsmomente eingehen, siehe z.B. [D 6].

Liegt jedoch *Quadrupolstrahlung* ($E\,2$ oder $M\,2$) vor, so tritt an die Stelle des Vektors $\mathfrak{p}_{ind}$ ein tensorielles Quadrupolmoment und die Verhältnisse werden viel komplizierter. Man kann theoretisch zeigen, daß Quadrupolstrahlung noch eine A_3 oder eine A_4 als solche erkennt und erst eine A_6 mit einer A_∞ verwechselt. Außerdem ist ein oktaedrischer kubischer Kristall für Quadrupolstrahlung nicht isotrop, sondern „optisch-siebenachsig".

Dies theoretisch vorhergesagte Verhalten ist experimentell an einer für die sonst viel stärkere Dipolstrahlung verbotenen und deshalb nur Quadrupolstrahlung absorbierenden Spektrallinie des kubischen Cu_2O zum ersten und bisher einzigen Mal beobachtet worden [D 7, 8].

Ganz allgemein gilt für *Multipolstrahlung*, daß 2^l-Polstrahlung ($l = 1, 2, 3, \ldots$) in der Lage ist, p-zählige Symmetrien mit $p \leq 2^l$ als solche zu erkennen, $p > 2^l$ aber mit $p = \infty$ zu verwechseln. Um eine A_6^z optisch zu erkennen, muß man also mit mindestens Oktopol-Strahlung experimentieren.

Im Sinne dieser Betrachtung ist die auf der linearen Beziehung (11.9) basierende *klassische Kristalloptik* eine erste Näherung, die sich auf *elektrische Dipolstrahlung* beschränkt.

12. Kristalle im Temperaturfeld

12.1. Thermische Ausdehnung

Ändert man (homogen) die Temperatur, so ändert sich das Volum eines Kristalls. Zusammenhänge wie diese werden allgemein durch eine thermische Zustandsgleichung [13] beschrieben, die auch die

---

[13] Zustandsgleichungen siehe z.B. in [C 13].

Temperatureffekte bei Deformationen enthält und wovon unsere frühere Behandlung der Elastizitätstheorie (Ziffer 7) nur den isothermen Grenzfall $dT = 0$ darstellt.

Analog können wir auch die thermische Ausdehnung getrennt wie folgt behandeln: Eine Kugel vom Radius $|\mathfrak{r}| = \sqrt{x^2 + y^2 + z^2}$ wird sich bei der homogenen Temperaturänderung um dT anisotrop in ein Ellipsoid verformen. Dabei gehen die Koordinaten eines Punktes (x, y, z) über in $(x + dx, y + dy, z + dz)$ gemäß (Näherungsgleichungen!)

$$\frac{dx}{dT} = \beta_{11} x + \beta_{12} y + \beta_{13} z$$

$$\frac{dy}{dT} = \beta_{21} x + \beta_{22} y + \beta_{23} z \tag{12.1}$$

$$\frac{dz}{dT} = \beta_{31} x + \beta_{32} y + \beta_{33} z$$

mit

$$\beta_{ik} = \beta_{ki}, \tag{12.2}$$

d.h. es gilt die lineare Vektor-Vektor-Beziehung

$$\frac{d\mathfrak{r}}{dT} = (\beta)\,\mathfrak{r}. \tag{12.3}$$

Es ist also $d\mathfrak{r}$ nicht parallel zu $\mathfrak{r}$ außer in drei zueinander senkrechten Hauptachsenrichtungen. Wählt man diese *Hauptdilatationsachsen* als Koordinatenachsen, so ist also

$$\frac{d\mathfrak{r}}{dT} = \begin{pmatrix} \beta_1 & 0 & 0 \\ 0 & \beta_2 & 0 \\ 0 & 0 & \beta_3 \end{pmatrix} \mathfrak{r}. \tag{12.4}$$

Die nächste Tabelle gibt einige Werte für die Hauptausdehnungskoeffizienten β_i.

Tabelle 12.1. *Lineare thermische Ausdehnungskoeffizienten*

Kristall	Symmetrie	$\beta\perp$ β_1	$\beta\|$ β_2	β_3	Einheit
NaCl	kub.	40	—	—	$10^{-6}/°C$
CaF$_2$	kub.	19	—	—	$10^{-6}/°C$
Cd	hexag.	17	49	—	$10^{-6}/°C$
Zn	hexag.	14	55	—	$10^{-6}/°C$
Kalkspat	trigonal	—6	26	—	$10^{-6}/°C$
Quarz	trigonal	19	9	—	$10^{-6}/°C$
Kunststoff*	axial ($D_\infty h$)	79,8	73,5	—	$10^{-6}/°C$
Aragonit	rhomb.	10	16	33	$10^{-6}/°C$
Chrysoberyll	rhomb.	6,0	6,0	5,2	$10^{-6}/°C$

* Polystyrol, auf die fünffache Länge verstreckt.

12.2. Wärmeleitung

Die durch die lineare Vektor-Beziehung

$$\dot{q} = - (\lambda)\,\text{grad}\,T \tag{12.5}$$

zwischen der Wärmestromdichte $\dot{q}$ und dem Temperaturgradienten grad T definierte Wärmeleitfähigkeitskonstante λ ist in Kristallen ebenfalls symmetrisch-tensoriell, d.h. man erhält das Ellipsoid

$$\lambda\,(\alpha\,\beta\,\gamma) = \lambda_1 \cos^2\alpha + \lambda_2 \cos^2\beta + \lambda_3 \cos^2\gamma\,, \tag{12.6}$$

wenn man die Größe $1/\sqrt{\lambda(\alpha\beta\gamma)}$ in Richtung des Temperaturgradienten aufträgt. Dabei ist die *richtungsabhängige Wärmeleitfähigkeitskonstante* definiert durch die Komponente von $\dot{q}$ nach grad T:

$$\lambda\,(\alpha\,\beta\,\gamma) = - \frac{\dot{q}\,\text{grad}\,T}{|\,\text{grad}\,T\,|^2}\,. \tag{12.7}$$

Das (λ)-*Ellipsoid* gehört übrigens zu den am längsten experimentell bekannten Tensorgrößen. Einige Zahlenwerte gibt Tabelle 12.2; die atomistische Behandlung erfolgt später.

Tabelle 12.2. *Hauptwärmeleitfähigkeiten*

Substanz	T	$\lambda_\perp$ λ_1	— λ_2	$\lambda_{||}$ λ_3
Quarz	$\sim 20\,°C$	$2{,}1 \cdot$	—	$3{,}4 \cdot 10^{-2}$ cal/cm s grad
Kalkspat	$0\,°C$	$1{,}1 \cdot$	—	$1{,}3 \cdot 10^{-2}$ cal/cm s grad
$SrSO_4$ (Coelestin)*	$\sim 20\,°C$	$1{,}037$	$1{,}000$	$1{,}083$
Kunststoff**	$\sim 20\,°C$	$3{,}69 \cdot$	—	$4{,}13 \cdot 10^{-4}$ cal/cm s grad

  * Auf $\lambda_2 = 1$ normierte relative Werte.
 ** Polystyrol, auf die fünffache Länge verstreckt.

13. Piezoelektrizität

Deformiert man einen Ionenkristall, so kann in bestimmten Fällen durch die Verschiebung der Ionen eine elektrische Verschiebung $\mathfrak{D}$, d.h. eine Elektrisierung $\mathfrak{P}$ = Dipolmoment je Volumeinheit entstehen, d.h. zwischen den Endflächen einer geeignet aus dem Kristall geschnittenen Platte kann eine elektrische Spannung auftreten. Notwendige Voraussetzung für diesen piezoelektrischen Effekt ist die Existenz von *polaren Achsen*[14]. Es sind also alle Symmetrien mit Inversionszentrum oder zu den Achsen senkrechten

---

[14] Das sind Achsen, bei denen Richtung und Gegenrichtung sich verschieden verhalten, was z.B. für eine isolierte Deck- oder Inversionsachse nach Definition der Fall ist.

Spiegelebenen ausgeschlossen[15], da sich bei diesen die entgegengesetzt gerichteten Effekte aufheben, wie z.B. bei NaCl. Dagegen sind beim trigonalen α-Quarz (Abb. 13.1a) der Punktsymmetrie D_3 die drei gegeneinander um $2\pi/3$ gedrehten Nebenachsen A_1, A_2, A_3 in der Ebene senkrecht zur Hauptachse polar (Abb. 13.1b). Die durch die Struktur des Gitters vorgegebenen

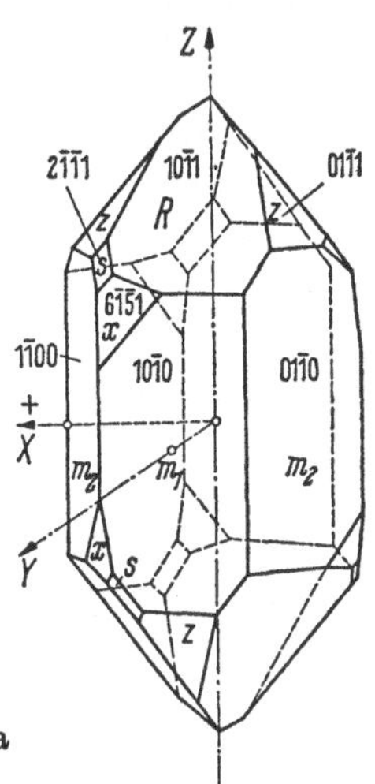

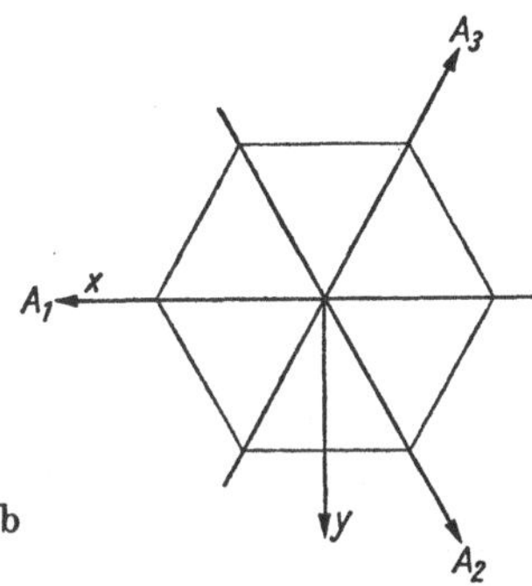

Abb. 13.1. α-Quarz, Symmetrie D_3. a Einkristall. Es gibt hierzu eine zweite enantiomorphe Form, bei der dieselben Flächen im entgegengesetzten Drehsinn um die z-Achse angeordnet sind. b Kristallquerschnitt senkrecht z mit den drei polaren Achsen A_1, A_2, A_3 und dem im Text benutzten Koordinatenkreuz

Dipolmomente kompensieren sich wegen der Symmetrie dieser Achsenanordnung wohl in der Gleichgewichtslage, nicht aber bei Deformation, siehe Abb. 13.2.

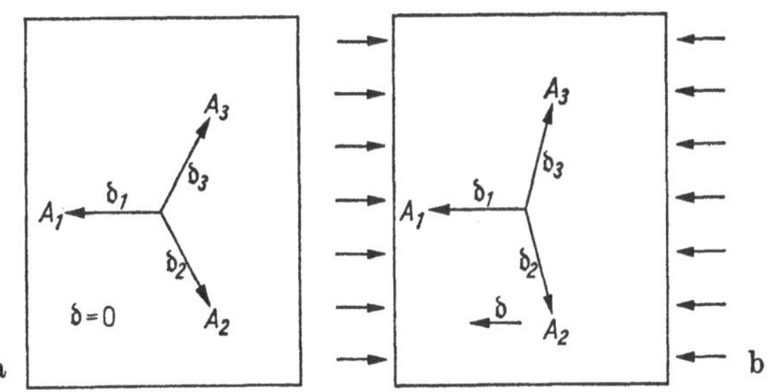

Abb. 13.2. Erzeugung einer piezoelektrischen Verschiebung im Quarz. a Gleichgewichtslage, $\mathfrak{d} = \mathfrak{d}_1 + \mathfrak{d}_2 + \mathfrak{d}_3 = 0$ b Kompression, $\mathfrak{d} \neq 0$

---

[15] Insgesamt zeigen 20 der 32 Punktsymmetrieklassen piezoelektrisches Verhalten.

In piezoelektrischen Kristallen stehen also elektrische Größen (die Vektoren $\mathfrak{D}$ und $\mathfrak{E}$) und elastische Größen, die Tensoren

$$(X_x, \ldots, X_y) \quad \text{und} \quad (x_x, \ldots, x_y),$$

siehe Ziffer 7, in Wechselwirkung. Die zwischen diesen Größen bestehenden Gleichungen sind bei kleinen Effekten lineare Vektor-Tensor-Beziehungen. Zum Beispiel gilt für die elektrische Verschiebung

$$\mathfrak{D} = ((e_{\alpha\beta}))\,(x_x) + (\varepsilon_{ik}^*)\,\mathfrak{E}, \tag{13.1}$$

wobei der zweite Teil den Einfluß eines elektrischen Feldes (Ziffer 11), der erste, auf den wir uns hier beschränken wollen, den Einfluß der mechanischen Deformation beschreibt. (x_x) steht für $(x_x, \ldots, x_y)$. Die Konstanten $((e_{\alpha\beta}))$ heißen *piezoelektrische Moduln*. Ausgeschrieben wird Gl. (13.1) zu

$$\begin{aligned}
D_x &= e_{11}\,x_x + e_{12}\,y_y + e_{13}\,z_z + e_{14}\,y_z + e_{15}\,z_x + e_{16}\,x_y \\
D_y &= e_{21}\,x_x + e_{22}\,y_y + e_{23}\,z_z + e_{24}\,y_z + e_{25}\,z_x + e_{26}\,x_y \\
D_z &= e_{31}\,x_x + e_{32}\,y_y + e_{33}\,z_z + e_{34}\,y_z + e_{35}\,z_x + e_{36}\,x_y,
\end{aligned} \tag{13.2}$$

wobei speziell für α-Quarz das Koeffizientenschema sich aus Symmetriegründen auf die einfache Form (vgl. Ziffer 7)

$$(e_{\alpha\beta}) = \begin{pmatrix} e_{11} & -e_{11} & 0 & e_{14} & 0 & 0 \\ 0 & 0 & 0 & 0 & -e_{14} & -e_{11} \\ 0 & 0 & 0 & 0 & 0 & 0 \end{pmatrix} \tag{13.3}$$

mit nur zwei unabhängigen Moduln e_{11}, e_{14} reduziert. Dabei ist das in Abb. 13.1 eingezeichnete xyz-System zugrunde gelegt, und die Moduln haben die Zahlenwerte (bei Zimmertemperatur)

$$e_{11} = 1{,}7 \cdot 10^{-5}\,\mathrm{A\,s\,cm^{-2}}, \quad e_{14} = 0{,}4 \cdot 10^{-5}\,\mathrm{A\,s\,cm^{-2}}. \tag{13.4}$$

Die $((e_{\alpha\beta}))$-Matrix ist, wie man sieht, nicht symmetrisch.

Drückt man die Deformationen in Gl. (13.1) mit Gl. (7.4) über die elastischen Konstanten $s_{\mu\nu}$ durch die Spannungen $(X_x, \ldots, X_y)$ aus, so erhält man wieder eine lineare Gleichung

$$\mathfrak{D} = ((d_{\mu\nu}))\,(X_x) + (\varepsilon_{ik}^*)\,\mathfrak{E}. \tag{13.5}$$

Die Konstanten $d_{\mu\nu}$ heißen *piezoelektrische Koeffizienten*. Für Quarz verschwinden alle bis auf

$$\begin{aligned}
-\frac{d_{26}}{2} &= -\,d_{12} = d_{11} = 2{,}33 \cdot 10^{-10}\,\mathrm{V^{-1}\,cm}, \\
-\,d_{25} &= d_{14} = -\,0{,}67 \cdot 10^{-10}\,\mathrm{V^{-1}\,cm}.
\end{aligned} \tag{13.6}$$

Weitere Einzelheiten entnehme man der angegebenen Spezialliteratur [D 12 … 14].

Aufgabe 13.1: Ein Quarzwürfel von 1 cm Kantenlänge sei parallel zu den x, y, z-Richtungen (vgl. Abb. 13.1.) geschnitten. Wie groß sind die Ladungen auf den Oberflächen des Würfels, wenn eine Druckspannung

$$a)\ X_x = 10\,\mathrm{kp/cm^2}, \qquad b)\ Y_y = 10\,\mathrm{kp/cm^2}$$

aufgebracht wird? Welche Spannung zeigt ein angeschlossenes Elektrometer mit einer Kapazität von 5 pF?

Literatur

Lehrbücher und Sammelwerke

[A1] KITTEL, C.: Introduction to solid state physics. 3rd ed. New York 1966.
[A2] ZIMAN, J. M.: Principles of the theory of solids. Cambridge 1964.
[A3] KITTEL, C.: Quantum theory of solids. New York 1963.
[A4] MADELUNG, E.: Die mathematischen Hilfsmittel des Physikers. Berlin 1950.
[A5] FLÜGGE, S. (Herausgeber): Handbuch der Physik. Berlin: Springer, seit 1955 ($\sim$ 60 Bände).
[A6] SEITZ, F., and D. TURNBULL (Herausgeber): Solid state physics. Advances in research and applications. Seit 1955, New York.
[A7] CHALMERS, B. (Herausgeber): Progress in metal physics. Seit 1949, London u. New York.
[A8] GORTER, C. J. (Herausgeber): Progress in low temperature physics. Seit 1955, Amsterdam.
Ferner eine größere Anzahl vorwiegend englisch geschriebener Lehrbücher mit verschiedenartiger Stoffauswahl.

Vorwiegend zu Kapitel B

[B1] RAATZ, F., u. H. TERTSCH: Einführung in die geometrische und physikalische Kristallographie und in deren Arbeitsmethoden. Berlin: Springer 1958.
[B2] WINKLER, H.G.F.: Struktur und Eigenschaften der Kristalle. 2. Aufl. Berlin: Springer 1955.
[B2a] BUERGER, M.J., Elementary crystallography. New York, 1956.
[B3] JAGODZINSKI, H.: Kristallographie. In: Handbuch der Physik, Bd. XII/1. Berlin: Springer 1955.
[B4] LAUE, M. VON: Röntgenstrahlinterferenzen. Leipzig 1948.
[B5] BOUMAN, J.: Theoretical principles of structural research by X-rays. In: Handbuch der Physik, Bd. XXXII. Berlin: Springer 1957.
[B6] BIJVOET, J.M., W.H. KOLKMEIJER u. C.H. McGILLAVRY: Röntgenanalyse von Kristallen. Berlin: Springer 1940.
[B7] GUINIER, A., et G. VON ELLER: Les methodes expérimentales des determinations de structures cristallines par rayons X. In: Handbuch der Physik, Bd. XXXII. Berlin: Springer 1957.
[B8] RAETHER, H.: Elektroneninterferenzen. In: Handbuch der Physik, Bd. XXXII. Berlin: Springer 1957.
[B9] RINGO, G.R.: Neutron diffraction and interference. In: Handbuch der Physik, Bd. XXXII. Berlin: Springer 1957.
[B10] BACON, G.E.: Neutron diffraction. 2nd ed. Oxford 1962.
[B11] HELLWEGE, K.H. (Herausgeber): Landolt-Börnstein-Tabellen. 6. Aufl., Bd. I/4: Kristalle. Berlin: Springer 1955.

[B12] WYCKHOFF, R. W. G.: Crystal structures. 2nd ed. New York 1964, 1965, 1966.
[B13] a) Internationle Tabellen zur Bestimmung von Kristallstrukturen Bd. 1—2. Berlin 1935.
      b) International tables for X-ray Crystallography. Vol. I...III. Birmingham 1952...1962.

Vorwiegend zu Kapitel C

[C1] PAULING, L.: Die Natur der chemischen Bindung (Übers.). 2. Aufl. Weinheim 1964.
[C2] VOIGT, W.: Lehrbuch der Kristallphysik. Leipzig 1910.
[C3] AUERBACH, F., u. W. HORST: Handbuch der physikalischen und technischen Mechanik, Bd. III. Leipzig: Barth 1927.
[C4] NYE, J.F.: Physical properties of crystals: their representation by tensors and matrices. Oxford: Clarendon Press 1957.
[C5] LOVE, A.H.E.: A treatise on the mathematical theory of elasticity. Dover 1944.
[C6] HEARMON, R.F.S.: Rev. Mod. Phys. 18, 409 (1946).
[C7] HEARMON, R.F.S.: An introduction to applied anisotropic elasticity. Oxford: University Press 1961.
[C7a] HUNTINGTON, H.B.: The elastic constants of crystals. In Solid State Physics Vol. 7, New York 1958.
[C8] CADY, W.G.: Piezoelectricity. New York: McGraw-Hill 1946.
[C9] BECHMANN, R. u. R.F.S. HEARMON: Elastische (und weitere) Konstanten von Kristallen, Landolt-Börnstein, Neue Serie, Bd. III/1. Springer 1966.
[C10] BERGMANN, L.: Der Ultraschall und seine Anwendung in Wissenschaft und Technik. 3. Aufl. VDI-Verlag 1942.
[C11] BORN, M., and KUN HUANG: Dynamical theory of crystal lattices. Oxford 1954.
[C12] MARADUDIN, A.A., E.W. MONTROLL, and G.H. WEISS: Theory of lattice dynamics in the harmonic approximation. Solid State Physics Suppl. 5 (1963).
[C13] LEIBFRIED, G.: Gittertheorie der mechanischen und thermischen Eigenschaften der Kristalle. In: Handbuch der Physik VII/1. Berlin: Springer 1955.
[C14] BLACKMAN, M.: The specific heat of solids. In: Handbuch der Physik VII/1. Berlin: Springer 1955.
[C15] COCHRAN, W., and R.A. COWLEY: Phonons in perfect solids. In: Handbuch der Physik, XXV/2a. Berlin: Springer 1967.
[C16] LEIBFRIED, G., and W. LUDWIG: Theory of anharmonic effects in crystals. Solid State Physics 12, 276 (1961).
[C17] BAK, T.A.(ed): Phonons and phonon interaction (Aarhus Summer school lectures 1963). New York 1964.
[C18] STEVENSON, R.W.H. (ed.): Phonons in perfect lattices and in lattices with point imperfections (Scottish Universities Summer School 1965). Edinburgh 1966.
[C19] BRILLOUIN, L.: Wave propagation in periodic structures. Dover 1953.
[C20] MATHIEU, J.P.: Spectres de vibration et symetrie. Paris 1945.
[C21] LÖSCH, F.: In Landolt-Börnstein, 6. Aufl. Bd. II/4. Berlin: Springer 1961.

Vorwiegend zu Kapitel D

[D1] VOIGT, W.: Lehrbuch der Kristallphysik. Leipzig 1910.
[D2] JOOS, G.: Lehrbuch der theoretischen Physik. 10. Aufl., Franfurt/M. 1959.

[D3] POCKELS, F.: Lehrbuch der Kristalloptik. Leipzig 1906.

[D4] BORN, M.: Optik. Berlin: Springer 1933/1965.

[D5] RAMACHANDRAN, G. N., and S. RAMASESHAU: Crystal optics. In: Handbuch der Physik, Bd. XXV/1. Berlin: Springer 1961.

[D6] HELLWEGE, K. H.: Einführung in die Physik der Atome (Heidelberger Taschenbücher). Berlin-Göttingen-Heidelberg: Springer 1964.

[D7] HELLWEGE. K. H.: Z. Physik **129**, 626 (1951) und **131**, 98 (1951).

[D8] GROSS, E. F., u. A. A. KAPLIANSKI: Dokl. Akad. Nauk SSSR **139**, 75 (1961) [Sovjet Physics Dokl. **6**, 592 (1962)].

[D9] KORITNIG, S.: Brechzahlen nichtmetallischer fester Stoffe. Landolt-Börnstein, 6. Aufl., Bd. II/8. Berlin: Springer 1962.

[D10] BROWN, W. F. jr.: Dielectrics. In: Handbuch der Physik, Bd. XVII. Berlin: Springer 1956.

[D11] GAST, TH.: Dielektrische Eigenschaften von Kristallen und kristallinen Festkörpern. Landolt-Börnstein, 6. Aufl., Bd. II/6. Berlin: Springer 1959.

[D12] CADY, W. G.: Piezoelectricity. New York 1946.

[D13] MASON, W. P.: Piezoelectric crystals. New York 1950.

[D14] BECHMANN, R.: Konstanten von piezoelektrischen Kristallen. Landolt-Börnstein, Neue Serie, Bd. III/1. Berlin: Springer 1966.

Sachverzeichnis

Herstellung: Konrad Triltsch, Graphischer Betrieb, Würzburg

Erschienene Bände der Heidelberger Taschenbücher

Bitte Gesamtverzeichnis der Reihe anfordern!

Berichtigung

In Ziffer 4.1 ist ein Schreibfehler unterlaufen, der die Einheitlichkeit der Bezeichnung zerstört. Sie wird wieder hergestellt durch folgende Berichtigung:

$$\text{Ersetze } g_{hkl} \text{ durch } g_{\bar{h}\bar{k}\bar{l}} = -g_{hkl}$$

an folgenden Stellen: Abb. 4,2b, Gln. (4.15), (4.17), (4.18), (9.10), Unterschrift zu Abb. 9.16.

Ferner füge auf Seite 27 an die 5. Textzeile von unten an:

, sowie der Laue-Gleichungen (4.4).

Heidelberger Taschenbücher, Bd. 33 Hellwege, Festkörperphysik I